U0391600

住房和城乡建设部"十四五"规划教材

高等职业教育土建类专业"互联网+"数字化创新教材

建筑识图与构造
(第二版)

李　瑞　李小霞　主编

中国建筑工业出版社

图书在版编目（CIP）数据

建筑识图与构造 / 李瑞，李小霞主编. — 2 版. —
北京：中国建筑工业出版社，2022.8（2024.6 重印）
住房和城乡建设部"十四五"规划教材 高等职业教
育土建类专业"互联网＋"数字化创新教材
ISBN 978-7-112-27384-3

Ⅰ. ①建… Ⅱ. ①李… ②李… Ⅲ. ①建筑制图-识
图-高等职业教育-教材②建筑构造-高等职业教育-教
材 Ⅳ. ①TU2

中国版本图书馆 CIP 数据核字（2022）第 081043 号

本教材依据国家现行标准编写，内容符合建筑识图与构造课程的教学要求，并以扫码形式提供大量免费微课资源，包括动画、视频、讲义等。具体内容包括：建筑制图基本知识、投影图、剖面图与断面图、民用建筑构造概述、基础与地下室、墙体、楼地层、楼梯、屋顶、门窗、变形缝、装配式混凝土结构、建筑施工图的识读。

本教材适用于高等职业院校土建施工类、工程管理类及相关专业的师生使用。为了便于本课程教学，作者自制免费课件资源，索取方式为：1. 邮箱：jckj@cabp.com.cn；2. 电话（010）58337285；3. 建工书院：http：//edu.cabplink.com；4. QQ 交流群：768255992。

教学服务群

责任编辑：司 汉 李 阳
责任校对：姜小莲

住房和城乡建设部"十四五"规划教材
高等职业教育土建类专业"互联网＋"数字化创新教材
建筑识图与构造（第二版）
李 瑞 李小霞 主编
＊
中国建筑工业出版社出版、发行(北京海淀三里河路9号)
各地新华书店、建筑书店经销
北京鸿文瀚海文化传媒有限公司制版
廊坊市海涛印刷有限公司印刷
＊
开本：787毫米×1092毫米 1/16 印张：20½ 字数：510千字
2022年9月第二版 2024年6月第六次印刷
定价：**49.00**元（赠教师课件）
ISBN 978-7-112-27384-3
（39498）

版权所有 翻印必究
如有印装质量问题，可寄本社图书出版中心退换
（邮政编码 100037）

出版说明

党和国家高度重视教材建设。2016 年，中办国办印发了《关于加强和改进新形势下大中小学教材建设的意见》，提出要健全国家教材制度。2019 年 12 月，教育部牵头制定了《普通高等学校教材管理办法》和《职业院校教材管理办法》，旨在全面加强党的领导，切实提高教材建设的科学化水平，打造精品教材。住房和城乡建设部历来重视土建类学科专业教材建设，从"九五"开始组织部级规划教材立项工作，经过近 30 年的不断建设，规划教材提升了住房和城乡建设行业教材质量和认可度，出版了一系列精品教材，有效促进了行业部门引导专业教育，推动了行业高质量发展。

为进一步加强高等教育、职业教育住房和城乡建设领域学科专业教材建设工作，提高住房和城乡建设行业人才培养质量，2020 年 12 月，住房和城乡建设部办公厅印发《关于申报高等教育职业教育住房和城乡建设领域学科专业"十四五"规划教材的通知》（建办人函〔2020〕656 号），开展了住房和城乡建设部"十四五"规划教材选题的申报工作。经过专家评审和部人事司审核，512 项选题列入住房和城乡建设领域学科专业"十四五"规划教材（简称规划教材）。2021 年 9 月，住房和城乡建设部印发了《高等教育职业教育住房和城乡建设领域学科专业"十四五"规划教材选题的通知》（建人函〔2021〕36 号）。为做好"十四五"规划教材的编写、审核、出版等工作，《通知》要求：（1）规划教材的编著者应依据《住房和城乡建设领域学科专业"十四五"规划教材申请书》（简称《申请书》）中的立项目标、申报依据、工作安排及进度，按时编写出高质量的教材；（2）规划教材编著者所在单位应履行《申请书》中的学校保证计划实施的主要条件，支持编著者按计划完成书稿编写工作；（3）高等学校土建类专业课程教材与教学资源专家委员会、全国住房和城乡建设职业教育教学指导委员会、住房和城乡建设部中等职业教育专业指导委员会应做好规划教材的指导、协调和审稿等工作，保证编写质量；（4）规划教材出版单位应积极配合，做好编辑、出版、发行等工作；（5）规划教材封面和书脊应标注"住房和城乡建设部'十四五'规划教材"字样和统一标识；（6）规划教材应在"十四五"期间完成出版，逾期不能完成的，不再作为《住房和城乡建设领域学科专业"十四五"规划教材》。

住房和城乡建设领域学科专业"十四五"规划教材的特点，一是重点以修订教育部、住房和城乡建设部"十二五""十三五"规划教材为主；二是严格按照专业标准规范要求编写，体现新发展理念；三是系列教材具有明显特点，满足不同层次和类型的学校专业教学要求；四是配备了数字资源，适应现代化教学的要求。规划教材的出版凝聚了作者、主审及编辑的心血，得到了有关院校、出版单位的大力支持，教材建设管理过程有严格保障。希望广大院校及各专业师生在选用、使用过程中，对规划教材的编写、出版质量进行反馈，以促进规划教材建设质量不断提高。

住房和城乡建设部"十四五"规划教材办公室
2021 年 11 月

修订版前言

随着建筑业的发展以及新一批国家工程建设标准规范的相继修订与实施，本教材的修订工作也随后展开，经编者一年多时间的努力，终于完成了本次修订任务。本次修订在保持教材"原版特色、组织结构和内容体系"不变的前提下，努力在教学内容、表现形式等方面有所更新和充实。

修订的内容有：（1）根据近几年建筑规范的修订和工程中实际的应用，更新及增补了部分内容，涉及的规范包括：《民用建筑通用规范》GB 55031—2022、《砌体结构通用规范》GB 55007—2021、《民用建筑设计统一标准》GB 50352—2019、《装配式建筑评价标准》GB/T 51129—2017、《装配式混凝土结构技术规程》JGJ 1—2014、《无障碍设计规范》GB 50763—2012 等。（2）在编写的过程中，努力反映我国当前在建筑构造方面的新技术、新材料、新工艺以及建筑设计发展的新动态，教学单元 8 楼梯增加了无障碍设计的内容，增加了教学单元 12 装配式混凝土结构。（3）为了便于对教学单元进行整体知识的把握，在每单元前增加了思维导图，全书改为双色印刷，更加突出重点。（4）附录中的图纸采用 BIM 建模、VR 等技术进行虚拟仿真模拟的构建，便于学生进行识图，增加学生的三维空间感。

本教材由河南建筑职业技术学院李瑞、李小霞担任主编，河南建筑职业技术学院许法轩、邢洁、魏国安、南宁职业技术学院杨智慧担任副主编。其中，教学单元 1 由韩雪编写，教学单元 2、4 由李伟编写，教学单元 3、6 由李瑞编写，教学单元 5 由王灵云编写，教学单元 7 由冯黎娜编写，教学单元 8 由李小霞编写，教学单元 9 由邢洁编写，教学单元 10 由齐静娴编写，教学单元 11、13 由许法轩和戚晓鸽合编，教学单元 12 由贾广征编写，附录由魏国安编写。

本教材由河南建筑职业技术学院王辉教授、河南创达建设工程管理有限公司高级工程师董高峰、河南航天建筑工程有限公司总工程师刘沛卿、沈阳建筑大学金路、南宁职业技术学院杨智慧参与编写并进行审阅，并提出宝贵的意见和建议。教材中施工案例由河南航天建筑工程有限公司周富生提供，附录建筑施工图的 BIM 建模和 VR 由青矩工程顾问有限公司魏治民制作，部分数字资源由广州中望龙腾软件股份有限公司提供。

本教材在编写的过程中，参考、借鉴了同类型的文献资料和教材，在此一并表示衷心感谢！

由于编者水平所限，书中难免有疏漏和不足之处，敬请广大读者批评指正。

前　言

　　随着建筑技术的迅速发展，新材料、新工艺、新技术的不断应用，与建筑、装饰工程相关的新标准、新规范不断修订。本教材根据建筑行业对高等职业教育建筑人才的需求，在保留传统内容的基础上，结合大量建筑实例，反映现代建筑构造的最新动态和最新做法，按最新标准规范进行编写，阐述了建筑制图标准、建筑构造的做法和建筑施工图的识读，着重对学生基本知识的传授和基本技能的培养，力争使教材中内容与专业岗位的需要相结合，体现工学结合的培养模式。本教材针对建筑识图与构造的特点，为使学生更加直观地学习识图和结构特点，通过建筑云课增加虚拟现实的仿真模型和微课教学，使学生在课堂学习之余也可课下学习，另外，还通过扫二维码的形式拓展学生的学习资料。

　　本教材由河南建筑职业技术学院李瑞、李小霞担任主编，许法轩、魏国安担任副主编。其中，教学单元1、4由韩雪编写，教学单元2、5由王灵云编写，教学单元3、6由李瑞编写，教学单元7由冯黎娜编写，教学单元8、9由李小霞编写，教学单元10由齐静娴编写，教学单元11由邢洁编写，教学单元12由许法轩编写。

　　本教材由河南建筑职业技术学院王辉教授、贾广征高级工程师，河南创达建设工程管理有限公司董高峰高级工程师进行审阅，并提出了宝贵的意见和建议。本教材在编写的过程中，参考、借鉴了同类型的文献资料和教材，在此一并表示衷心感谢！

　　本教材可作为高等职业院校土建施工类、工程管理类及相关专业师生教学使用。

　　由于编者水平所限，书中难免有疏漏和不足之处，敬请广大读者批评指正。

目 录

Chapter 01

教学单元1

建筑制图基本知识

主要内容

1. 绘图工具与使用；
2. 建筑制图标准的规定；
3. 绘图方法。

学习要点

1. 掌握制图工具的使用方法；
2. 理解并遵循国家制图标准的有关规定；
3. 初步掌握建筑制图的基本技能。

思政元素

　　开学第一课可通过学习工程制图的发展史，向同学们介绍我国悠久的图学历史。《营造法式》是我国历史上关于建筑技术、艺术和制图的一部著名的典籍，通过介绍该著作，向学生说明我国古代建筑成就及图学发展来激发学生的文化自信、民族自信和专业自豪感。本单元主要讲述建筑绘图工具和建筑制图基本知识，培养学生严谨治学态度和工匠精神。

1-1
工程制图
的发展史

思维导图

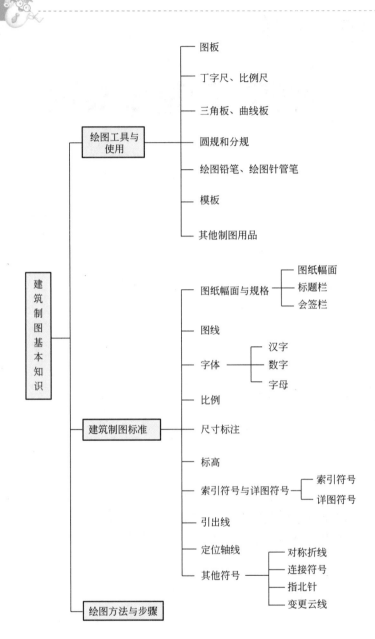

1.1 绘图工具与使用

绘制工程图样有手工绘图和计算机绘图两种方法，计算机绘图是基于手工绘图理论基础的，本节主要讲解手工绘图，通过学习，要求熟练地掌握建筑制图工具和仪器的正确使用方法，保证绘图质量。

1.1.1　图板

图板是画图时铺放图纸及配合丁字尺、三角板等进行制图的垫板，用来固定图纸。图板的左边是导边，如图 1-1 所示，为使丁字尺顺畅滑行，边框应保持平直，图板表面要平整光滑。图板是木制品，既不能曝晒也不能在潮湿的环境中存放。图板常用的规格见表 1-1。

图板的规格（mm）　　　　　　　　　　　　　　　　　表 1-1

图板规格	0	1	2
图板尺寸	920×1220	610×920	460×610

1.1.2　丁字尺

丁字尺是由尺头和尺身两部分组成，主要用于画水平线。画图时，应使尺头始终紧靠图板左侧的导边。画图时必须从左至右，如图 1-2 所示。丁字尺是用有机玻璃制成的，容易摔断、变形，用后应将其挂在墙上或平放在图板上。

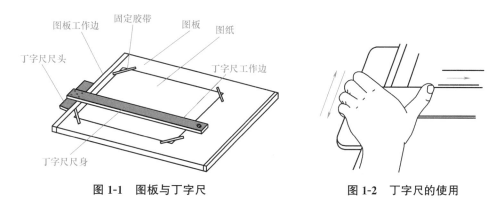

图 1-1　图板与丁字尺　　　　　　　　图 1-2　丁字尺的使用

1.1.3　三角板

三角板是制图的主要工具之一。一副三角板由一块 45°×45°×90°三角板和一块 30°×60°×90°三角板组成。三角板配合丁字尺画竖直线或 30°、45°、60°线；两块三角板配合使用能绘制 15°、75°、105°等的倾斜线，如图 1-3 所示。

1.1.4　圆规和分规

圆规是画圆和圆弧的工具。在使用前，应先调整针脚，使针尖略长于铅芯，如图 1-4（a）所示。画较大圆时，应加延伸杆，使圆规两端都与纸面垂直，如图 1-4（b）所示。

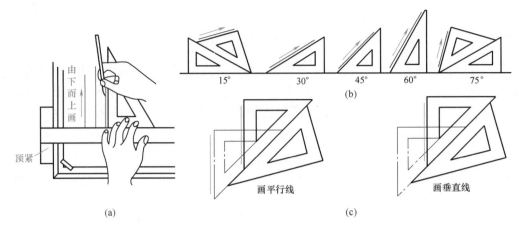

图 1-3 三角板与丁字尺的配合使用

（a）用三角板配合丁字尺画铅垂线；（b）三角板与丁字尺配合画各种角度的斜线；
（c）画任意直线的平行线和垂直线

分规是等分和量取线段的工具，两腿端部均装有固定钢针。使用时，要先检查分规两腿的针尖靠拢后是否平齐。如图 1-5 所示。

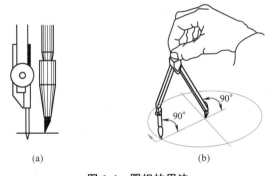

图 1-4 圆规的用法

（a）针脚应比铅心稍长；（b）画较大圆时，应使圆规两脚与纸面垂直

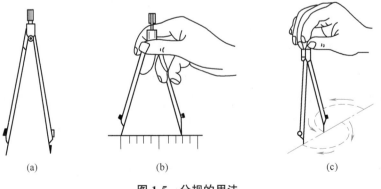

图 1-5 分规的用法

1.1.5　比例尺

由于建筑物与其构件都较大，不可能按 1∶1 的比例绘制，通常按比例缩小，为了绘图方便，常使用比例尺。常用的比例尺为三棱比例尺，在三个棱面上刻有六种百分比例或千分比例，尺上刻度所注写的数字单位为米，如图 1-6（a）所示即为百分比例尺。比例尺的使用如图 1-6（b）所示，某房间的开间为 3300mm，若使用 1∶100 的比例绘制，就可以在比例尺 1∶100 一条的刻度上直接量得 3.3m。

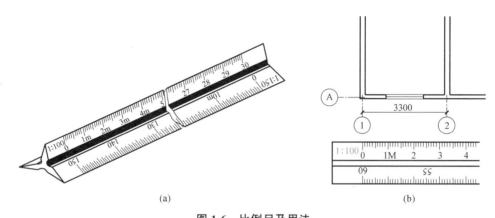

（a）　　　　　　　　　　　　　　　　（b）

图 1-6　比例尺及用法

（a）三棱比例尺；（b）三棱比例尺用法

1.1.6　绘图铅笔

绘图铅笔的铅芯分别用 B 和 H 表示其软硬程度。B 前的数字越大，表示铅芯越软，H 前的数字越大，表示铅芯越硬，HB 的铅笔软硬度适中。通常 H～3H 用于画底稿线，2B～3B 用于加深图线，HB、B 用于注写文字和数字。

铅笔通常削成锥形或扁平形，如图 1-7（a）、（b）所示，画图时，应使铅笔垂直纸面，向运动方向倾斜 75°，如图 1-7（c）所示。

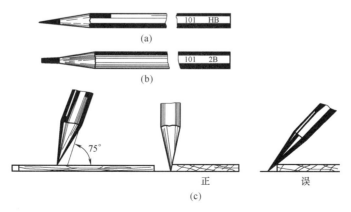

图 1-7　铅笔的使用

1.1.7 绘图针管笔

1-2
建筑蓝图

绘图针管笔是描图上墨线的画线工具，由针管、通针、吸墨管和笔套组成，如图1-8所示。针管直径有0.1～1.2mm粗细不同的规格，绘图时应使用专用墨水，用完后立即清洗针管，以防堵塞。

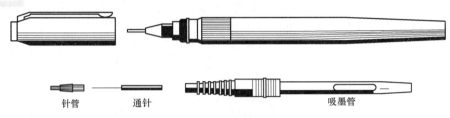

针管　　　通针　　　　　　　　　吸墨管

图1-8　针管笔的组成

1.1.8 模板

模板是将图样上常用的符号、图形刻在有机玻璃上，做成模板，方便使用，提高制图速度和质量。模板的种类很多，如建筑模板、结构模板、给水排水模板等，如图1-9所示。

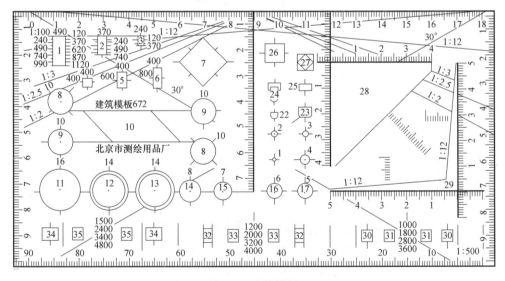

图1-9　建筑模板

1.1.9 曲线板

曲线板是用来画非圆曲线的工具。绘图时，首先定出曲线上若干点，徒手轻轻地把各点光滑地连接起来，然后在曲线板上选择曲率合适部分进行连接并描深。每次描绘曲线段不得少于三个点，连接时应留出一小段不描，作为下段连接时光滑过渡之用。如图1-10所示。

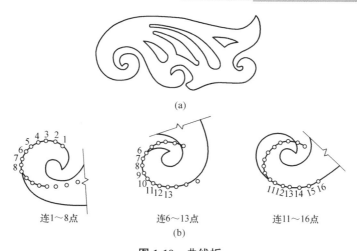

(a)

连1～8点　　连6～13点　　连11～16点

(b)

图 1-10　曲线板

（a）曲线板；（b）用曲线板连线

1.1.10　其他制图用品

除了上述工具以外，在绘图时，还需要准备削铅笔小刀、橡皮、固定图纸的胶带纸、量角器、擦图片（修改图线时，为了防止擦除错误图线时影响相邻图线，用它遮住不需要擦去的部分）等，如图 1-11 所示。

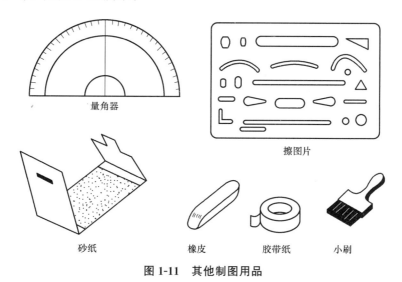

量角器

擦图片

砂纸　　橡皮　　胶带纸　　小刷

图 1-11　其他制图用品

1.2　建筑制图标准

建筑图纸是建筑设计和建筑施工中的重要技术资料，是建筑行业人员进行工程技术交流语言，为了保证建筑工程图样的统一和标准化，住房和城乡建设部制定一系列的制图标准，现行制图标准有《房屋建筑制图统一标准》GB/T 50001—2017、《总图制图标准》GB/T 50103—2010、《建筑制图标准》GB/T 50104—2010、《建筑结构制图标准》GB/T 50105—2010、《暖通空调制图标准》GB/T 50114—2010、《建筑给水排水制图标准》GB/T 50106—2010 和《建筑电气制图标准》GB/T 50786—2012。制图标准要求所有工程人员在设计、施工、管理中必须严格执行。

1.2.1 图纸幅面与规格

1. 图纸幅面

图纸幅面简称图幅，是指图纸宽度和长度组成的图面；为了合理使用图纸、便于装订和管理，对图纸幅面及图框尺寸作了规定，见表 1-2。图纸幅面之间的关系如图 1-12 所示。

图纸及图框尺寸（mm）   表 1-2

尺寸代号	幅面代号				
	A0	A1	A2	A3	A4
$b \times l$	841×1189	594×841	420×594	297×420	210×297
c	10			5	
a	25				

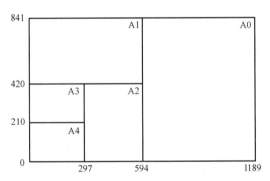

图 1-12　图纸幅面之间的关系

如果图纸幅面不够，可将 A0～A3 幅面的长边加长，图纸的短边一般不应加长，但应符合表 1-3 的规定。为了便于装订，一个工程设计中，每个专业所使用的图纸，不宜多于两种幅面，不含目录及表格所使用的 A4 幅面。

图纸长边加长尺寸（mm）   表 1-3

幅面代号	长边尺寸	长边加长后的尺寸
A0	1189	1486（A0+1/4l）　1635（A0+3/8l）　1783（A0+1/2l）　1932（A0+5/8l）　2080（A0+3/4l） 2230（A0+7/8l）　2378（A0+1l）
A1	841	1051（A1+1/4l）　1261（A1+1/2l）　1471（A1+3/4l）　1682（A1+1l）　1892（A1+5/4l） 2102（A1+3/2）
A2	594	743（A2+1/4l）　891（A2+1/2l）　1041（A2+3/4l）　1189（A2+1l）　1338（A2+5/4l）　1486 （A2+3/2l）　1635（A2+7/4l）　1783（A2+2l）　1932（A2+9/4l）　2080（A2+5/2l）

幅面代号	长边尺寸	长边加长后的尺寸
A3	420	630（A3+1/2*l*）　841（A3+1*l*）　1051（A3+3/2*l*）　1261（A3+2*l*）　1471（A3+5/2*l*）　1682（A3+3*l*）　1892（A3+7/2*l*）

注：有特殊需要的图纸，可采用 $b×l$ 为 841mm×891mm 与 1189mm×1261mm 的幅面。

图纸幅面通常有横式和立式两种形式。以长边为水平边的为横式幅面；以短边为水平边的称为立式幅面。A0～A3 图纸宜横式使用；必要时，也可立式使用，如图 1-13～图 1-18 所示。

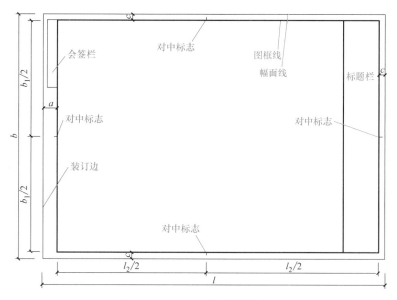

图 1-13　A0～A3 横式幅面（一）

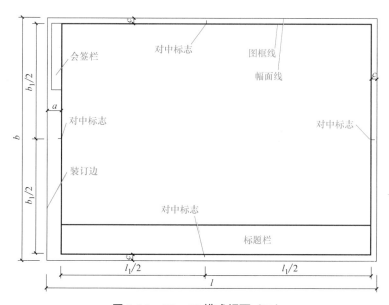

图 1-14　A0～A3 横式幅面（二）

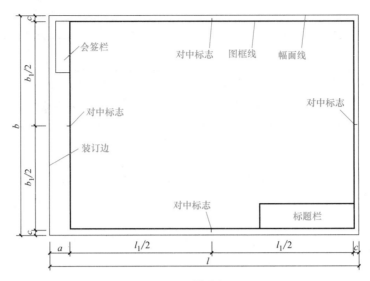

图 1-15　A0～A3 横式幅面（三）

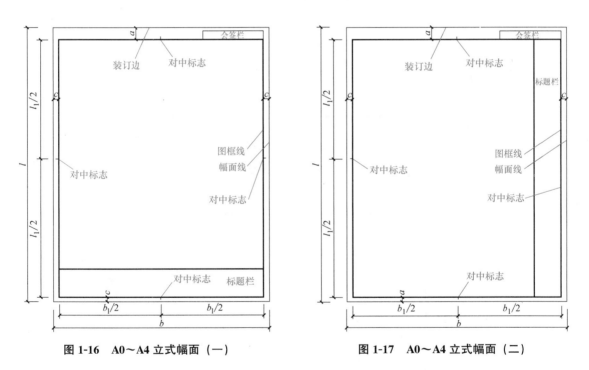

图 1-16　A0～A4 立式幅面（一）　　　　　图 1-17　A0～A4 立式幅面（二）

　　图幅内应画出图框线，图框线用粗实线绘制，与图纸幅面线的间距宽 a 和 c 应符合表 1-2 的要求。

　　2. 图纸标题栏和会签栏

　　工程图纸应有工程名称、图名、图号、比例、设计单位、注册师姓名、设计人姓名、审核人姓名及日期等内容，把这些集中列表放在图纸的下面或右面，如图 1-19 所示，称为图纸标题栏。涉外工程的标题栏内，各项主要内容的中文下方应附有译文，设计单位的上方或左方，应加"中华人民共和国"字样。

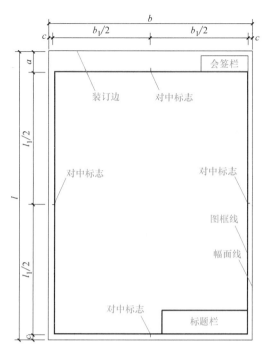

图 1-18　A0～A2 立式图幅（三）

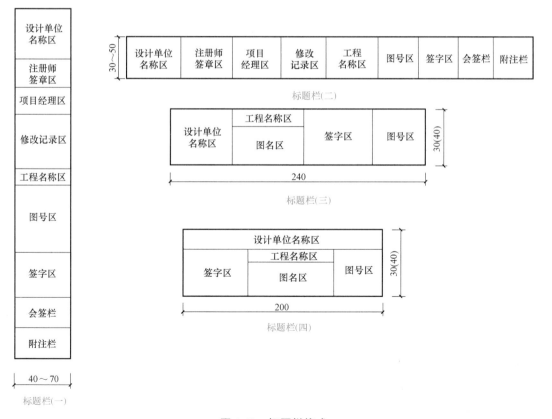

图 1-19　标题栏格式

会签栏是指工程图样上由各工种负责人填写所代表的有关专业、姓名、日期等的一个表格，如图 1-20 所示，放在图纸左侧上方的图框线外。

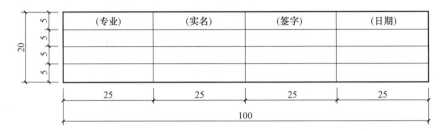

图 1-20　会签栏

1.2.2　图线

任何建筑图样都是用图线绘制成的，《房屋建筑制图统一标准》GB/T 50001—2017 对图线的名称、线型、线宽用途作了明确规定。

1. 线型种类及用途

建筑工程图的图线线型有实线、虚线、单点长画线、双点长画线、折断线、波浪线等。各类图线的名称、线型、宽度及用途见表 1-4。

图线的线型、宽度及用途　　　　　　　　　　表 1-4

名称		线型	线宽	一般用途
实线	粗		b	主要可见轮廓线
	中粗		$0.7b$	可见轮廓线、变更云线
	中		$0.5b$	可见轮廓线、尺寸线
	细		$0.25b$	图例填充线、家具线
虚线	粗		b	见各有关专业制图标准
	中粗		$0.7b$	不可见轮廓线
	中		$0.5b$	不可见轮廓线、图例线
	细		$0.25b$	图例填充线、家具线
单点长画线	粗		b	见各有关专业制图标准
	中		$0.5b$	见各有关专业制图标准
	细		$0.25b$	中心线、对称线、轴线等
双点长画线	粗		b	见各有关专业制图标准
	中		$0.5b$	见各有关专业制图标准
	细		$0.25b$	假想轮廓线、成型前原始轮廓线
折断线	细		$0.25b$	断开界线
波浪线	细		$0.25b$	断开界线

图线线型和线宽的用途，各专业不同，应按专业制图的规定来选用。

2. 图线的要求

图线的基本线宽 b，宜按照图纸比例及图纸性质从 1.4mm、1.0mm、0.7mm、0.5mm 线宽系列中选取。

每个图样应根据复杂程度与比例大小，确定不同的线宽组，见表 1-5。

线宽组（mm）　　　　表 1-5

线宽比	线宽粗			
b	1.4	1.0	0.7	0.5
$0.7b$	1.0	0.7	0.5	0.35
$0.5b$	0.7	0.5	0.35	0.25
$0.25b$	0.35	0.25	0.18	0.13

注：1. 需要缩微的图纸，不宜采用 0.18 及更细的线宽。
　　2. 同一张图纸内，各不同线宽中的细线，可统一采用较细的线宽组的细线。

同一图纸幅面中，采用相同比例绘制的各图，应选用相同的线宽组。绘制比例简单的图或比例较小的图，可以只用两种线宽，其线宽比为 $b：0.25b$。

图纸的图框和标题栏线可采用表 1-6 中的线宽。

图框线、标题栏线和会签栏线的宽度（mm）　　表 1-6

幅面代号	图框线	标题栏外框线、对中标志	标题栏分格线、幅面线
A0、A1	b	$0.7b$	$0.25b$
A2、A3、A4	b	$0.5b$	$0.35b$

此外，在绘制图线时还应注意以下几点：

（1）相互平行的图例线，其净间隙或线中间隙不宜小于 0.2mm。

（2）虚线、单点长画线或双点长画线的线段长度和间隔，宜各自相等。

（3）单点长画线或双点长画线，在较小的图形中绘制有困难时，可用实线代替。

（4）单点长画线或双点长画线的两端应是线段，不应是点。点画线与点画线交接或点画线与其他图线交接时，应是线段交接。

（5）虚线与虚线交接或虚线与其他图线交接时，应是线段交接。虚线为实线的延长线时，不得与实线连接。

（6）图线不得与文字、数字或符号重叠、混淆，不可避免时，应首先保证文字、数字等的清晰。如图 1-21 所示。

1.2.3　字体

用图线绘成图样，须用文字及数字加以注释，表明其大小尺寸、有关材料、构造做法、施工要点及标题。工程图纸中书写的文字、数字或符号等，均应笔画清晰、字体端正、排列整齐。

文字的字高应从表 1-7 中选用。字高大于 10mm 的文字宜采用 True type 字体，当需书写更大的字时，其高度应按 $\sqrt{2}$ 的倍数递增。

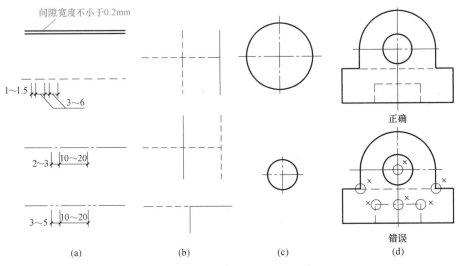

图 1-21 图线的画法

（a）线的画法；（b）交线；（c）圆的中心画法；（d）举例

文字的字高（mm）   表 1-7

字体种类	中文矢量字体	True type 字体及非中文矢量字体
字高	3.5、5、7、10、14、20	3、4、6、8、10、14、20

1. 汉字

图样及说明中的汉字，宜优先采用 True type 字体中的宋体字型，采用矢量字体时，应为长仿宋字型，同一图纸字体种类不应超过两种。长仿宋字的高宽关系应符合表 1-8 的规定。大标题、图册封面地形图等的汉字，也可书写成其他字体，但应易于辨认。

长仿宋体字的高宽关系（mm）   表 1-8

字高	20	14	10	7	5	3.5
字宽	14	10	7	5	3.5	2.5

图样上如需写更大的字，其高度应按 $\sqrt{2}$ 的比值递增，汉字的字高应不小于 3.5mm。长仿宋体字如图 1-22 所示，其汉字、字母、数字应符合现行国家标准《技术制图 字体》GB/T 14691—1993 的有关规定。

2. 数字及字母

图样及说明中的字母、数字，宜优先采用 True type 字体中的 Roman 字型，书写规则应符合表 1-9 的规定。

拉丁字母、阿拉伯数字与罗马数字的书写规则   表 1-9

书写格式	字体	窄字体
大写字母高度	h	h
小写字母高度（上下均无延伸）	$7/10h$	$10/14h$

续表

书写格式	字体	窄字体
小写字母伸出的头部或尾部	3/10h	4/14h
笔画宽度	1/10h	1/14h
字母间距	2/10h	2/14h
上下行基准线的最小间距	15/10h	21/14h
词间距	6/10h	6/14h

工	业	民	用	建	筑	厂	房	屋	平	立	剖	面	详	图
结	构	施	说	明	比	例	尺	寸	长	宽	高	厚	砖	瓦
木	石	土	砂	浆	水	泥	钢	筋	混	凝	截	校	核	梯
门	窗	基	础	地	层	楼	板	梁	柱	墙	厕	浴	标	号
制	审	定	日	期	一	二	三	四	五	六	七	八	九	十

图 1-22　长仿宋体字示例

数字及字母在图样上书写分直体和斜体两种。它们和中文混合书写时应稍低于书写仿宋字的高度。斜体书写应向右倾斜，并于水平线成 75°。图样上数字应采用正体阿拉伯数字，其高度应不小于 2.5mm，如图 1-23 所示。当拉丁字母单独用作代号或符号时，不要使用 I、O、Z，以免与 1、0、2 混淆。

图 1-23　字母和数字书写范例

1.2.4 比例

图样的比例是图形与实物相对应的线性尺寸之比。比例的大小是指比值的大小，符号为"："，比例宜注写在图名的右侧，与字的基准线取平，字高比图名的字号小一号或两号。如图 1-24 所示。

图 1-24 比例的注写

工程图样的绘制应根据图样的用途与被绘制对象的复杂程度选择合适的比例和图纸幅面，以确保所示物体图样的精确和清晰。

根据《房屋建筑制图统一标准》GB/T 50001—2017 的规定，建筑工程图样制图时，应根据图样的用途与被绘对象的复杂程度，优先选用表 1-10 中常用比例。

绘图所用的比例 　　　　　　　表 1-10

常用比例	1：1、1：2、1：5、1：10、1：20、1：30、1：50、1：100、1：150、1：200、1：500、1：1000、1：2000
可用比例	1：3、1：4、1：6、1：15、1：25、1：40、1：60、1：80、1：250、1：300、1：400、1：600、1：5000、1：10000、1：20000、1：50000、1：100000、1：200000

根据《建筑制图标准》GB/T 50104—2010 的规定，建筑专业、室内设计专业制图选用的比例，宜符合表 1-11 的规定。

比例 　　　　　　　表 1-11

图名	比例
建筑物或构筑物的平面图、立面图、剖面图	1：50、1：100、1：150、1：200、1：300
建筑物或构筑物的局部放大图	1：10、1：20、1：25、1：30、1：50
配件及构造详图	1：1、1：2、1：5、1：10、1：15、1：20、1：25、1：30、1：50

图 1-25 所示为用不同比例绘制的门的立面图。

1.2.5 尺寸标注

在建筑工程图样中，其图形只能表达建筑物的形状及材料等内容，而不能反映建筑的大小。建筑物的大小由尺寸来确定。尺寸是构成图样的一个重要组成部分，是建筑施工的重要依据，因此尺寸标注要准确、完整、清晰。同时还要求严格遵守国家标准《房屋建筑制图统一标准》GB/T 50001—2017 有关尺寸标注的规定。

1. 尺寸的组成及基本规定

图样上的尺寸标注由尺寸界线、尺寸线、尺寸起止符号、尺寸数字四部分组成，如图 1-26 所示。

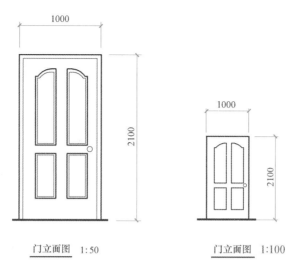

图 1-25　比例标注实例

（1）尺寸界线

尺寸界线应用细实线绘制，一般与被注长度垂直，其一端离开图样轮廓线不应小于 2mm，另一端宜超出尺寸线 2~3mm。图样轮廓线可用作尺寸界线。如图 1-26 所示。

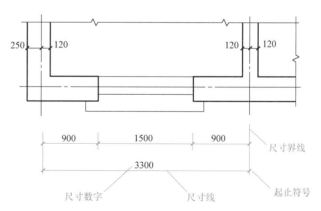

图 1-26　尺寸标注示例

（2）尺寸线

尺寸线应用细实线绘制，应与被注长度平行。图样本身的任何图线均不得用作尺寸线，如图 1-27 所示。

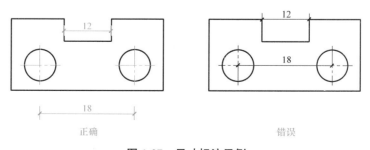

图 1-27　尺寸标注示例

（3）尺寸起止符号

尺寸起止符号一般为中粗斜短线绘制，其倾斜方向应与尺寸界线成顺时针45°角，长度宜为2～3mm。

半径、直径、角度与弧长的尺寸起止符号宜用箭头表示，如图1-28所示。

（4）尺寸数字

尺寸数字表示物体的实际大小，与绘图比例或绘图的精确度无关，如图1-25所示。图样上的尺寸应以尺寸数字为准，不得从图上直接量取。图样上的尺寸单位，除了标高及总平面以米（m）为单位外，其他必须以毫米（mm）为单位。

尺寸数字的方向，应按图1-29（a）的规定注写。若尺寸数字在30°斜线区内，也可按图1-29（b）的形式注写。

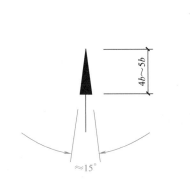

图1-28　箭头尺寸起止符号

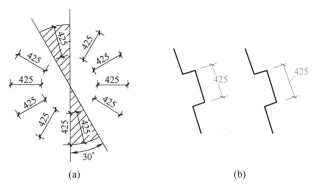

(a)　　　　(b)

图1-29　尺寸数字的注写方向

尺寸数字一般应依据其方向注写在靠近尺寸线的上方中部。如没有足够的注写位置，最外边的尺寸数字可注写在尺寸界线的外侧，中间相邻的尺寸数字可上下错开注写，引出线端部用圆点表示标注尺寸的位置，如图1-30所示。

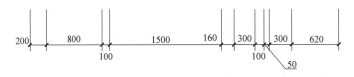

图1-30　尺寸数字的注写位置

（5）尺寸的排列与布置（图1-31）

1）尺寸宜标注在图样轮廓以外，不宜与图线、文字及符号等相交。

2）互相平行的尺寸线应从被注写的图样轮廓线由近向远整齐排列，较小尺寸应离轮廓线较近，较大尺寸应离轮廓线较远。

3）图样轮廓线以外的尺寸界线距图样最外轮廓之间的距离不宜小于10mm。平行排列的尺寸线的间距宜为7～10mm，并应保持一致。

4）总尺寸的尺寸界线应靠近所指部位，中间的分尺寸的尺寸界线可稍短，但其长度应相等。

2. 半径、直径的尺寸标注

（1）半径的尺寸线应一端从圆心开始，另一端画箭头指向圆弧。半径数字前应加注半

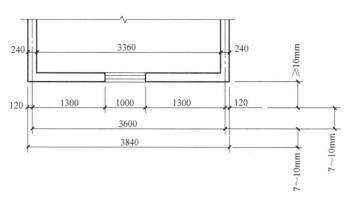

图 1-31　尺寸的排列

径符号 "R"，如图 1-32 所示。

　　（2）标注圆的直径尺寸时，直径数字前应加直径符号 "ϕ"。在圆内标注的尺寸线应通过圆心，两端画箭头指至圆弧，如图 1-33 所示；较小圆的直径尺寸，可标注在圆外，如图 1-33 所示。

　　（3）标注球的尺寸时，应在其直径和半径的尺寸前加注符号 "S"，如图 1-34 所示。

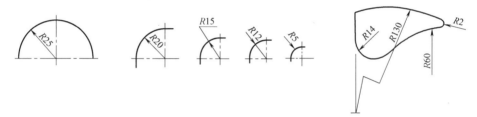

图 1-32　半径的尺寸标注

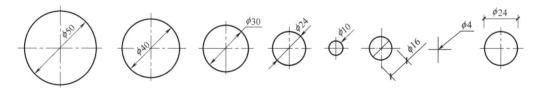

图 1-33　直径的尺寸标注

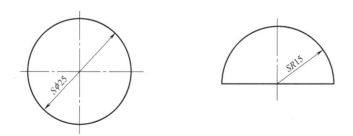

图 1-34　球体的尺寸标注

3. 坡度、角度、弧长、弦长的标注

（1）标注坡度时，应加注坡度符号"←"或"↖"，如图1-35（a）、（b）、（c）、（d）所示，该符号为单面或双面箭头，箭头应指向下坡方向。坡度也可用直角三角形形式标注，如图1-35（e）、（f）所示。

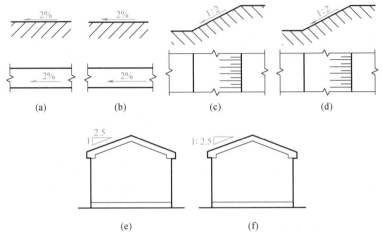

图1-35 坡度标注方法

（2）角度的尺寸线应以圆弧表示。该圆弧的圆心应是该角的顶点，角的两条边为尺寸界线。起止符号应以箭头表示，如没有足够位置画箭头，可用圆点代替，角度数字应按水平方向注写，如图1-36所示。

（3）标注圆弧的弧长时，尺寸线应以与该圆弧同心的圆弧线表示，尺寸界线应垂直于该圆弧的弦，起止符号用箭头表示，弧长数字上方或前方应加注圆弧符号"⌒"，如图1-37所示。

（4）标注圆弧的弦长时，尺寸线应以平行于该弦的直线表示，尺寸界线应垂直于该弦，起止符号用中粗斜短线表示，如图1-38所示。

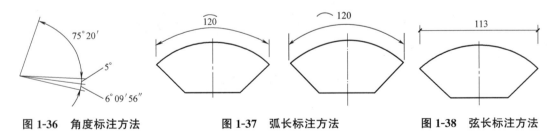

图1-36 角度标注方法　　**图1-37 弧长标注方法**　　**图1-38 弦长标注方法**

4. 薄板厚度、正方形尺寸标注

（1）在薄板面标注板厚尺寸时，应在厚度数字前加厚符号"t"，如图1-39所示。

（2）标注正方形的尺寸，可用"边长×边长"的形式，也可在边长数字前加正方形符号"□"，如图1-40所示。

5. 尺寸的简化标注

（1）杆件或管线的长度，在单线（桁架简图、钢筋简图、管线简图）上，可直接将尺寸数字沿杆件或管线的一侧注写，如图1-41（a）、（b）所示。

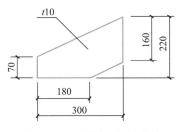

图 1-39　薄板厚度标注方法

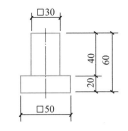

图 1-40　标注正方形尺寸

（2）连续排列的等长尺寸，可用"个数×等长尺寸＝总长"的形式标注，如图 1-41（c）、（d）所示。

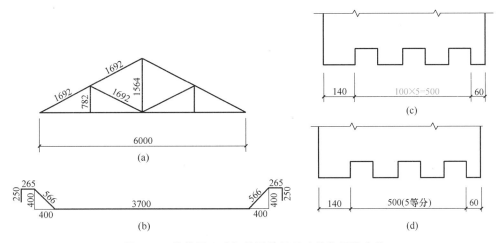

图 1-41　单线图尺寸标注及等长尺寸简化标注方法

（3）构配件内的构造因素（如孔、槽等）如相同，可仅标注其中一个要素的尺寸，如图 1-42 所示。

（4）对称构配件采用对称省略画法时，该对称构配件的尺寸线应略超过对称符号，仅在尺寸线的一端画尺寸起止符号，尺寸数字应按整体全尺寸注写，其注写位置宜与对称符号对齐，如图 1-43 所示。

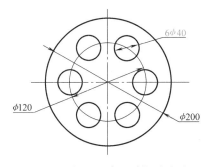

图 1-42　相同要素尺寸标注方法

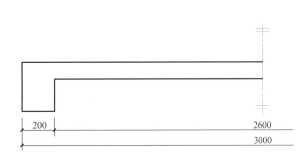

图 1-43　对称构件尺寸标注方法

（5）两个构配件，如个别尺寸数字不同，可在同一图样中将其中一个构配件的不同尺寸数字注写在括号内，该构配件的名称也应注写在相应的括号内，如图 1-44 所示。

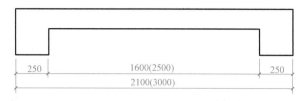

图 1-44　相似构件尺寸标注方法

（6）数个构配件，如仅某些尺寸不同，这些有变化的尺寸数字，可用拉丁字母注写在同一图样中，另列表格写明其具体尺寸，如图 1-45 所示。

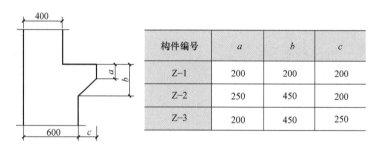

构件编号	a	b	c
Z–1	200	200	200
Z–2	250	450	200
Z–3	200	450	250

图 1-45　相似构配件尺寸表格式标注方法

1.2.6　标高

1. 标高符号应以直角等腰三角形表示，按图 1-46（a）所示，用细实线绘制，如果标注位置不够，也可按图 1-46（b）所示，标高符号具体画法应符合图 1-46（c）、（d）所示的形式。

2. 总平面图室外地坪标高符号，宜用涂黑的三角形表示，如图 1-47 所示。

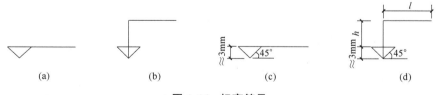

图 1-46　标高符号

3. 标高符号的尖端应指至被标注高度的位置。尖端一般应向下，也可向上。标高数字应注写在标高符号的左侧或右侧，如图 1-48 所示；标高数字应以米为单位，注写到小数点以后第三位。在总平面图中，可注写到小数点以后第二位；零点标高应注写成 ±0.000，正数标高不注"＋"，负数标高应注"－"，例如 3.000、－0.600；在图样的同一位置需表示几个不同标高时，标高数字可按图 1-49 的形式注写。

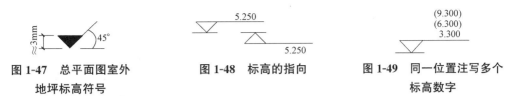

图 1-47　总平面图室外　　　图 1-48　标高的指向　　　图 1-49　同一位置注写多个
地坪标高符号　　　　　　　　　　　　　　　　　　　　　　　标高数字

1.2.7　索引符号与详图符号

1. 图样中的某一局部或构件，如需另见详图，应以索引符号索引，如图 1-50（a）所示。索引符号是由直径为 8～10mm 的圆和水平直径组成，圆及水平直径均应以 $0.25b$ 实线绘制。索引符号应按下列规定编写：

（1）索引出的详图，如与被索引的详图同在一张图纸内，应在索引符号的上半圆中用阿拉伯数字注明该详图的编号，并在下半圆中间画一段水平细实线，如图 1-50（b）所示。

（2）索引出的详图，如与被索引的详图不在同一张图纸内，应在索引符号的上半圆中用阿拉伯数字注明该详图的编号，在索引符号的下半圆中用阿拉伯数字注明该详图所在图纸的编号，如图 1-50（c）所示。数字较多时，可加文字标注。

（3）索引出的详图，如采用标准图，应在索引符号水平直径的延长线上加注该标准图册的编号，如图 1-50（d）所示。

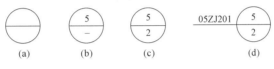

图 1-50　索引符号

2. 索引符号如用于索引剖视详图，应在被剖切的部位绘制剖切位置线，并以引出线引出索引符号，引出线所在的一侧应为投射方向。索引符号的编写同前述的规定，如图 1-51 所示。

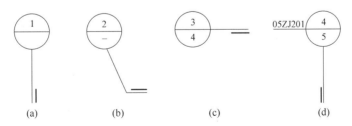

图 1-51　用于索引剖面详图的索引符号

3. 详图的位置和编号，应以详图符号表示。详图符号的圆应以直径为 14mm 线宽为 b 实线绘制。详图应按下列规定编号：

（1）详图与被索引的图样同在一张图纸内时，应在详图符号内用阿拉伯数字注明详图的编号，如图 1-52（a）

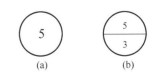

图 1-52　详图符号所示详图位置

所示。

（2）详图与被索引的图样不在同一张图纸内，应用细实线在详图符号内画一水平直径，在上半圆中注明详图编号，在下半圆中注明被索引的图纸的编号，如图 1-52（b）所示。

1.2.8 引出线

1. 引出线应以 $0.25b$ 线宽实线绘制，宜采用水平方向的直线或与水平方向成 $30°$、$45°$、$60°$、$90°$ 的直线，并经上述角度再折为水平线。文字说明宜注写在水平线的上方，如图 1-53（a）所示，也可注写在水平线的端部，如图 1-53（b）所示，索引详图的引出线，应与水平直径线相连接，如图 1-53（c）所示。

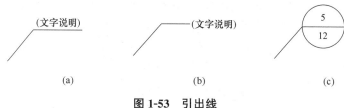

图 1-53 引出线

2. 同时引出几个相同部分的引出线，宜互相平行，如图 1-54（a）所示，也可画成集中于一点的放射线，如图 1-54（b）所示。

图 1-54 共同引出线

3. 多层构造或多层管道共用引出线，应通过被引出的各层。文字说明宜注写在水平线的上方，或注写在水平线的端部，说明的顺序应由上至下，并应与被说明的层次相互一致；如层次为横向排序，则由上至下的说明顺序应与左至右的层次相互一致，如图 1-55 所示。

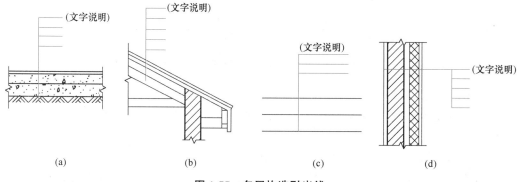

图 1-55 多层构造引出线

1.2.9　定位轴线

1. 定位轴线应用 0.25b 线宽的单点长画线绘制。定位轴线一般应编号，编号应注写在轴线端部的圆内。圆应用 0.25b 线宽实线绘制，直径为 8～10mm。定位轴线圆的圆心，应在定位轴线的延长线上或延长线的折线上。

2. 平面图上定位轴线的编号，宜标注在图样的下方与左侧。横向编号应用阿拉伯数字，从左至右顺序编写，竖向编号应用大写英文字母，从下至上顺序编写，如图 1-56 所示。

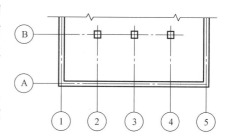

图 1-56　定位轴线的编号顺序

3. 英文字母的 I、O、Z 不得用做轴线编号。如字母数量不够使用，可增用双字母或单字母加数字注脚，如 AA、BA……YA 或 A1、B1……Y1。

4. 组合较复杂的平面图中定位轴线也可采用分区编号，如图 1-57 所示，编号的注写形式应为"分区号-该分区定位轴线编号"。分区号采用阿拉伯数字或大写英文字母表示。

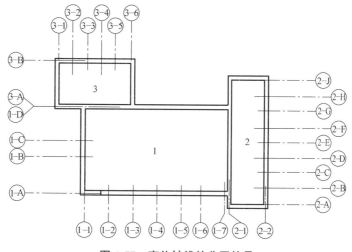

图 1-57　定位轴线的分区编号

5. 附加定位轴线的编号，应以分数形式表示，并应按下列规定编写：（1）两根轴线间的附加轴线，应以分母表示前一轴线的编号，分子表示附加轴线的编号，编号宜用阿拉伯数字顺序编写，如：$\frac{1}{2}$ 表示 2 号轴线之后附加的第一根轴线，$\frac{2}{C}$ 表示 C 号轴线之后附加的第二根轴线；（2）$\frac{1}{01}$ 表示 1 号轴线之前附加的第一根轴线；$\frac{2}{0A}$ 表示 A 号轴线之前附加的第二根轴线。

6. 一个详图适用于几根轴线时，应同时注明各有关轴线的编号，如图 1-58 所示。

7. 通用详图中的定位轴线，应只画圆，不注写轴线编号。

8. 折线形平面图中定位轴线的编号可按图 1-59 所示的形式编写。

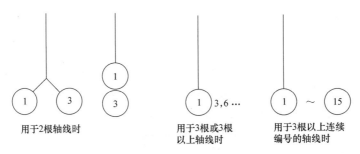

图 1-58　详图的轴线编号

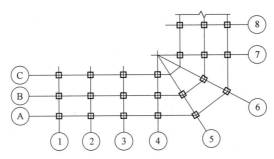

图 1-59　折线形平面定位轴线的编号

1.2.10　其他符号

1. 对称符号由对称线和两端的两对平行线组成。对称线用细的单点长画线绘制，线宽宜为 0.25b；平行线用实线绘制，其长度宜为 6～10mm，每对的间距宜为 2～3mm，线宽宜为 0.5b；对称线垂直平分于两对平行线，两端超出平行线宜为 2～3mm，如图 1-60（a）所示。

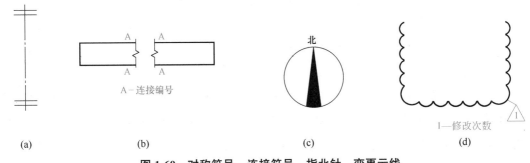

图 1-60　对称符号、连接符号、指北针、变更云线
（a）对称折线；（b）连接符号；（c）指北针；（d）变更云线

2. 连接符号应以折断线表示需连接的部位。两部位相距过远时，折断线两端靠图样一侧应标注大写拉丁字母表示连接编号。两个被连接的图样必须用相同的字母编号，如图 1-60（b）所示。

3. 指北针的形状宜如图 1-60（c）所示，其圆的直径宜为 24mm，用细实线绘制；指针尾部的宽度宜为 3mm，指针头部应注"北"或"N"字。需用较大直径绘制指北针时，指针尾部宽度宜为直径的 1/8。

4. 对图纸中局部变更部分宜采用云线，并宜注明修改版次。修改版次符号宜为边长 0.8cm 的正等边三角形，修改版次应采用数字表示，如图 1-60（d）所示。变更云线宜按 $0.7b$ 绘制。

1.3　绘图方法与步骤

为了保证图样的质量，提高制图速度，除了要养成正确使用制图工具的良好习惯，严格遵守国家制图标准，还应注意正确的绘图步骤及方法。

1.3.1　绘图步骤

1. 绘图前的准备工作

（1）把制图工具、画图桌及绘图板等用布擦拭干净。在绘图过程中亦须经常保持清洁。

（2）根据需绘图的数量、内容及其大小，选定图纸幅面大小。

（3）将图纸固定在图板上，使图纸的左方和下方留有 1 个丁字尺的宽度。

（4）把必需的制图工具放在适当的位置，然后开始绘图。

2. 画底稿（一般用 H～3H 铅笔轻画细稿线）

（1）先画好图框线、图纸标题栏外框及分格线等。

（2）根据所画图的大小、比例、数量进行合理的图面布置，考虑预留标注尺寸、文字注写、各图间的净间隔等所需的位置，使图纸上各图安排得疏密均匀，既节约幅面又不致拥挤。

（3）画图形的轴线、墙线、轮廓线等，由整体到局部，直至画出所有图线。为了方便修改，底图的图线应轻而淡，能定出图形的形状和大小即可。

（4）画尺寸线、尺寸界限及其他符号。

（5）最后仔细检查底图，擦除多余的底稿图线。

3. 铅笔加深（用 B～3B，文字说明用 HB 铅笔）

（1）先加深图样，水平线由上至下，垂直线由左至右依次完成。各类线型加深顺序为：轴线、粗实线、虚线、细实线。

（2）加深尺寸界线、尺寸线、画尺寸起止符号，写尺寸数字。

（3）写图名、比例、文字说明以及标题栏内的文字。

（4）加深图框线。

图样加深完后，应达到图面干净，线型分明，图线均匀，布图合理。

4. 描图

为了满足工程上同时使用多套图的要求，需要用针管笔将图纸描绘在硫酸纸上，作为底图，进行晒图。描图的步骤与铅笔加深基本相同，如描图中出现错误，应等墨线干了以后，用小刀刮去需要修改的部分，再进行修改。

1.3.2 作图方法

如图 1-61 所示，以简单平面图为例。

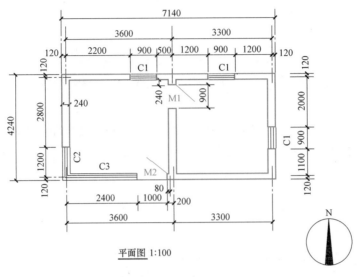

平面图 1:100

图 1-61 平面图

（1）根据图形比例及尺寸选择合适图幅，如图比例选用 1：100，A4 图幅，将图纸按要求固定在图板上。

（2）打底稿，用 H 或 2H 铅笔按图幅要求用轻细实线分别画好图纸幅面线、图框线、标题栏。

（3）计算好图纸位置，把图布置在图纸中部。按照顺序依次画出轴线网格，内外墙及门窗等细部。

（4）检查、修改、加深图线。最后进行尺寸和文字标注。

习 题

一、填空题

1. A2 的图纸幅面尺寸为_____。

2. 长仿宋体 7 号字的字高为_____。

3. 实际尺寸为 1000mm 用 1：50 绘图时图样上的线段长度为_____。

4. 建筑制图中规定，在 0 号到 2 号图纸中，图框线离图纸左边缘的距离_____。

5. 尺寸标注一般有_____、_____、_____、_____四部分组成。

6. 标高一般分为两种，以建筑物底层室内地面定为零点的标高称为_____，以黄海平均海平面的高度定为零点的标高称为_____。

二、单选题

1. 在图上量的长度为 50mm，用 1：100 的比例，实际长度为（　　）m。

A. 50　　　　　　B. 500　　　　　　C. 5000　　　　　D. 50000

2. 在施工图中，索引的详图与被索引的图纸在同一张图纸内，应采用的索引符号是（　　）。

A. 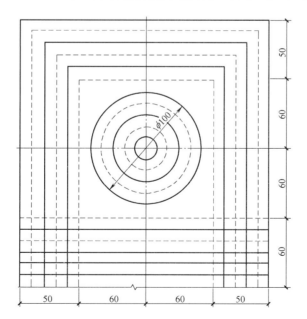 B. C. D.

3. 定位轴线用细的单点长画线绘制，定位轴线编号注写在轴线端部的圆内，圆用细实线绘制，直径为（　　）mm。

A. 4～6　　　　　　　　　　　　　　B. 6～8

C. 8～10　　　　　　　　　　　　　D. 10～12

4. 图样上的尺寸单位，除标高及总平面图以米为单位，其他以（　　）为单位。

A. 分数　　　　　　B. 厘米　　　　　　C. 毫米　　　　　D. 微米

5. 附加定位轴线的编号用（　　）表示。

A. 分数　　　　　B. 大写拉丁字母　　　　C. 阿拉伯数字　　　　D. 希腊字母

三、简答题

1. 建筑制图的图幅规格有哪些？图幅尺寸各是多少？如何裁剪？

2. 图线的线宽有哪几种？它们之间有何关系？

3. 图线的线型有哪些？画法有哪些要求？

4. 尺寸标注的组成及要求，简化标注有哪些？

5. 如何应用标高符号？

6. 说明索引符号和详图符号的关系如何应用？

四、作图题

试用 A3 幅面图纸，1∶1 的比例铅笔绘制所给图样，要求线型粗细分明，交接正确。

教学单元2

投影图

1. 投影的概念、投影法的分类、工程上常用的投影图；
2. 正投影的特性、三面投影图的形成、展开及规律、多面投影图；
3. 正投影图的识读。

学习要点

1. 了解投影的概念及分类；
2. 了解各投影图在工程中的应用；
3. 理解正投影的特性；
4. 熟练掌握三面正投影图的形成、展开及投影规律；
5. 初步具有识读投影图的能力。

思政元素

　　本单元在讲解点、线、面的投影时，引导学生把国家、社会、公民的价值要求融为一体。提高个人爱国、敬业、诚信友善的修养，自觉把小我融入大我，教育学生拥有家国情怀。通过三面投影图的绘制培养学生的三维空间想象力、工程思维与创新意识，以及精益求精的职业规范精神与素养。

思维导图

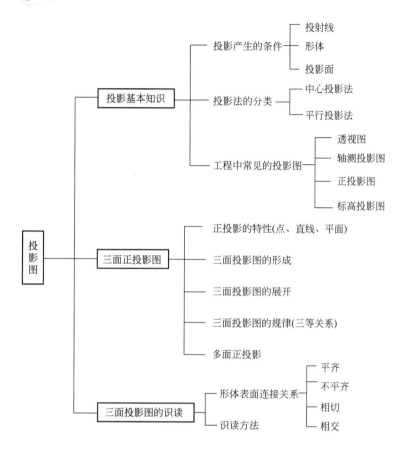

2.1 投影基本知识

人们生活在三维空间里，任何一个工程建造物，无论是高大的楼房，还是细小的机械零件，都有 3 个维度，就是长度、宽度、高度。但在工程技术界所应用的工程图都是 2 个维度的平面图。如何才能将空间立体真实地表现在平面上呢？这就需要有一种绘图方法和一定的理论根据。工程图所用的绘图方法是投影的方法。

2.1.1　投影的概念

在日常生活中人们经常碰见这样的现象：物体在光线照射下，在地面或墙面等处会产生影子，假设光线能透过形体而将形体上相应的各个点和线都在承接平面上投落下它们的影子，从而使这些点、线的影子组成能反映形体形状的图形，那么就把这样形成的图形称为投影图。能够产生光线的光源称投射中心，而光线称为投射线，承接影子的平面称为投影面，如图 2-1 所示。

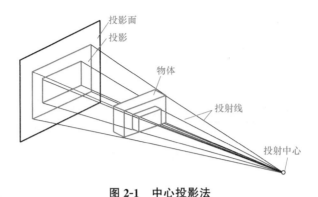

图 2-1　中心投影法

　　由此可知产生投影必须具备三个条件：投射线、形体、投影面，这三个条件称为投影的三要素，这样做出投影的方法，称为投影法。

2.1.2　投影法的分类

　　投影法可分为中心投影法和平行投影法两类。

　　1. 中心投影法

　　投射线交于一点的投影方法，称为中心投影法，如图 2-1 所示。投射线通过投射中心并通过形体上的各顶点与投影面形成交点，将这些交点连接起来就得到了形体的中心投影。显然，用这种投影法作出的投影图，其大小与原物体不相等，不能正确地度量出物体的尺寸大小，中心投影法一般在绘制透视图时使用。

　　2. 平行投影法

　　投射线相互平行的投影方法称为平行投影法。平行投影法又分为正投影法和斜投影法两种。

　　投射线相互平行且垂直于投影面时，称为正投影法，如图 2-2 所示。用正投影法画出的物体投影图，称为正投影。用正投影法画出的物体，形状虽然直观性较差，但其投影图能反映物体的真实形状和大小，度量性好，作图方便，是工程绘图中采用的一种主要图示方法。

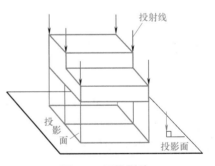

图 2-2　正投影法

　　斜投影法即投射线相互平行，但倾斜于投影面，这种投影法一般在作轴测投影图时应用。

　　正投影图是工程中应用最广泛的投影图，因此主要学习正投影图，下节重点介绍。

2.1.3　工程上常用的投影图

　　依据不同的领域和用途，工程上常用的投影图有下面四种，如图 2-3 所示。

　　1. 透视图：透视图是指用中心投影法绘制的单面投影图，主要应用于建筑设计，装饰设计的方案和效果图中，如图 2-3（a）所示。

2. 轴测投影图：轴测投影图是指用平行投影法绘制的单面投影图，一般用于绘制管网系统图，如图 2-3（b）所示。

3. 正投影图：正投影图是指用正投影法在平行于形体某一侧面的投影面上作出的投影图。建筑工程图广泛采用此种投影图，如图 2-3（c）所示。

4. 标高投影图：标高投影图是一种带有数字标记的单面正投影图，主要用于绘制地形图，如图 2-3（d）所示。

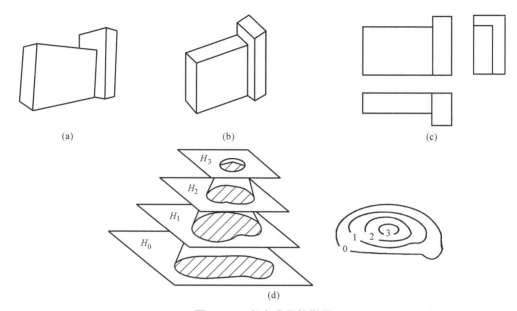

图 2-3　工程上常用投影图

（a）透视图；（b）轴测投影图；（c）正投影图；（d）标高投影图

2.2　三面正投影图

2.2.1　正投影特性

工程中碰到的形体各种各样，但无论多么复杂的形体都可以看作是由点、线、面组成的，因此应首先掌握点、线、面的正投影特性。

1. 点的正投影特性

点的正投影仍是点，如图 2-4 所示，空间点 A 在投影面 H 上的投影 a 仍是一点（在投影图中，空间点用大写字母表示，投影用它的同名小写字母表示）。位于同一投射线上的各点，其投影重合于一点（规定把同一投射线上，位于下面的点的投影加上括号），如图 2-4 中空间点 A、B、C，在投影面 H 上的投影为 $a(b、c)$。

2-1
正投影特性
点的投影

2. 直线的正投影特性

2-2
正投影特性
面的投影

直线与投影面有三种位置关系。当直线垂直于投影面时，其投影积聚为一点，具有集聚性，如图 2-4 中直线 DE 的投影 d（e）；当直线平行于投影面时，其投影反映直线的实长，具有度量性，如图 2-4 中直线 FG 的投影 fg；当直线倾斜于投影面时，其投影也是直线，但长度缩短，具有类似性，如图 2-4 中直线 HJ 的投影 hj；点在直线上，则点的投影必在直线段的投影上，点分直线段的比值等于点的投影分直线段的投影所成的比值，具有定比性，如图 2-4 中，$HC/CJ = hc/cj$。

3. 平面的正投影特性

2-3
正投影特性
线的投影

平面与投影面也有三种位置关系。当平面垂直于投影面时，投影积聚为直线，具有积聚性，如图 2-4 中平面 $ABDC$ 的投影 ab（d）（c）。当平面平行于投影面时，投影反映实形，具有度量性。如图 2-4 中平面 $EFGH$ 的投影 $efgh$。当平面倾斜于投影面时，投影反映平面图形的类似形状，具有类似性，但面积缩小，如图 2-4 中平面 $JKMN$ 的投影 $jkmn$。

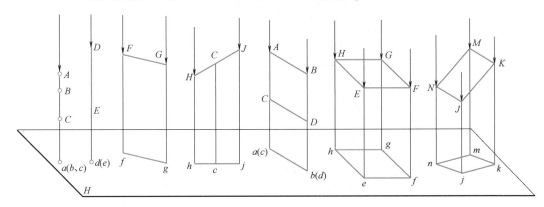

图 2-4　正投影特性

2.2.2　三面投影图的形成

2-4
基本形体
投影

只用一个正投影图是无法完整地反映出形体的形状和大小的，如图 2-5 所示的三个形体各不相同，但它们一个方向的正投影图是完全相同的。因此，形体必须具有两个或两个以上方向的投影才能将形体的形状和大小反映清楚。

通常把形体放在由三个互相垂直的投影面所构成的三面投影体系中，然后用正投影法分别作三个投影面的投影，这样才能比较充分地表示出形体的空间形状，如图 2-6 所示，图中水平位置的投影面称水平投影面，简称水平面或 H 面；正立位置的投影面称正立投影面，简称正立面或 V 面；侧立位置的投影面称侧立投影面，简称侧立面或 W 面。三个投影面相交，交线 OX、OY、OZ 称投影轴。三根轴线两两垂直并交于原点 O。OX 轴可表示长度方向，OY 轴可表示宽度方向，OZ 轴表示高度方向。形体在三个投影面上的正投影图分别为：水平面投影图或平面图、正立面投影图或正立面图、侧立面投影图或侧立面图。

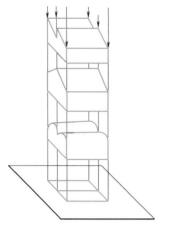

图 2-5 一个投影图不能唯一确定其形体

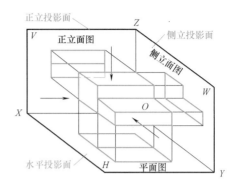

图 2-6 三面投影图的形成

2.2.3 三面投影图的展开

2-5
三面投影
体系的
展开

由于三个投影面是互相垂直的，所以三个投影图也就不在同一平面上。为了把三个投影画在同一平面上，就必须将三个互相垂直的投影面连同三个投影图展开。如图 2-7 所示，规定 V 面保持不动，将 H 面绕 OX 轴向下旋转 $90°$，W 面绕 OZ 轴向右旋转 $90°$，使它们和 V 面处在同一平面上。这时 OY 轴分为两条，一条为 OY_H 轴，一条为 OY_W 轴。

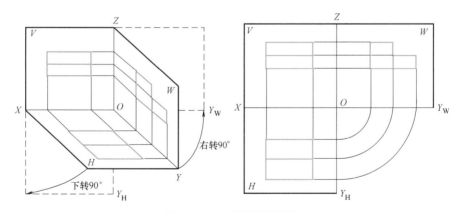

图 2-7 三面投影图的展开

由于形体的形状和大小与离开投影面的距离无关，故有时作形体的三面正投影图可不画出投影轴。

2.2.4 三面正投影图的规律

展开后的三面正投影图具有下列投影规律，如图 2-8 所示。

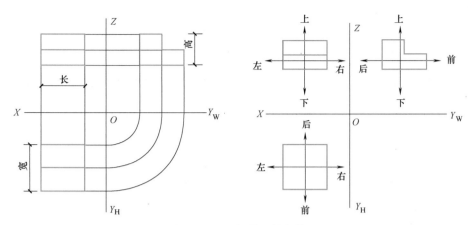

图 2-8　三面投影图的规律

正立面图能反映形体的正立面形状，形体的高度和长度及其上下左右的位置关系；平面图能反映形体的水平面形状，形体的长度和宽度及其左右、前后的位置关系；侧立面图能反映形体的侧立面形状，形体的高度和宽度及其上下、前后的位置关系。

三个投影图之间的关系可归纳为"长对正、高平齐、宽相等"的三等关系，即平面图与正立面图长对正（等长）；正立面图与侧立面图高平齐（等高）；平面图与侧立面图宽相等（等宽），如图 2-9 所示。

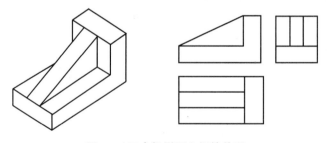

图 2-9　三个投影图之间的关系

2.2.5　多面正投影

在很多情况下，仅采用三视图难以表达清楚整个形体，比如一个建筑物，通常其正面立面图和背面立面图是不同的。因此，有必要将三视图增加到六个方向进行投影，从而形成六个视图，如图 2-10 所示。在水平投影对面增加投影面 H_1，其上投影称为底面图；在正立投影面对面增加投影面 V_1，其上投影图称为背立面图；在侧立投影面对面增加投影面 W_1，其上的投影图称为右立面图。得到的六个视图称为基本视图，基本视图所在的投影面称为基本投影面。将六个视图以展开的方法如图 2-10 所示。

6 个视图展开后的排列位置有两种，如图 2-11 所示：（a）情况下，为合理利用图纸，可以不标注视图名称；（b）情况下，各视图的位置按主次关系排列如图，在这种情况下，必须注明各视图名称。

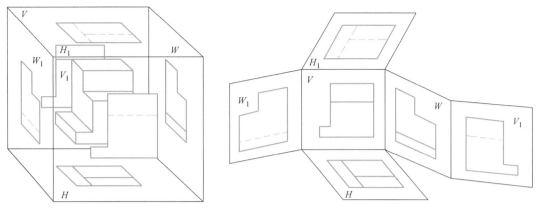

图 2-10　六个基本视图

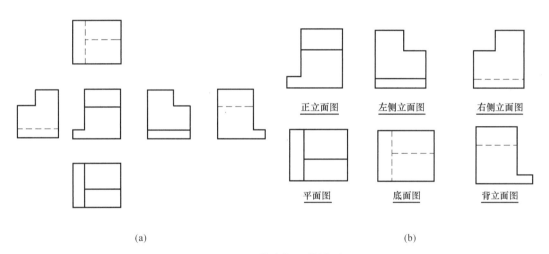

(a)   (b)

图 2-11　基本视图的排列

知识拓展

在工程制图中，以观察者处于无限远处的视线来代替正投影中的投射线，将工程形体向投影面作正投影时，所得到的图形称为视图，通常把视图分为基本视图和辅助视图，除了上面的基本视图外，常用的辅助视图如下。

1. 镜像视图

当某些工程形体，用直接正投影法绘制的图样不易表达时，可用镜像投影法绘制。但应在图名后注写"镜像"两字。

如图 2-12 所示，把镜面放在形体的下面，代替水平投影面，在镜面中反射得到的图像，则称为"平面图（镜像）"。工程中常用镜像视图来反映顶棚的装饰情况。

2. 展开视图

平面形状由互相不垂直的部分，可绘制展开立面图。如圆弧形或多边形平面的建筑物，可分段展开绘制立面图，但均应在图名后加注"展开"两字，如图 2-13 所示的南立面图（展开）。

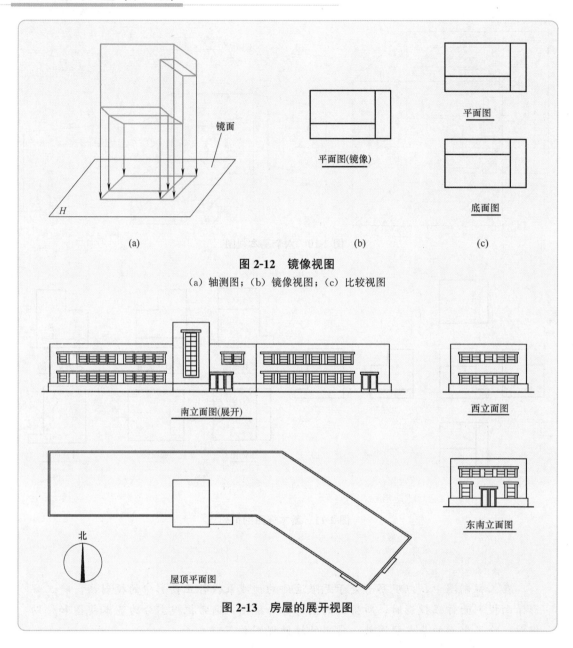

图 2-12　镜像视图

（a）轴测图；（b）镜像视图；（c）比较视图

图 2-13　房屋的展开视图

2.3　三面投影图的识读

2.3.1　形体表面连接关系及其视图特征

自然界的形体形态各异，但其相邻表面之间的关系按表面形态和相对位置可分为平齐、不平齐、相切和相交 4 种关系。连接关系不同，连接处投影的画法也不同。

1. 平齐

如果两个基本几何体上的两个平面互相平齐地连接成一个平面，则它们在连接处是共面关系而不再存在分界线。因此在画出它的主视图时不应该再画它们的分界线，如图 2-14 所示。

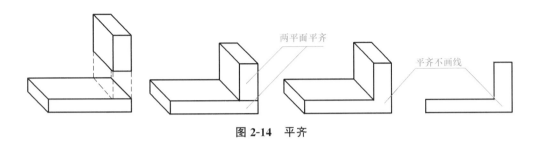

图 2-14　平齐

2. 不平齐

当相邻两个基本体的表面在某方向不平齐时，说明它们在相互连接处不存在共面情况，在视图上不同表面之间应有分界线隔开，如图 2-15 所示。

图 2-15　不平齐

3. 相切

如果两个基本几何体的表面相切时，则称为相切关系。只有平面与曲线相切的平面之间才会出现相切情况。如图 2-16 所示，在相切处两表面似乎是光滑过渡的，故该处的投影不应该画出分界线。

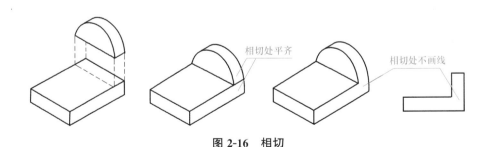

图 2-16　相切

4. 相交

如果两个基本几何体的表面彼此相交，则称为相交关系。表面交线是它们的表面分界线，图上必须画出它们交线的投影，如图 2-17 所示。

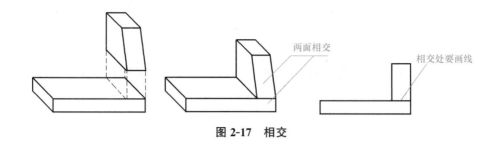

图 2-17 相交

2.3.2 识图方法

2-6
同坡屋顶

读懂建筑施工图，首先必须熟练掌握投影图的投影规律，即"长对正、高平齐、宽相等"及上下、左右、前后相对位置关系。其次要熟练掌握点、线、面的投影规律。最后，就是需要读者有一定的空间想象能力。由于同坡屋顶是建筑中一种常见的屋面形式，下面以一同坡屋顶为例来详细说明。

所谓同坡屋顶，即屋顶各檐口同高，且各屋面对地面的倾角都相等的屋顶。其屋面交线可分为檐口线、屋脊线、斜脊线、天沟线，如图 2-18 所示。

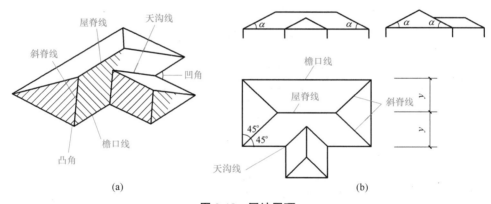

图 2-18 同坡屋顶

（a）直观图；（b）投影图

如图 2-18 所示，同坡屋顶的交线及其投影有以下特征：

（1）当檐口线平行且等高时，坡面相交成水平的屋脊线。在水平投影中，屋脊线的投影平行于相应的檐口线的投影，并且与两檐口线距离相等。

（2）沿檐口线相邻的两个坡面的交线是斜脊线或天沟线，在水平投影中，斜脊线或天沟线的投影位于两檐口线的角平分线上。其中斜脊线位于凸墙角上，天沟线位于凹墙角上。

（3）在屋面上如果有两斜脊、两天沟或斜脊与天沟交于一点，则必有第三条屋脊线通过该点，这个点是相邻屋面的公共点。

下面我们来识图：

看三面投影图一般先看立面投影图，通过观看立面投影图对形体有一个直觉的观感认识。比如图 2-18（b），通过正立面投影图和侧立面投影图，可以大致判断该形体是一个四坡屋顶，坡度为 α。

然后从平面上可以看出，该建筑是一个 T 形的四坡屋顶。

接着可进一步分析每一条线、每一个封闭图形都是哪些线、哪些面的投影，有何特点。如图 2-19 中檐口线、屋脊线、斜脊线、天沟线的投影是哪些线，有什么特征。

识图是一个将抽象的投影图形具体化的过程，只有具备相关的投影知识及一定的空间想象力和相应的专业知识才可以读懂图纸。读者可以尝试绘制图 2-19 所示同坡屋顶的三视图。

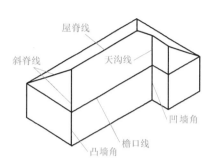

图 2-19　同坡屋顶

通常情况下可按图 2-20 所示步骤绘制水平投影图，进而根据投影规律画出正面投影图和侧面投影图。

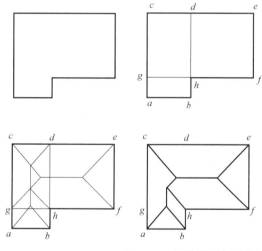

步骤：
1. 划分成矩形；
2. 做矩形顶角的角平分线；
3. 做斜沟；
4. 擦去无用的线。

图 2-20　同坡屋顶作图示例

习　题

一、填空题

1. 投影的三要素有_____、_____、_____。

2. 投影法的分类可分为_____和_____两类。

3. 工程上常用投影图有_____、_____、_____和_____。

4. 三面正投影图的规律概括为_____、_____、_____。

5. 形体依据表面连接关系有_____、_____、_____和_____。

二、单选题

1. 下列不属于投影的三要素的是（　　　）。

A. 投射线   B. 形体   C. 投影面   D. 影子

2. 下列不属于投影规律的是（   ）。

A. 长对正   B. 高平齐   C. 宽对正   D. 宽相等

3. 下列不属于形体表面连接关系的是（   ）。

A. 相交   B. 相切   C. 平齐   D. 相离

三、简答题

1. 正投影有哪些特性？

2. 三面投影图是如何展开的？

3. 什么是同坡屋顶？

4. 同坡屋顶的交线及其投影有哪些特征？

四、作图题

1. 下图中同坡屋顶的坡度为 30°，试绘制其三面投影图。

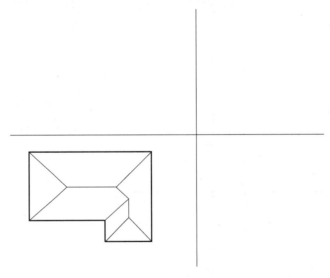

2. 作出同坡屋顶的三面投影图。

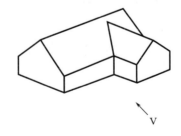

Chapter 03

教学单元 3
剖面图与断面图

主要内容

1. 剖面图的概念、剖面图的画法、剖面图的种类及应用；
2. 断面图的概念和画法、断面图的类型、剖面图和断面图的区别与联系。

学习要点

1. 了解剖面图、断面图的概念；
2. 理解剖面图、断面图的形成原理；
3. 掌握各种剖面图、断面图的使用和画法；
4. 掌握剖面图和断面图的区别。

思政元素

本单元通过展示中国近代建筑大师梁思成手绘稿——山西五台山佛光寺大殿的剖面图，激发学生对剖面图手绘的兴趣，分组上网查找关于梁思成《栋梁——梁思成诞辰一百二十周年文献展》相关资料，分析手绘图稿隐含丰富的专业知识，强调绘图严谨、规范的重要性。赞扬老一代技术工作者刻苦钻研精神及老一辈的建筑大师为建筑发展的奉献精神、爱国情怀和历史文化的传承。

梁思成
手绘稿

思维导图

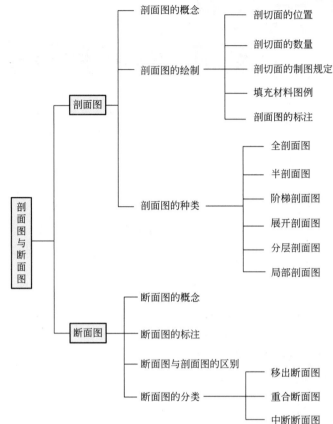

3.1 剖面图

在绘制投影图时，可见的轮廓线一般用粗实线绘制，形体内部的孔、槽等不可见的轮廓线用虚线表示，如果形体内部比较复杂，比如建筑各种房间、走廊、楼梯等内部构造比较复杂，投影图的虚线很多，使实线、虚线重叠交错，混淆不清，既影响读图，同时也不利于尺寸标注。图 3-1 是双杯基础的三面投影图，其正面投影和侧面投影都出现了虚线，为了避免上述问题，使形体中不可见的部分转化为可见的部分，虚线变为实线，可以采用形体剖切的方法，让形体的内部结构显露出来作正投影，得到形体的剖视图，以达到图形清晰的目的。

3.1.1 剖面图的概念

假想用一个特殊的平面（剖切面）将物体剖开，然后移去观察者和剖切面之间的部

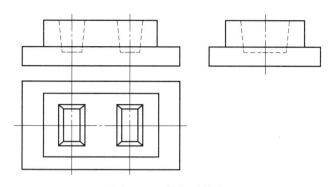

图 3-1　双柱杯形基础

分，把原来形体内部不可见的部分变为可见，用正投影的方法对剩下部分形体进行投影所得的正投影图，称为剖面图。如图 3-2 和图 3-3 所示。

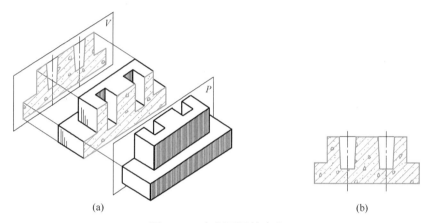

(a)　　　　　　　　　　　　　　　　　(b)

图 3-2　V 向剖面图的产生

（a）假想用剖切平面 P 剖开基础并向 V 面进行投影；（b）基础的 V 向剖面图

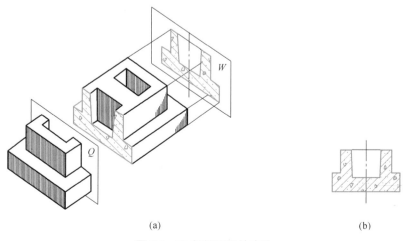

(a)　　　　　　　　　　　　　　　　　(b)

图 3-3　W 向剖面图的产生

（a）假想用剖切平面 Q 剖开基础并向 W 面进行投影；（b）基础的 W 向剖面图

3.1.2 剖面图的画图步骤

1. 确定剖切平面的位置和数量

对形体进行剖切作剖面图时，首先要确定剖切平面的位置，剖切平面的位置应使形体在剖切后投影的图形能准确、清晰、完整地反映所要表达形体的真实形状。因此，在选择剖切平面位置时应从以下几个方面考虑。

（1）剖切平面应平行于投影面，使断面在投影图中反映真实形状。

（2）剖切平面一般选在对称面上，或过孔、洞、槽的对称线或中心线，或有代表性的位置。

（3）如果一个剖面图不能完整地、很好地表达形体，这就需要几个剖面图。剖面图的数量与形体本身的复杂程度有关，形体越复杂，需要的剖面图就越多，有些形体比较简单，只要投影图就可以了，实际作图要根据具体的形体来判断。

2. 剖面图的制图规定

确定投射方向后，对剩余部分的形体进行投影。

（1）剖切平面是假想的，所以当构件的一个视图画成剖面图后，其他视图应画出它的全部投影。

（2）根据《房屋建筑制图统一标准》GB/T 50001—2017 规定，形体被剖切到的轮廓线用 $0.7b$ 线宽的实线绘制，未剖切到的但能看见的部分用 $0.5b$ 线宽的实线绘制，不可见的部分一般不画。

3. 填充材料图例

（1）剖面图中剖断面轮廓内，应用相应的材料图例填充，材料图例应按照《房屋建筑制图统一标准》GB/T 50001—2017 规定执行（表 3-1）。

（2）当建筑材料不明时，可用等间距的 45°细斜线表示。

建筑材料图例   表 3-1

序号	名称	图例	备注
1	自然土壤		包括各种自然土壤
2	夯实土壤		—
3	砂、灰土		—
4	砂砾石 碎砖三合土		—

序号	名称	图例	备注
5	石材		—
6	毛石		—
7	实心砖、多孔砖		包括普通砖、多孔砖、混凝土砖等砌体
8	耐火砖		包括耐酸砖等砌体
9	空心砖、空心砌块		包括空心砖、普通或轻骨料混凝土小型空心砌块等砌体
10	加气混凝土		包括加气混凝土砌块砌体、加气混凝土墙板及加气混凝土材料制品等
11	饰面砖		包括铺地砖、玻璃马赛克、陶瓷锦砖、人造大理石等
12	焦渣、矿渣		包括水泥、石灰等混合而成的材料
13	混凝土		1. 包括各种强度等级、骨料、添加剂的混凝土； 2. 在剖面图上绘制表达钢筋时，则不需要绘制图例线； 3. 断面图形较小，不易绘制表达图例线时，可填黑或深灰（灰度宜 70%）
14	钢筋混凝土		
15	多孔材料		
16	纤维材料		包括水泥珍珠岩、沥青珍珠岩、泡沫混凝土、软木、蛭石制品等 包括矿棉、岩棉、玻璃棉、麻丝、木丝板、纤维板等 包括聚苯乙烯、聚乙烯、聚氨酯等多孔聚合物类材料
17	泡沫塑料材料		

3-2
多孔材料、
纤维材料、
泡沫塑料
材料

续表

序号	名称	图例	备注
18	木材		1. 上图为横断面，上左图为垫木、木砖或木龙骨； 2. 下图为纵断面
19	胶合板	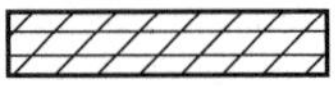	应注明为×层胶合板
20	石膏板	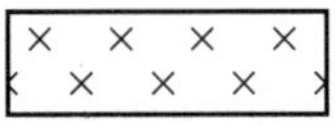	包括圆孔、方孔石膏板、防水石膏板、硅盖板、防火石膏板等
21	金属	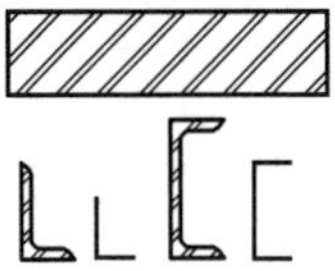	1. 包括各种金属； 2. 图形小时，可填黑或深灰（灰度宜70%）
22	网状材料		1. 包括金属、塑料网状材料； 2. 应注明具体材料名称
23	液体	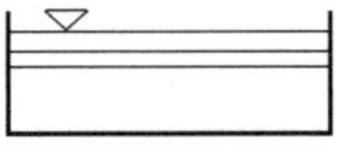	应注明液体名称
24	玻璃	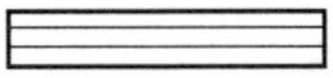	包括平板玻璃、磨砂玻璃、夹丝玻璃、钢化玻璃、中空玻璃、夹层玻璃、镀膜玻璃等
25	橡胶		—
26	塑料	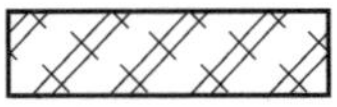	包括各种软、硬塑料及有机玻璃等
27	防水材料		构造层次多或比例大时，采用上面图例
28	粉刷		本图例采用较稀的点

注：1. 本表中所列图例通常在1：50及以上比例的详图中绘制表达。
　　2. 如需表达砖、砌块等砌体墙的承重情况时，可通过在原有建筑材料图上增加填灰等方式进行区分，灰度宜为25%左右。
　　3. 图例中的斜线、短斜线、交叉斜线等均为45°。

4. 剖面图的标注

剖面图本身不能反映剖切平面的位置，在其他投影图上必须标注出剖切平面的位置及剖切形式。剖切符号由剖切位置线及剖视方向线组成，剖切位置线用长度为 6～10mm 的粗实线；剖视方向线应垂直于剖切位置线，用长度 4～6mm 的粗实线。为了区分不同位置的剖面图，在剖切符号上应用阿拉伯数字加以编号，数字写在剖视方向线的一边。在剖面图的下方应命名为×-×剖面图，如图 3-4 所示。

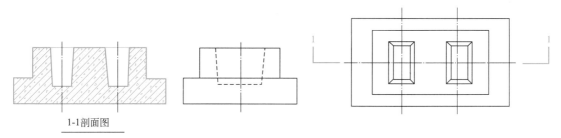

1-1剖面图

图 3-4　剖面图的标注

3.1.3　剖面图的种类及应用

在画剖面图时，由于形体内部和外部结构不同，剖切的位置、数量、剖切方法也不同，常见的剖面图有全剖面图、半剖面图、阶梯剖面图、展开剖面图、局部剖面图和分层剖面图。

1. 全剖面图

用一个假想的剖切平面将形体全部剖开后所得到的剖面图，称为全剖面图。如图 3-5 所示，作出水池 1-1 剖面图和 2-2 剖面图。全剖面图用于不对称的形体，或虽然对称，但外形比较简单的形体。

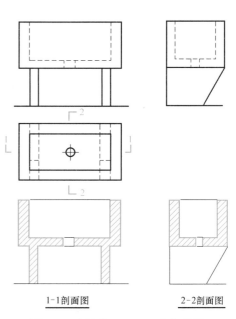

1-1剖面图　　2-2剖面图

图 3-5　水池的 1-1、2-2 全剖面图

2. 半剖面图

当形体是左右对称或前后对称，且外形比较复杂时，常把投影图的一半画成剖面图，另一半画成正投影图，这样组合而成的投影图叫半剖面图。这种画法可以节省投影图的数量，从一个投影图可以同时观察到形体的外形和内部构造。图 3-6 所示为一个杯形基础的半剖面图。在正面投影和侧面投影中，都采用了半剖面图的画法，以表示基础的内部构造和外部形状。在画半剖面图时，应注意以下几点：

（1）半剖面图与半外形投影图应以对称轴线作为分界线，用细的单点长画线表示。

（2）半剖面图一般应画在水平对称轴线的下侧或垂直对称轴线的右侧。

（3）半剖面图一般不画剖切符号。

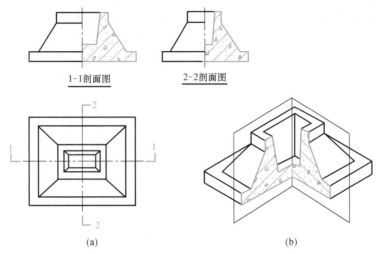

1-1剖面图　　2-2剖面图

(a)　　　　　　　　(b)

图 3-6　杯形基础的半剖面图

（a）投影图；（b）直观图

3. 阶梯剖面图

当形体内部结构层次较多，用一个剖切平面不能将形体内部结构全部表达出来，这时，可以用几个相互平行的平面剖切形体，这几个相互平行的平面可以是一个剖切面转折而成的平面，这样得到的剖面图称为阶梯剖面图。

如图 3-7（a）所示，形体具有两个孔洞，但这两个孔洞不在同一轴线上，如果仅作一个全剖面图，势必不能剖切到两个孔洞。因此，可以考虑用两个相互平行的平面通过两个孔洞剖切，如图 3-7（b）所示，这样画出来的剖面图，就是阶梯剖面图。其剖切位置线的转折处用两个端部垂直相交的粗实线画出，并应在转角的外侧加注与剖切符号相同的编号。剖切平面是假想的平面，剖切平面转折后由于剖切而使形体产生的轮廓线不应在剖面图中画出，如图 3-7（c）所示。

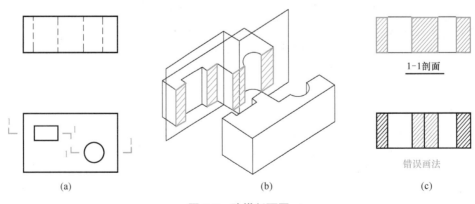

1-1剖面

错误画法

(a)　　　　　　　　(b)　　　　　　　　(c)

图 3-7　阶梯剖面图

4. 展开剖面图

用两个或两个以上相交剖切平面剖切形体，剖切后将剖切平面后的形体绕交线旋转到与基本投影面平行的位置后再投影，得到的投影图称为展开剖面图，如图 3-8 所示。由于楼梯的两个梯段互相之间在水平投影图上成一定夹角，用一个或两个平行的剖切平面都无法将楼梯表示清楚。因此，可以用两个相交的剖切平面进行剖切。展开剖面图的图名后应加注"展开"字样，剖切符号的画法如图 3-8 所示。

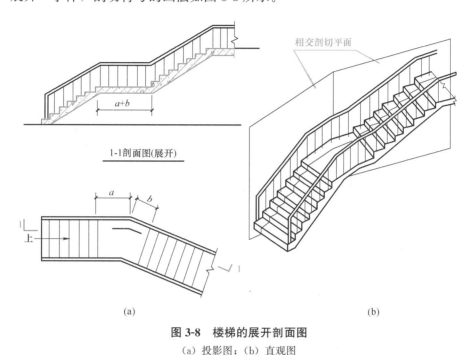

图 3-8 楼梯的展开剖面图

（a）投影；（b）直观图

5. 分层剖面图和局部剖面图

有些建筑的构件，其构造层次较多或只有局部构造比较复杂，可用分层剖切或局部剖切的方法表示其内部的构造，用这种剖切方法所得的剖面图，称为分层剖面图或局部剖面图。在投影图与局部剖面图分界处徒手画出波浪线，如图 3-9 和图 3-10 所示。

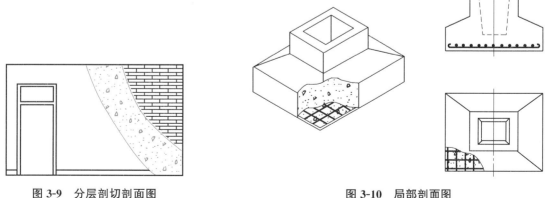

图 3-9 分层剖切剖面图   图 3-10 局部剖面图

知识拓展

图 3-11 是剖面图在建筑图中的应用。图中平面图采用全剖面图表示，1-1 剖面图采用阶梯剖面图表示。

图 3-11　房屋平面图和剖面图的形成及应用

3.2　断面图

3.2.1　断面图的概念

3-3
断面图

　　断面图是用假想的剖切平面将形体剖开，移去剖切平面与观察者之间的部分，用正投影的方法，仅画出断面的投影图称为断面图，简称断面。如图 3-12 所示为带牛腿的工字形柱子的 1-1、2-2 断面图。

3.2.2　断面图的标注

（1）用剖切位置线表示剖切平面的位置，用长度 6～10mm 的粗实线绘制。

（2）在剖切位置线的一侧标注剖切符号的编号，按顺序编排，编号应写在剖切位置线的一侧，编号所在的那侧即是断面剖切后的投射方向，断面图中没有专门的投射方向线。

（3）在断面图的下方标注断面图的名称×-×，如图 3-12 所示。

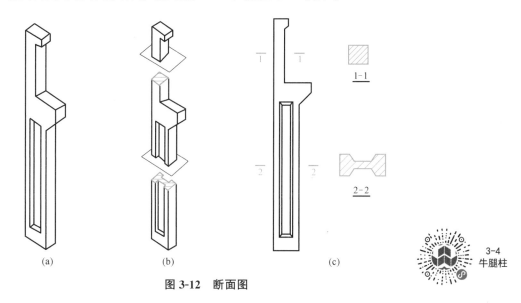

图 3-12　断面图

3.2.3　断面图与剖面图的区别

断面图和剖面图均用来表示物体的内部构造，两者既有一定的联系，同时又有一定的差别，以图 3-13 为例，分析两者的区别。图 3-13 中，（a）图所绘制的是剖面图，（b）图是断面图，通过对比可知：

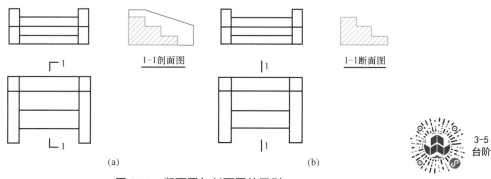

图 3-13　断面图与剖面图的区别

（a）剖面图的画法；（b）断面图的画法

（1）断面图只画剖切到的截面，没有剖切到的部分不画，剖面图则是剖到和看到的部分都画。

（2）断面图是剖面图的一部分。

（3）剖面图一般用于绘制建筑施工图，断面图通常用于结构施工图，主要用来表达建筑构件的配筋等。

（4）断面图和剖面图的符号也有不同，断面图的剖切符号只画长度 6～10mm 的粗实线作为剖切位置线，不画剖视方向线，编号写在投影方向的一侧。

（5）剖面图的剖切平面可以转折，断面图的剖切平面不能转折。

3.2.4 断面图的分类

根据断面图所在的位置不同，断面图分为移出断面图、中断断面图和重合断面图。

1. 移出断面图

将形体某一部分剖切后所形成的断面图移画在投影图的轮廓线以外，称为移出断面，如图 3-12 和图 3-13 所示。断面图移出的位置，应与形体的投影图靠近，以便识读。断面图也可用适当的比例放大画出，以利于标注尺寸和清晰地显示其内部构造。

2. 重合断面图

将断面图直接画于投影图中，二者重合在一起的称为重合断面，如图 3-14 所示。重合断面图的比例应与原投影图一致。断面轮廓线可能是闭合的（图 3-15），也可能是不闭合的（图 3-14），此时应于断面轮廓线的内侧加画图例符号。

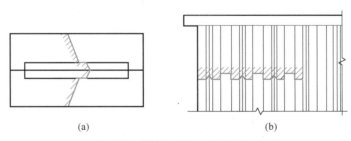

(a)   (b)

图 3-14　断面图与投影图重合（断面图是不闭合的）

(a) 厂房屋面平面图；(b) 墙壁上装饰的断面图

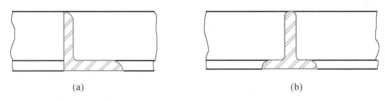

(a)   (b)

图 3-15　断面图与投影图重合（断面图是闭合的）

3. 中断断面图

把断面图直接画在视图中断处的断面图称为中断断面图，如图 3-16 所示。中断断面图适用于表达较长并且只有单一断面的杆件及型钢，不需要标注。

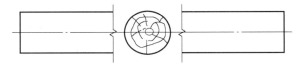

图 3-16   中断断面图

知识拓展

图 3-17 是建筑图中常用的现浇板的表示形式。

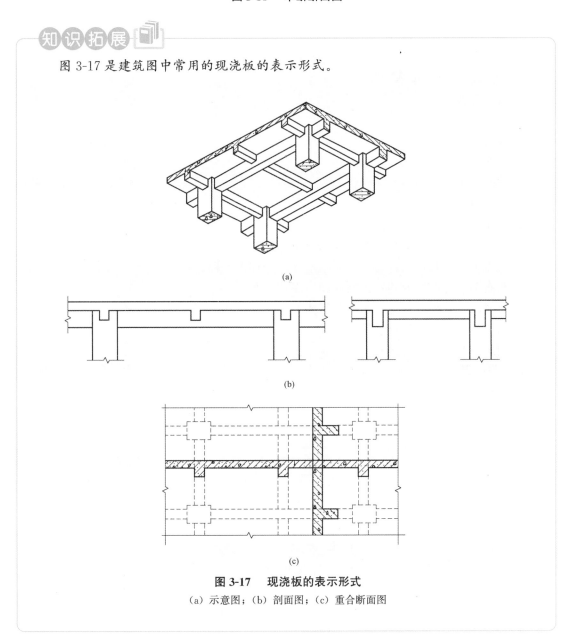

(a)

(b)

(c)

图 3-17   现浇板的表示形式

(a) 示意图；(b) 剖面图；(c) 重合断面图

习 题

一、填空题

1. 剖面图包括_____、_____、_____、_____、_____。

2. 剖切位置线的长度为_____mm。

3. 根据断面图所在的位置不同，断面图分为_____、_____、_____。

二、绘制下列材料的图例符号。

1. 素土夯实

2. 钢筋混凝土

3. 普通砖

4. 金属

5. 砂、灰土

6. 多孔材料

三、简答题

1. 剖面图是怎样形成的？画剖面图应注意什么？

2. 剖面图有哪几种？各适用于哪些形体？怎样进行标注？

3. 断面图是怎样形成的？画断面图应注意什么？

4. 断面图有几种？各适用于哪些形体？

5. 画断面图剖切符号时有哪些要求？

6. 剖面图和断面图有哪些区别与联系？

四、作图题

1. 作杯形基础的 1-1 剖面图。

3-6
杯形基础

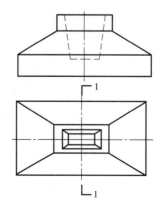

2. 补画建筑模型的 1-1 剖面图（建筑材料为普通砖）。

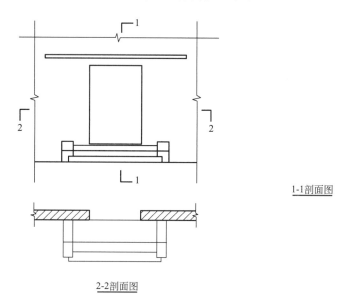

1-1剖面图

2-2剖面图

3. 补画 1-1、2-2、3-3 断面图或剖面图，并标注名称。

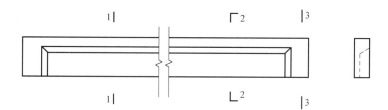

4. 绘出钢筋混凝土柱子的 1-1、2-2、3-3 断面图。

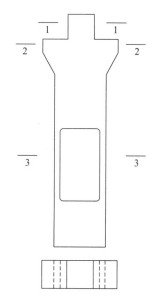

Chapter 04

教学单元4
民用建筑构造概述

主要内容

1. 建筑的分类；
2. 建筑的分级；
3. 民用建筑的基本组成；
4. 建筑模数与建筑工业化。

学习要点

1. 了解并掌握建筑的分类与分级；
2. 理解建筑材料的燃烧性能、耐火极限、耐火等级；
3. 熟练掌握民用建筑的基本构造组成；
4. 理解建筑标准化，掌握基本模数、扩大模数、分模数；
5. 理解标志尺寸、构造尺寸、实际尺寸。

思政元素

　　通过中国举世闻名的超级工程——港珠澳大桥，让学生了解中国工程界和建筑行业的发展状况，并分组讨论，中国的超级工程还有哪些？在讲到建筑类型时，以郑州大剧院为例，让学生分组讨论国内还有哪些新地标建筑？从而激发学生专业荣誉感与行业自豪感，引导学生崇尚专业精神、聚焦科技前沿、服务国家发展。讲述建筑构成和建筑标准化时，可以引入"火神山""雷神山"建设的例子，培养学生如何肩负起"准建筑人"的使命和担当，体现什么是中国速度、使命担当和建筑工业化。

港珠澳大桥

思维导图

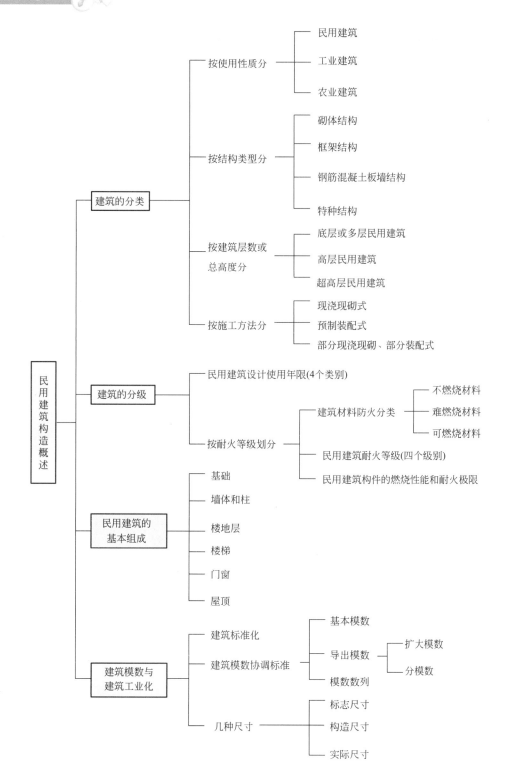

4.1 建筑分类

4.1.1 按使用性质分

建筑是人类为了满足日常生活和社会活动而创造的空间环境，包括建筑物和构筑物。建筑物一般是指供人们生产、生活或进行其他活动的房屋或场所，如住宅、学校、医院、火车站等；构筑物是间接供人们使用的建筑，如烟囱、水坝、水塔等。

按建筑物的使用性质，建筑物可以分为民用建筑、工业建筑和农业建筑。

1. 民用建筑：供人们工作、学习、生活、娱乐、居住等非生产性的建筑。分为居住建筑和公共建筑。

（1）居住建筑：是指供家庭或个人较长时期居住使用的建筑，可分为住宅和宿舍两类。住宅分普通住宅、高档公寓和别墅；宿舍分单身职工宿舍和学生宿舍。

（2）公共建筑：是指供人们购物、办公、学习、医疗、旅行和体育等使用的非生产性建筑，如教学楼、办公楼、商店、旅馆、影剧院、体育馆、展览馆和医院等。

2. 工业建筑：是指各类生产用房和为其生产服务的附属建筑。

（1）单层工业厂房：这类厂房主要用于重工业类的生产企业，如图4-1所示。

图4-1 单层工业厂房

（2）多层工业厂房：这类厂房主要用于轻工业的生产企业，如图4-2所示。

（3）层次混合的工业厂房：这类厂房主要用于化工类的生产企业。

3. 农业建筑：是指供农业生产使用的建筑，如蔬菜大棚、种子库、拖拉机站等，如图4-3所示。

图 4-2 　多层工业厂房

图 4-3 　农业建筑

4.1.2 　按结构类型分

1. 砌体结构

这种结构的竖向承重构件是以烧结砖（普通砖、多孔砖）、蒸压砖（灰砂砖、粉煤灰砖）、混凝土砖或混凝土小型空心砌块砌筑的墙体，水平承重构件是钢筋混凝土楼板及屋面板，主要用于多层建筑中（图 4-4）。《建筑抗震设计规范（2016 年版）》GB 50011—2010 中规定的允许建造层数和建造高度见表 4-1。

房屋的层数和总高度值　　　　　　　　　　　　　　表 4-1

房屋类别		最小抗震墙厚度（mm）	烈度和设计基本地震加速度										
			6		7				8				9	
			0.05g		0.10g		0.15g		0.20g		0.30g		0.40g	
			高度	层数	高度	层数	高度	层数	高度	层数	高度	层数	高度	层数
多层砌体房屋	普通砖	240	21	7	21	7	21	7	18	6	15	5	12	4
	多孔砖	240	21	7	21	7	18	6	18	6	15	5	9	3
	多孔砖	190	21	7	18	6	15	5	15	5	12	4	—	—
	小砌块	190	21	7	21	7	18	6	18	6	15	5	9	3
底部框架-抗震墙砌体房屋	普通砖 多孔砖	240	22	7	22	7	19	6	16	5	—	—	—	—
	多孔砖	190	22	7	19	6	16	5	13	4	—	—	—	—
	小砌块	190	22	7	22	7	19	6	16	5	—	—	—	—

注：1. 房屋的总高度指室外地面到主要屋面板板顶或檐口的高度。半地下室从地下室室内地面算起，全地下室和嵌固条件好的半地下室应允许从室外地面算起；对带阁楼的坡屋面应算到山尖墙的 1/2 高度处。

2. 室内外高差大于 0.6m 时，房屋总高度应允许比表中的数据适当增加，但增加量应少于 1.0m。

3. 乙类的多层砌体房屋仍按本地区设防烈度查表，其层数应减少一层且总高度应降低 3m；不应采用底部框架-抗震墙砌体房屋。

4. 本表小砌块砌体房屋不包括配筋混凝土小型空心砌块砌体房屋。

5. 表中所列"g"指设计基本地震加速度。以北京地区为例：抗震设防烈度为 8 度，设计基本地震加速度值为 0.20g 的有东城区、西城区、朝阳区、丰台区、石景山区、海淀区、房山区、通州区、顺义区、大兴区、平谷区和延庆区；抗震设防烈度为 7 度，设计基本地震加速度值为 0.15g 的有昌平区、门头沟区、怀柔区和密云区。

6. 乙类房屋是重点设防类建筑，指地震时使用功能不能中断或需要尽快恢复的生命线相关建筑，以及地震时可能导致大量人员伤亡等重大灾害后果，需要提高设防标准的建筑，简称"乙类"。

图 4-4　砌体结构图

图 4-5　框架结构

2. 框架结构

这种结构的承重部分是由钢筋混凝土或钢材制作的梁、板、柱形成的骨架承担，外部墙体起围护作用，内部墙体起分隔作用。这种结构可以用于多层建筑和高层建筑中（图 4-5）。

3. 钢筋混凝土板墙结构

这种结构的竖向承重构件和水平承重构件均采用钢筋混凝土制作，施工时可以在现场浇筑或在加工厂预制，现场进行吊装。这种结构可以用于多层建筑和高层建筑中。《建筑抗震设计规范（2016 年版）》GB 50011—2010 中规定了现浇钢筋混凝土结构的允许建造高度。

4. 特种结构

这种结构又称为空间结构。它包括悬索、网架、拱、壳体等结构形式。这种结构多用于大跨度的公共建筑中。大跨度空间结构为 30m 以上跨度的大型空间结构。如图 4-6～图 4-8 所示。

图 4-6　悬索

图 4-7　网架

图 4-8　壳体

知识拓展

图 4-9　郑州大剧院

郑州大剧院位于郑州中心城区西部，南水北调干渠南侧，坐落于市民公共文化服务区中部，总占地面积 50942.97m²，总建筑面积 127739.67m²，地上建筑面积 60032.64m²，地下建筑面积 67707.03m²，建筑造型最高点 40.946m，地上 5 层，地下 2 层。该工程包括歌舞剧场、音乐厅、多功能厅、戏曲排练厅以及驻场剧团用房、地下车库、商业配套等功能。

郑州大剧院在设计上以"黄河帆影，艺术之舟"为总体设计理念，描绘一艘传递文明的古舟巨舰，航行于黄河之上，经天亘地，扬帆破浪，以一种气势磅礴的精神象征，独具中原底蕴的建筑形象，彰显郑州强烈的文化轴心地位。

本工程为剧院类建筑，决定了本工程建筑功能流线的复杂性与多样性，大跨度空间较多等特点，对主要使用空间的音质和室内效果有很高的要求以及施工等问题均有一定的难度，如：①施工场地狭小，平面管理难度大；②屋面为异形曲面结构，支模施工难度大；③预应力桁架节点钢筋复杂，施工难度大；④安装难度大，管线密集，且此项目对净高及美观性要求较高；⑤钢结构整体跨度大，施工难度大；⑥幕墙及屋面系统为双曲面形态，施工难度大。BIM 技术的优势为解决以上问题提供技术和管理支持，业主方经过慎重考虑，委托郑州大学综合设计研究院有限公司应用 BIM 技术为大剧院的建设保驾护航。

4.1.3 按建筑层数或总高度分

1. 《民用建筑设计统一标准》GB 50352—2019 规定：

民用建筑按地上建筑高度或层数进行分类：

（1）建筑高度不大于 27.0m 的住宅建筑，建筑高度不大于 24.0m 的公共建筑及建筑高度大于 24.0m 的单层公共建筑为底层或多层民用建筑。

（2）建筑高度大于 27.0m 的住宅建筑和建筑高度大于 24.0m 的非单层公共建筑，且高度不大于 100.0m 的，为高层民用建筑。

（3）建筑高度大于 100.0m 的为超高层建筑。

注：建筑防火设计应符合现行国建标准《建筑设计防火规范（2018 年版）》GB 50016—2014 有关建筑高度和层数计算的规定。

2. 《智能建筑设计标准》GB 50314—2015 规定：建筑高度为 100m 或 35 层及以上的住宅建筑为超高层住宅建筑。

3. 《建筑设计防火规范（2018 年版）》GB 50016—2014 规定：

（1）建筑高度大于 27m 的住宅建筑和建筑高度大于 24m 的非单层厂房、仓库和其他民用建筑称为高层建筑。

（2）民用建筑根据其建筑高度和层数可分为单层民用建筑、多层民用建筑和高层民用建筑；高层民用建筑根据其建筑高度、使用功能和楼层建筑面积，可分为一类高层建筑和二类高层建筑，具体划分见表 4-2。

民用建筑的分类　　　　　　　　　　　　　　表 4-2

名称	高层民用建筑		单、多层民用建筑
	一类	二类	
住宅建筑	建筑高度大于 54m 的住宅建筑（包括设置商业服务网点的住宅建筑）	建筑高度大于 27m，但不大于 54m 的住宅建筑（包括设置商业服务网点的住宅建筑）	建筑高度不大于 27m 的住宅建筑（包括设置商业服务网点的住宅建筑）
公共建筑	1. 建筑高度大于 50m 的公共建筑； 2. 建筑高度 24m 以上部分任一楼层建筑面积大于 $1000m^2$ 的商店、展览、电信、邮政、财贸金融建筑和其他多种功能组合的建筑； 3. 医疗建筑、重要公共建筑； 4. 省级及以上的广播电视和防灾指挥调度建筑、网局级和省级电力调度建筑； 5. 藏书超过 100 万册的图书馆、书库	除一类高层公共建筑外的其他高层公共建筑	1. 建筑高度大于 24m 的单层公共建筑； 2. 建筑高度不大于 24m 的其他公共建筑

注：1. 宿舍、公寓等非住宅类居住建筑的防火要求，应符合相关公共建筑的规定。

2. 在高层建筑主体投影范围外，与建筑主体相连且建筑高度不大于 24m 的附属建筑称为裙房。裙房的防火要求应符合高层民用建筑的规定。

3. 商业服务网点指的是设置在住宅建筑的首层或首层及二层，每个分隔单元建筑面积不大于 $300m^2$ 的商店、邮政所、储蓄所、理发店等或小型营业性用房。

4. 重要公共建筑指的是发生火灾可能造成重大人员伤亡、财产损失和严重社会影响的公共建筑。

（3）《高层建筑混凝土结构技术规程》JGJ 3—2010 规定：10 层及 10 层以上或房屋高度大于 28m 的住宅建筑以及房屋高度大于 24m 的其他民用建筑属于高层建筑。

4.1.4　按施工方法分

1. 现浇现砌式：主要构件均在施工现场浇筑（如钢筋混凝土构件）或砌筑（如砖墙），如图 4-10 所示。
2. 预制装配式：主要构件在加工厂预制，在施工现场装配，如图 4-11 所示。
3. 部分现浇现砌、部分装配式：部分构件在施工现场砌筑或浇筑（大多为竖向构件），部分构件在施工现场装配（大多数是水平构件），如图 4-12 所示。

(a)　　　　　　　　　　　(b)

图 4-10　现浇现砌式

（a）现场浇筑；（b）现场浇筑（柱梁）现场砌筑（墙体）

图 4-11　预制装配式　　　　**图 4-12　部分现浇现砌、部分装配式**

（墙为现砌，楼板为装配）

4.2　建筑分级

民用建筑根据建筑物设计使用年限、防火性能、规模大小和重要性不同来划分等级。

4.2.1 按建筑的设计使用年限划分

民用建筑的设计使用年限应符合表 4-3 的规定。

建筑结构的设计使用年限 表 4-3

类别	设计使用年限(年)	示例
1	5	临时性建筑结构
2	25	易于替换的结构构件
3	50	普通房屋和构筑物
4	100	纪念性建筑和特别重要的建筑结构

4.2.2 按耐火等级划分

1. 基本规定

（1）建筑结构材料的防火分类

1）不燃材料：指在空气中受到火烧或高温作用时，不起火、不燃烧、不碳化的材料，如砖、石、金属材料和其他无机材料。用不燃烧性材料制作的建筑构件通常称为"不燃性构件"。

2）难燃材料：指在空气中受到火烧或高温作用时，难起火、难燃烧、难碳化的材料，当火源移走后，燃烧或微燃立即停止的材料。如刨花板和经过防火处理的有机材料。用难燃性材料制作的建筑构件通常称为"难燃性构件"。

3）可燃材料：指在空气中受到火烧或高温作用时，立即起火燃烧且火源移走后仍能继续燃烧或微燃的材料，如木材、纸张等材料。用可燃性材料制作的建筑构件通常称为"可燃性构件"。

（2）耐火极限：耐火极限指的是在标准耐火试验条件下，建筑构件、配件或结构从受到火的作用时起，至失去承载能力、完整性或隔热性时为止所用时间，用小时表示。

2. 民用建筑的耐火等级

《建设计防火规范（2018 年版）》GB 50016—2014 规定：民用建筑的耐火等级应根据其建筑高度、使用功能、重要性和火灾扑救难度等确定，分为一级、二级、三级和四级。

（1）地下、半地下建筑（室）和一类高层建筑的耐火等级不应低于一级。

（2）单层、多层重要公共建筑和二类高层建筑的耐火等级不应低于二级。

3. 民用建筑构件（非木结构）的燃烧性能和耐火极限

不同耐火等级建筑相应构件的燃烧性能和耐火极限不应低于表 4-4 的规定。

不同耐火等级建筑相应构件的燃烧性能和耐火极限 (h)　　表 4-4

构件名称		耐火等级			
		一级	二级	三级	四级
墙	防火墙	不燃性 3.00	不燃性 3.00	不燃性 3.00	不燃性 3.00
	承重墙	不燃性 3.00	不燃性 2.50	不燃性 2.00	难燃性 0.50
	非承重外墙	不燃性 1.00	不燃性 1.00	不燃性 0.50	可燃性
	楼梯间和前室的墙 电梯井的墙 住宅单元之间的墙和分户墙	不燃性 2.00	不燃性 2.00	不燃性 1.50	难燃性
	疏散走道两侧的隔墙	不燃性 1.00	不燃性 1.00	不燃性 0.50	难燃性 0.25
	房间隔墙	不燃性 0.75	不燃性 0.50	难燃性 0.50	难燃性 0.25
柱		不燃性 3.00	不燃性 2.50	不燃性 2.00	难燃性 0.50
梁		不燃性 2.00	不燃性 1.50	不燃性 1.00	难燃性 0.50
楼板		不燃性 1.50	不燃性 1.00	不燃性 0.50	可燃性
屋顶承重构件		不燃性 1.50	不燃性 1.00	可燃性	可燃性
疏散楼梯		不燃性 1.50	不燃性 1.00	不燃性 0.50	可燃性
顶棚(包括顶棚搁栅)		不燃性 0.25	难燃性 0.25	难燃性 1.50	可燃性

注: 1. 以木柱承重且以非燃烧材料作为墙体的建筑物,其耐火等级按四级确定。
　　2. 建筑高度大于 100m 的民用建筑,其楼板的耐火极限不应低于 2.00。

4.3　民用建筑的基本组成

民用建筑房屋主要由基础、墙体和柱、楼地层、屋顶、楼梯、门窗等部分组成,如图 4-13 所示。

1. 基础

建筑最下部的承重构件,承担建筑的全部荷载,并下传给地基。

2. 墙体和柱

墙体是建筑物的承重和围护构件。在框架承重结构中,柱是主要的竖向承重构件。

3. 楼地层

楼地层是楼房建筑中的水平承重构件,包括底层地面和中间的楼板层。

4. 楼梯

楼房建筑的垂直交通设施,供人们平时上下和紧急疏散时使用。

5. 门窗

门主要用做内外交通联系及分隔房间,窗的主要作用是采光和通风,门窗属于非承重构件。

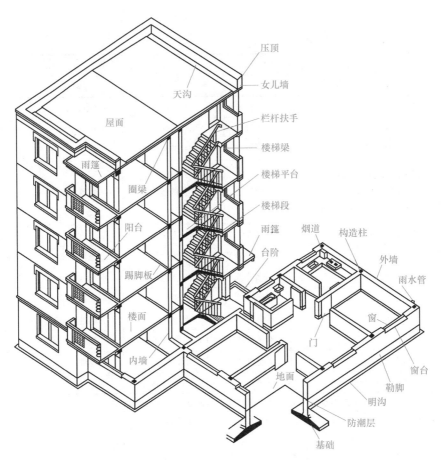

图 4-13　民用建筑的基本构造组成

6. 屋顶

是建筑顶部的承重和围护构件，一般由屋面和承重结构两部分组成。

建筑的次要组成部分：附属的构件和配件，如阳台、雨篷、台阶、散水、通风道等。

4.4　建筑模数与建筑工业化

4.4.1　建筑标准化

建筑标准化主要包括两个方面：首先是应制定各种法规、规范、标准和指标，使设计有章可循；其次是在诸如住宅等大量性建筑中推行标准化设计。标准化设计可借助国家或地区通用的标准构配件图集来实现，设计者根据工程的具体情况选择标准构配件，避免重复劳动。构件生产厂家和施工单位也可以针对标准构配件的应用情况组织生产施工，进而提高施工效率，保证施工质量，降低造价。

4.4.2 建筑模数协调标准

建筑模数协调是对建筑物及其构配件的设计、制作、安装所规定的标准尺度体系，原称建筑模数制。制定建筑模数协调体系的目的是用标准化的方法实现建筑制品、建筑构配件的生产工业化。许多国家以法规形式公布和推行这种制度。近年来，通过一些国际协作组织，在世界范围内发展和推广这一工作。

（1）建筑模数是指选定的尺寸单位，作为尺度协调中的增值单位，也是建筑设计、建筑施工、建筑材料与制品、建筑设备、建筑组合件等各部门进行尺度协调的基础，其目的是使构配件安装吻合，并有互换性，我国制定有《建筑模数协调标准》GB/T 50002—2013，用以约束和协调建筑的尺度关系。

（2）基本模数：基本模数的数值规定为 100mm，表示符号为 M，即 1M＝100mm，整个建筑物或其中一部分以及建筑组合件的模数化尺寸均应是基本模数的倍数。

（3）导出模数：分为扩大模数和分模数。

1）扩大模数：指基本模数的整倍数。扩大模数的基数应符合下列规定：

水平扩大模数为 3M、6M、12M、15M、30M、60M 等，其相应的尺寸分别为 300mm、600mm、1200mm、1500mm、3000mm、6000mm。主要适用于建筑物的开间或柱距、进深或跨度、构配件尺寸和门窗洞口尺寸。

竖向扩大模数的基数为 3M、6M 两个，其相应的尺寸为 300mm、600mm。主要适用于建筑物高度、层高、门窗洞口尺寸。

2）分模数：指整数除基本模数的数值。分模数的基数为 1/10M、1/5 M、1/2 M 等 3 个，其相应的尺寸为 10mm、20mm、50mm。主要适用于缝隙、构造节点、构配件断面尺寸。

（4）模数数列：指由基本模数、扩大模数、分模数为基础扩展成的一系列尺寸。它可以保证不同建筑及其组成部分之间的尺寸的统一协调，有效地减少建筑尺寸的种类，并确保尺寸具有灵活性和合理性。建筑物的尺寸除特殊情况外，均要满足模数数列的要求。

根据《建筑模数协调标准》GB/T 50002—2013，模数数列应满足以下要求：

1）模数数列应根据功能性和经济性原则确定。

2）建筑平面的柱网、开间、进深，或跨度、门窗洞口宽度等主要定位尺寸，宜采用水平基本模数和水平扩大模数数列，且水平扩大模数数列宜采用 $2n$M、$3n$M（n 为自然数）。

3）建筑物的高度、层高、和门窗洞口的高度等宜采用竖向基本模数和竖向扩大模数数列，且竖向扩大模数数列宜采用 nM。

4）构造节点和分部件的接口尺寸等宜采用分模数数列，且分模数数列宜采用 M/10、M/5、M/2。

4.4.3 几种尺寸

为了保证建筑制品、构配件等有关尺寸的统一协调，《建筑模数协调统一标准》GB

50002—2013 规定了标志尺寸、构造尺寸、实际尺寸及其相互间的关系。

1. 标志尺寸：用以标注建筑物定位轴线间的距离（如开间或柱距、进深或跨度、层高等）以及建筑构配件、建筑组合件、建筑制品、有关设备位置界限之间的尺寸。标志尺寸应符合模数数列的规定。

2. 构造尺寸：是建筑构配件、建筑组合件、建筑制品等的设计尺寸，一般情况下标志尺寸减去缝隙为构造尺寸。缝隙尺寸应符合模数数列的规定。

3. 实际尺寸：是建筑构配件、建筑组合件、建筑制品等生产制作后的实际尺寸。这一尺寸因生产误差造成与设计的构造尺寸有差值，这个差值应符合施工验收规范的规定。

标志尺寸、构造尺寸及二者之间与缝隙尺寸的关系如图 4-14 所示。

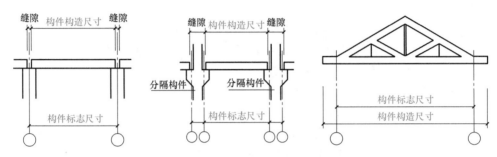

图 4-14 标志尺寸、构造尺寸及二者之间与缝隙尺寸的关系

习 题

一、填空题

1. 基本模数数值规定为_____ mm，表示符号为_____。

2. 建筑按使用性质分有_____、_____和_____。

3. 建筑高度是指自_____至建筑主体檐口上部的距离。

二、单选题

1. 建筑是指（　　）的总称。

A. 建筑物　　　　　　　　　　B. 构筑物

C. 建筑物、构筑物　　　　　　D. 建造物、构造物

2. 民用建筑包括居住建筑和公共建筑，其中（　　）属于居住建筑。

A. 托儿所　　　　　　　　　　B. 宾馆

C. 疗养院　　　　　　　　　　D. 公寓

3. 按建筑物主体结构的耐久年限，二级建筑物的耐久年限为（　　）。

A. 25～50 年　　　　　　　　B. 40～80 年

C. 50～100 年　　　　　　　　D. 100 年以上

4. 建筑按耐火等级可分为（　　）级。

A. 三　　　　　　　　　　　　B. 四

C. 五　　　　　　　　　　　　D. 六

三、简答题

1. 民用建筑的分类有哪些？

2. 什么叫建筑的燃烧性能和耐火极限？

3. 哪种建筑称为钢筋混凝土结构？

4. 民用建筑主要由哪几部分组成？

5. 什么是基本模数、扩大模数、分模数？

6. 模数协调有何意义？

7. 建筑标志尺寸、构造尺寸、实际尺寸有何区别？

教学单元5
基础与地下室

主要内容

1. 地基与基础的概念、基础埋深的概念、基础埋深的影响因素；
2. 基础的类型、常用基础构造及适用范围；
3. 基础构造形式及适用范围；
4. 地下室的组成、防潮构造、防水构造。

学习要点

1. 掌握地基与基础的概念，了解人工加固地基的方法，掌握基础埋深的概念及影响因素；
2. 掌握基础的分类及常见基础的构造及应用范围；
3. 了解地下室的组成、防潮构造及防水构造。

思政元素

本单元在讲授基础时，通过引用《后汉书·郭太传》，使学生在理解基础作用的同时，增强文化自信，并懂得了做人的道理；在讲授桩基础时，通过介绍上海中心大厦，使学生在惊叹建筑奇迹之时会油然而生起一种民族自豪感；在讲解地下室防水时，通过一个鲜活的工程案例，使学生在教训面前深刻知道了防水重要性，增强了学生的安全意识，也认识到在以后的工作中要坚持工匠精神。

思维导图

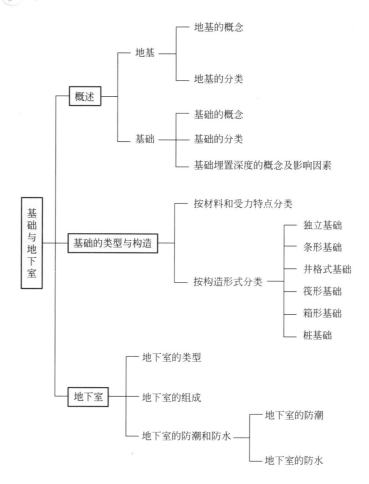

5.1 概述

对于一栋建筑物来说，地基和基础对保证建筑物的坚固耐久都具有非常重要的作用，然而二者截然不同且又有一定关联。

5.1.1 地基

1. 地基的概念

地基是支承建筑物重量的土层或岩层，它不是建筑物的组成部分，但是它要承担由建筑物的基础传来的全部荷载，包括建筑物自重和其他荷载，地基在荷载作用下会产生应力和应变，并随着土层深度的增加而减少，到了一定深度则可忽略不计，具体深度需计算确定。我们将该深度以上的土层称为持力层，持力层以下的土层称为下卧层，如图 5-1 所示。地基在保持稳定的条件下，每平方米所能够承受的最大垂直压力称为地基的承载力，当基础对地基的压力超过地基承载力时，基础将会出现加大的沉降变形，甚至产生地基土层滑动，这些情况会导致地基的破坏，从而危及建筑物的稳定与安全。为了保证建筑物的稳定与安全，必须将房屋基础与土层接触部分的底面尺寸适当扩大，以减少地基单位面积承受的压力。或采取人工方法处理地基使地基承载力提高。

2. 地基的分类

地基分为天然地基和人工地基两大类。天然地基是指天然土层本身具有足够的承载力，不需经人工改良或加固即可在上面建造房屋的地基。岩石、碎石、砂石、黏土等，一般均可作为天然

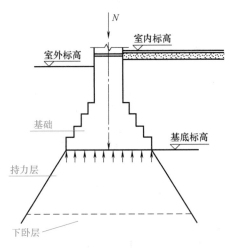

图 5-1　基础剖面图

地基。当天然土层的承载力较差或土层质地虽然好，但不能满足承载力的要求时，为使地基具有足够的承载能力，应对土层进行加固处理。这种经过人工加固和处理的地基称为人工地基。人工地基的常见处理方法有换土法、压实法、打桩法、化学处理法等。

3. 地基的设计要求

地基设计时需满足承载力、变形和稳定性的要求，由于地基不属于建筑物的组成部分，故在本书中不再介绍地基的相关内容。

5.1.2　基础

1. 基础的概念及埋置深度

基础是建筑物最下面与土壤接触的承重构件，是建筑物六大组成部分之一。它承受建筑物的全部荷载并将其传给地基。基础一般处于地下，我们把从室外设计地坪到基础底面的垂直距离称为基础的埋置深度，简称基础埋深，如图 5-2 所示。根据基础埋置深度的不同，基础可分为浅基础和深基础。一般情况，基础的埋置深度不大于 5m 的称为浅基础，基础的埋置深度大于 5m 的称为深基础。基础埋深不得过小，一般不小于 500mm。

2. 基础的分类

基础按埋置深度可分为深基础和浅基础。按材料及传力特点可分为刚性基础和柔性基础。按构造可分为独立基础、条形基础、井格式基础、筏形基础、箱形基础和桩基础。

3. 基础埋置深度的影响因素

基础的埋深对建筑物的耐久性、造价、工期、施工技术等影响较大，应按下列条件确定：

（1）建筑物的用途，有无地下室、设备基础和地下设施，基础的形式和构造。

当建筑物设置地下室、设备基础和地下设施时，基础埋深应满足使用要求；高层建筑基础埋深应随建筑高度增大而增大。

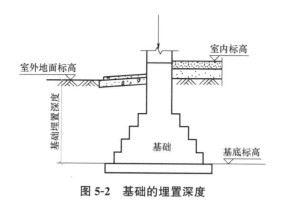

图 5-2　基础的埋置深度

（2）作用在地基上的荷载大小和性质。一般荷载较大时应加大基础埋深。

（3）水文条件

在满足承载力的前提下，基础的底部应设置在最高地下水位以上，如图 5-3（a）所示。如不能满足这一要求时，基础底部则必须埋置在最低地下水位以下 200mm，如图 5-3（b）所示，即要满足"高高低低"原则。

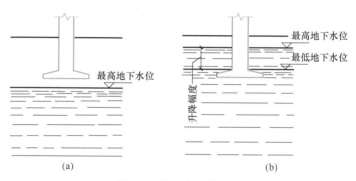

图 5-3　地下水位的影响

（a）基底位于最高地下水位以上；（b）基底位于最低地下水位以下

（4）地质条件

基础应建立在坚实可靠的地基上，不能设置在承载力低，压缩性高的软弱土层上。

（5）相邻建筑物的基础埋深

当存在相邻建筑物时，新建建筑物的基础埋深不宜大于原有建筑基础的埋深。如埋深大于原有建筑基础时，两基础间应保持一定净距，其数值应根据建筑荷载大小、基础形式和土质情况确定。

（6）地基土冻胀和融陷的影响

在季节性冻土地区，为减小冻害的影响，使基础处于相对稳定的状态，一般基础应埋置在冰冻线以下 200mm 的地方，如图 5-4 所示。冰冻线为冻结土与非冻结土的分界线，冰冻线至地面的

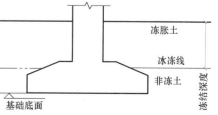

图 5-4　冻结深度对基础埋深的影响

距离为冻结深度，主要取决于当地的气候条件。

5.2 基础的类型与构造

基础按不同的分类方法可分为不同的类型，本节介绍按受力特点和按结构形式这两种常见的分类方法。

5.2.1 按受力特点分类

1. 刚性基础

由刚性材料制作的基础称为刚性基础。在常用的建筑材料中，砖、石、素混凝土等均属刚性材料，这些材料抗压强度高，而抗拉、抗剪强度低。由于地基单位面积的承载能力有限，上部结构通过基础将其荷载传给地基时，需要将基底面积不断扩大，才能适应地基受力的要求。根据试验得知，上部结构（墙或柱）在基础中传递压力时是沿一定角度分布的，我们将这个传力角度称为材料的刚性角，以 α 表示（图 5-5a），而将竖直线与基础放大引线组成的夹角称为基础放大角 α_1。由于刚性材料抗拉能力差，如果基础放大角 α_1 大于刚性角 α，即当图中的 B_0 增大到 B_1 时，基础超出 B_0 部分会在地基的反作用力作用下因受拉而破坏（图 5-5b）。所以，刚性基础底面宽度的增大要受到材料刚性角的限制。即需要满足基础放大角 α_1 不大于材料的刚性角 α，不同材料的刚性角是不同的。

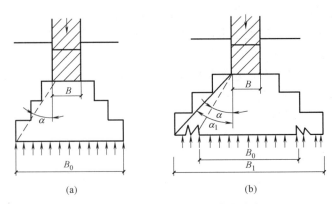

(a)   (b)

图 5-5 刚性基础的受力、传力特点

（a）基础受力在刚性角范围内；（b）基础宽度超过刚性角的范围而破坏

　　常见的刚性基础有砖基础、毛石基础、灰土基础、三合土基础、混凝土基础、毛石混凝土基础。刚性基础一般作条形基础使用，本节后面会有介绍。

2. 柔性基础

　　当建筑物的荷载较大而地基承载能力较小时，为满足承载力要求，基础底面宽度 B 需要加宽，如果仍采用刚性材料，由于受到刚性角的限制，为满足基础放大角 α_1 不大于材料的刚性角 α 的要求，势必导致基础深度也要加大。这样，不仅会增加了挖土工作量，而且还会使材料用量增加，对工期和造价都十分不利。如果在混凝土基础的底部配以钢筋，利用钢筋来承受拉力，这时，基础宽度的加大则不受刚性角的限制。这种不受刚性角限制的基础称为柔性基础。钢筋混凝土基础即为柔性基础。在同样条件下，采用钢筋混凝土基础要比采用混凝土基础节省大量的混凝土材料和挖土工作量，如图 5-6 所示。为了保证钢筋混凝土基础施工时，钢筋不致陷入泥土中，常须在基础与地基之间设置混凝土垫层。

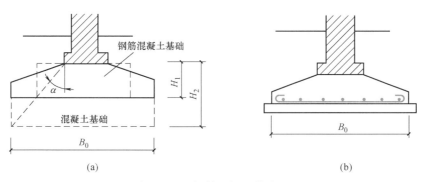

图 5-6　钢筋混凝土基础

（a）混凝土与钢筋混凝土基础比较；（b）基础配筋情况

5.2.2　按构造形式分类

1. 独立基础

　　当建筑物上部结构采用柱承重，且柱距较大时，常采用独立基础，如图 5-7 所示。独立基础的形式有阶梯形、锥形和杯形等，其优点是土方工程量少，便于地下管道穿越，节约基础材料。但基础互相之间无联系，整体刚度

5-2
常用基础
类型

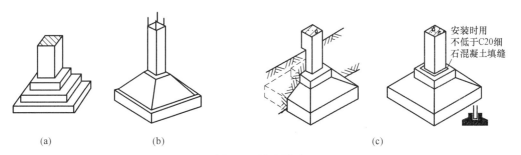

图 5-7　独立基础

（a）现浇基础；（b）锥形基础；（c）杯形基础

差，因此一般适用于土质均匀、荷载均匀的建筑结构中。

2. 条形基础

条形基础是指基础长度远大于其宽度的一种基础形式，也叫带形基础。按上部结构形式，可分为墙下条形基础和带有地梁的柱下条形基础。

（1）墙下条形基础

当建筑采用墙承重时，通常将墙底加宽形成墙下条形基础，如图 5-8 所示。这种基础一般用于低层、多层小型砖混结构中，常用砖、混凝土材料作基础。当上部结构荷载较大而土质较差时，可采用钢筋混凝土基础。

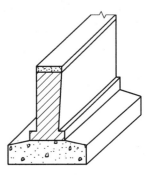

图 5-8　墙下条形基础

1）砖基础

砖基础的剖面为阶梯形，称为大放脚。砖基础常见砌法有"等高式（两皮一收）"（图 5-9a）和"间隔式（二一间隔收）"（图 5-9b）两种砌法。基础底面以下需设垫层，垫层材料可选用灰土、素混凝土等材料作垫层。

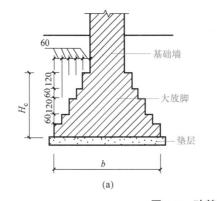
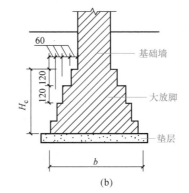

图 5-9　砖基础剖面图

（a）间隔式；（b）等高式

砖基础具有取材容易，价格低廉，施工方便等特点，但由于砖的强度及耐久性较差，故砖基础常用于地基土质好、地下水位较低，5 层以下的砖混结构中。

2）混凝土基础

混凝土基础具有坚固、耐久、刚性角大，可根据塑性强的特点。常用于地下水位高，受冰冻影响的建筑物。混凝土基础断面可做成阶梯形或锥形，如图 5-10 所示。

3）钢筋混凝土基础

当墙下条形基础的上部荷载很大，而地基的承载力又很小时，可采用钢筋混凝土基础，如图 5-11 所示。这种基础不受刚性角的限制。

（2）柱下条形基础

当地基软弱而荷载较大时，采用柱下独立基础，底面积必然很大，导致互相接近。为增强基础的整体性且方便施工，可将同一排柱基础连通做成钢筋混凝土条形基础，如图 5-12 所示。

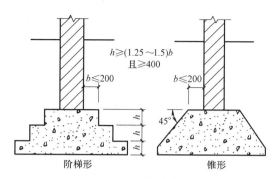

图 5-10　混凝土基础

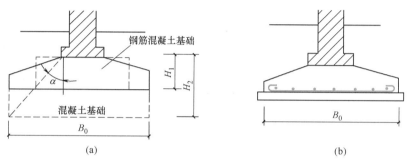

(a)　　　　　　　　　　　　　　(b)

图 5-11　钢筋混凝土基础

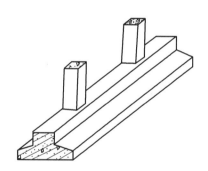

图 5-12　柱下条形基础

3. 井格式基础

当框架结构所处的地基条件较差时，为提高建筑物的整体性，避免各柱子之间产生不均匀沉降，常将柱下基础沿纵、横方向连接起来，做成十字交叉的井格基础，又称十字带形基础，如图 5-13 所示。

4. 筏式基础

当建筑物上部荷载较大，而地基承载能力较弱时，采用简单的条形基础或井格式基础已不能适应地基变形的需要，常将墙或柱下基础连成一片，使整个建筑物的荷载承受在一块整板上，这种满堂式的板式基础称筏式基础。筏式基础有平板式和梁板式，如图 5-14 所示。

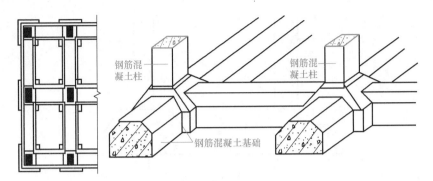

图 5-13　井格式基础

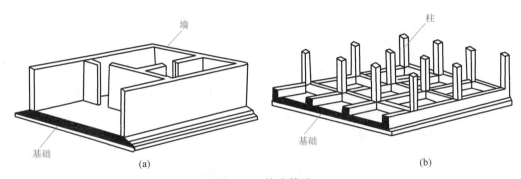

(a)　　　　　　　　　　　　　　　(b)

图 5-14　筏式基础

（a）平板式；（b）梁板式

5. 箱形基础

箱形基础是由钢筋混凝土底板、顶板和若干纵横墙组成的封闭箱体来承受上部荷载的基础，如图 5-15 所示。箱形基础整体空间刚度大，可减少地基变形引起建筑物开裂的可能性，降低总沉降量。一般适用于高层建筑或在软弱地基上建造的上部荷载较大的建筑物。当基础的中空部分尺度较大时，可用作地下室。

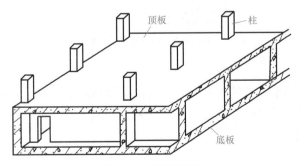

图 5-15　箱形基础

6. 桩基础

当建筑物的上部荷载较大，而上层土层不能满足承载力和变形缝要求时，需要将其荷载传至深层较为坚硬的持力层上，常采用桩基础。桩基础由桩身和承台组成，桩身伸入土中，承受上部荷载，承台用来连接上部结构和桩身，如图 5-16 所示。

桩基础类型很多，按照桩身的受力特点，分为摩擦桩和端承桩。上部荷载主要依靠下面坚硬土层对桩端的支承来承受的桩基础称为端承桩（图 5-17a）。上部荷载主要依靠桩身与周围土层的摩擦阻力来承受的桩基础称为摩擦桩（图 5-17b）。

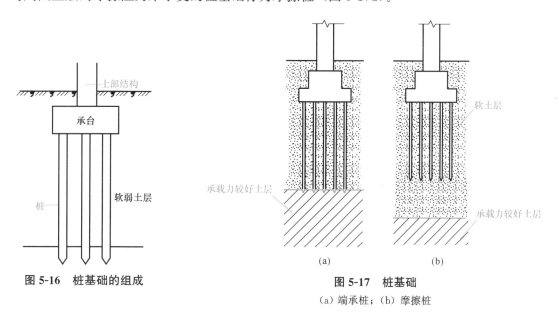

图 5-16　桩基础的组成

图 5-17　桩基础
（a）端承桩；（b）摩擦桩

上海中心大厦，高度达到 632m，是集办公、休闲、娱乐、娱乐为一体的座巨型高层地标式摩天大楼。

上海地处长三角冲积平原，其陆地是由吸满了水的沙子组成的，这样的结构并不稳定，想建立 80 万 t 的大厦，其难度可想而知。为了解决土层不够牢固的问题，工程师们使用桩筏基础，向下的桩长度达到 88m。为了保证大面积的混凝土强度均匀，工程师们调动了整个上海市 80% 的搅拌车同时作业，仅用 60h 就完成底板浇筑。

5.3　地下室

地下室是建筑物底层下面的房间，可作安装设备、储藏存放、商场、餐厅、车库以及战备防空等多种用途。当高层建筑的基础埋深很深时，可利用这一深度建造一层或多层地下室。

5.3.1　地下室的类型

1. 按构造形式分

地下室按构造形式分为全地下室和半地下室。全地下室是指房间地平面低于室外地坪的高度超过该房间净高的 1/2。半地下室是指房间地平面低于室外地坪的高度超过该房间净高的 1/3，且不超过 1/2，如图 5-18 所示。

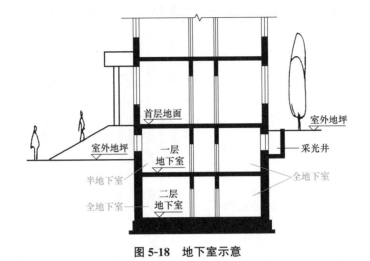

图 5-18　地下室示意

2. 按结构材料分

分为砖墙结构地下室和混凝土墙结构地下室。

3. 按功能分

分为普通地下室和人防地下室。

5.3.2　地下室的组成

地下室一般由墙体、底板、顶板、门窗、楼梯、采光井等组成。

1. 墙体

地下室的外墙不仅要承受上部的垂直荷载，还要承受土、地下水及土壤冻结时的侧压力。所以采用砖墙时其厚度一般不小于 490mm。荷载较大或地下水位较高时，最好采用钢筋混凝土墙。

2. 底板

地下室的底板主要承受地下室地坪的垂直荷载，当地下水位高于地下室地面时，还要承受地下水的浮力，所以底板要有足够的强度、刚度和抗渗能力。

3. 顶板

地下室顶板主要承受首层地面荷载，一般采用现浇板或预制板上做现浇层，要求有足够的强度和刚度。如为防空地下室，顶板必须采用钢筋混凝土现浇板并按有关规定确定其跨度、厚度和混凝土的强度等级。

4. 楼梯

地下室楼梯可与上部楼梯结合设置，层高小或用作辅助房间的地下室可设单跑楼梯。防空地下室的楼梯，至少要设置两部楼梯通向地面的安全出口，并且必须有一个独立的安全出口，这个安全出口周围不得有较高建筑物，以防空袭倒塌，堵塞出口，影响疏散。

5. 门窗

普通地下室的门窗与地上房间门窗相同，窗口下沿距散水面的高度应大于 250mm，以免灌水。防空地下室的门，应符合相应等级的防护要求。一般采用钢门或钢筋混凝土门，防空地下室一般不允许设窗。

6. 采光井

当地下室的窗台低于室外地面时，为达到采光和通风的目的，应设采光井，如图 5-19 所示。采光井由底板和侧墙组成，底板一般用混凝土浇筑，侧墙多用砖砌筑，但应考虑其挡土作用，应由结构计算确定其厚度。采光井上应设防护网，井下应有排水管道。

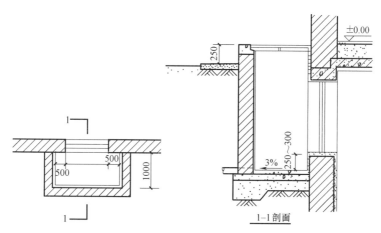

图 5-19　地下室采光井构造

5.3.3　地下室的防潮和防水

由于地下室必然受到地潮和地下水的侵蚀，忽视或处理不当，将导致墙面及地面受潮、生霉、面层脱落，严重时危及其耐久性。因此解决地下室的防潮、防水成为其构造设计的主要问题。

1. 地下室防潮构造

当设计最高地下水位低于地下室底板 300mm 以上，且地基范围内的土壤及回填土无形成上层滞水可能时，只需做防潮处理。如果地下室墙体为钢筋混凝土时不必做防潮，当地下室墙体为砌体时应作防潮处理。具体做法如下：砖墙体必须采用水泥砂浆砌筑，灰缝必须饱满。地下室所有墙体，必须设两道水平防潮层，一道设在地下室底层地坪附近，一般设置在结构层中间。另一道设在室外地面散水以上 150～200mm 的位置，防潮层可采用 20mm 厚防水砂浆或 60mm 厚的细石混凝土。在外墙外侧设垂直防潮层，防潮层做法一般为 1：2.5 水泥砂浆找平、刷冷底子油一道、热沥青两道，防潮层做至室外散水处，垂直防潮层应与水平防潮层形成闭合系统。然后在防潮层外侧回填低渗透性土壤如黏土、灰土等，并逐层夯实，底宽 500mm 左右，以防止过多的地下水通过土体渗到墙体处。如图 5-20 所示。

2. 地下室防水构造

当设计最高地下水位高于地下室底板顶面时，其外墙和地坪均受到水的侵袭，同时还

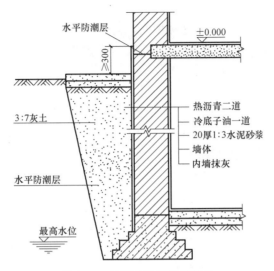

图 5-20　地下室防潮构造做法

受到水的侧压力和浮力的影响。此时，地下室的外墙应作垂直防水处理，底板应作水平防水处理。地下工程的防水分为四个等级，见表 5-1。

地下工程防水标准　　　　　　　　　　　　　　　　　　表 5-1

防水等级	防水标准
一级	不允许渗水，结构表面无湿渍
二级	不允许渗水，结构表面可有少量湿渍 工业与民用建筑：总湿渍面积不应大于总防水面积（包括顶板、墙面地面）的 1/1000；任意 100m² 防水面积上的湿渍不超过 2 处，单个湿渍的最大面积不大于 0.1m²
三级	有少量漏水点，不得有线流和漏泥沙；任意 100m² 防水面积上的漏水或湿渍点数不超过 7 处，单个漏水点的最大漏水量不大于 2.5L/d，单个湿渍的最大面积不大于 0.3m²
四级	有漏水点，不得有线流和漏泥沙；整个工程平均漏水量不大于 2L/(m²·d)，任意 100m² 防水面积上的平均漏水量不大于 4L/(m²·d)

　　一般地下室按二级考虑。地下室防水构造做法基本有 3 种。

　　（1）卷材外防水：卷材防水材料分层粘贴在结构层外表面的做法称为卷材外防水。防水层直接粘贴在迎水面上，防水效果较好。卷材外防水按具体施工方法可分为外防外贴法和外防内贴法。

　　1）外防外贴法

　　首先进行混凝土垫层施工在垫层上抹 1：3 水泥砂浆并找平层，抹平压

5-3
全埋式
地下室卷材
外防水构造

光。待找平层基本干燥后，满涂冷底子油一道，铺贴卷材防水层，防水卷材要甩槎超出地下室墙体位置，保证与墙体防水卷材的搭接。随即在卷材上抹热沥青，并趁热撒上干净的热砂，冷却后抹 1：3 水泥砂浆保护层。再浇筑防水结构的混凝土底板和墙身混凝土。浇筑完工并检查验收后，清理出甩槎接头的卷材，如有破损应进行修补后，再依次分层铺贴混凝土墙身外表面的防水卷材。卷材防水层铺贴完毕，立即进

行渗漏检验，有渗漏立即修补，无渗漏时贴保温板或砌保护墙。保护墙施工完毕，随即回填土。该施工方法是首先将垫层的卷材甩出一定长度，而后浇筑底板和墙体。然后在地下室墙体外侧铺贴防水卷材并与垫层甩出卷材搭接，卷材铺贴完成后再砌筑保护墙的施工方法，故称为外防外贴法。

5-4
地下室
防水处理

2）外防内贴法

首先进行混凝土垫层施工，然后在垫层上，地下室墙体外侧位置砌筑永久性保护墙和临时性保护墙。在垫层上及保护墙内侧抹1∶3水泥砂浆找平层并抹平压光。待找平层基本干燥后，满涂冷底子油一道，铺贴卷材防水层，随即在卷材上抹热沥青，并趁热撒上干净的热砂，冷却后抹1∶3水泥砂浆保护层。然后浇筑防水结构的混凝土底板和墙身混凝土。随后拆除临时性保护墙，将拆除出来的卷材与墙体卷材搭接。该施工方法是首先在垫层上砌保护墙，然后在垫层上及保护墙内侧铺贴防水卷材，而后浇筑底板和墙体并将拆除临时保护墙露出来的卷材与墙体卷材搭接的施工方法，故称为外防内贴法。具体构造如图 5-21 所示。

（2）卷材内防水：卷材防水材料分层粘贴在结构层内表面的做法称为卷材内防水。此法防水效果差，但施工简单，常用于维护修缮工程。

（3）防水混凝土自防水：当地下室的外墙和底板均为钢筋混凝土结构时，通过调整混凝土的配合比或在混凝土中掺入外加剂等手段，改善混凝土构件的密实性，提高其抗渗性能。使地下室结构构件的承重、围护和防水功能三者合一。

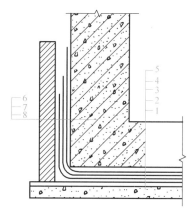

图 5-21　卷材外防水
1—垫层；2—找平层；3—卷材防水层；
4—保护层；5—地下室底板；6—保护墙；
7—卷材防水层；8—地下室墙体

2015 年 11 月，某高层二期工程发生地下室防水层保护墙坍塌事故，造成 3 名施工人员死亡。

经将调查分析导致该事故的直接原因是保护墙挑板上方三皮砖被拆除，导致上部墙体失稳坍塌，压到正在附近作业的 3 名施工人员。间接原因是施工单位违法组织与隐患整改无关的施工作业，安排工人违章冒险作业，现场管理、作业人员安全意识淡薄，在未采取有效防护措施情况下违章作业，监理单位未按监理规范要求认真履行职责，对项目安全监理不到位。

习　题

一、填空题

1. 地基分为＿＿＿＿＿和＿＿＿＿＿两大类。

2. 持力层以下的土层称为_____。

3. 根据基础埋置深度的不同，基础可分为_____和_____。一般情况下，基础的埋置深度大于_____的称为深基础。除岩石地基外，基础埋深不宜小于_____。

4. 基础按受力特点可分为_____和_____两大类。

5. 基础的底部若不能满足在最高地下水位以上时，基础底部则必须埋置在最低地下水位以下_____。

6. 桩基础类型很多，按照桩身的受力特点，分为_____和_____两大类。

7. 地下工程的防水分为_____个等级，一般地下室按_____级考虑。

二、选择题

1. 下面属于柔性基础的是（   ）。
A. 钢筋混凝土基础　　　B. 毛石基础　　　C. 素混凝土基础　　　D. 砖基础

2. 当建筑物为柱承重且柱距较大时宜采用（   ）。
A. 独立基础　　　　　B. 条形基础　　　C. 桩基础　　　　　D. 筏形基础

3. 一般情况下，将基础的埋置深度大于（   ）m的称为深基础。
A. 3　　　　　　　　B. 4　　　　　　C. 5　　　　　　　D. 6

4. 基础的底部一般在最高地下水位以（   ）。如不能满足这一要求，基础底则必须埋置在最低地下水位以下（   ）mm。
A. 上，200　　　　　B. 上，300　　　C. 下，200　　　　D. 下，300

5. 除岩石地基外，基础埋深不宜小于（   ）m。
A. 0.3　　　　　　　B. 0.4　　　　　C. 0.5　　　　　　D. 5

6. 一般基础应埋置在冰冻线以下（   ）mm的地方。
A. 100　　　　　　　B. 200　　　　　C. 300　　　　　　D. 400

7. 当建筑物的上部荷载较大时，需要将其荷载传至深层较为坚硬的地基中去，常采用（   ）。
A. 独立基础　　　　　B. 条形基础　　　C. 桩基础　　　　　D. 筏形基础

8. 地下工程的防水分为（   ）个等级，一般地下室按（   ）级考虑。
A. 三，二　　　　　　B. 三，三　　　C. 四，二　　　　　D. 四，三

三、简答题

1. 什么是地基？什么是基础？两者之间的区别是什么？

2. 人工地基常用的处理方法有哪些？

3. 什么是基础的埋深？其影响因素有哪些？

4. 常见的刚性基础有哪些？

5. 基础按构造形式有哪几种？分别适用于什么情况？

6. 地下室由哪些部分组成？

7. 地下室的类型有哪些？

8. 地下室防潮、防水的构造做法是什么？

Chapter 06

教学单元 **6**

墙 体

主要内容

1. 墙体的分类、墙体的设计要求、墙体的承重方案；
2. 砖墙材料、砖墙组砌、砖墙的细部构造；
3. 砌块墙、隔墙；
4. 墙面装修。

学习要点

1. 了解墙体的作用，熟悉墙体的类型及设计要求；
2. 掌握砖墙的细部构造；
3. 熟悉隔墙、砌块墙构造；
4. 了解墙面装修的类型，熟悉墙体的装修构造。

思政元素

本单元在讲述墙体组砌时，引入中国 19 岁男生在世界技能大赛砌筑项目上砌墙"砌"成了世界冠军，以"零"误差的垂直度、平整度以及整洁的墙面外观和对时间的准确把握，夺得砌筑世界冠军，引出墙体不同的组砌方式、砌筑要求，树立起"干一行爱一行"的职业观，传承鲁班品质和践行工匠精神；在学习墙体细部构造时可通过讲述"唐山大地震""汶川大地震"两次灾害对国家规范的影响，让学生深刻认识到抗震结构措施对提供墙体整体性、稳定性、抗震性重要作用及执行国家规范的重要性，激发学生的人道主义精神和爱国主义精神。

19岁男生砌墙"砌"成了世界冠军

思维导图

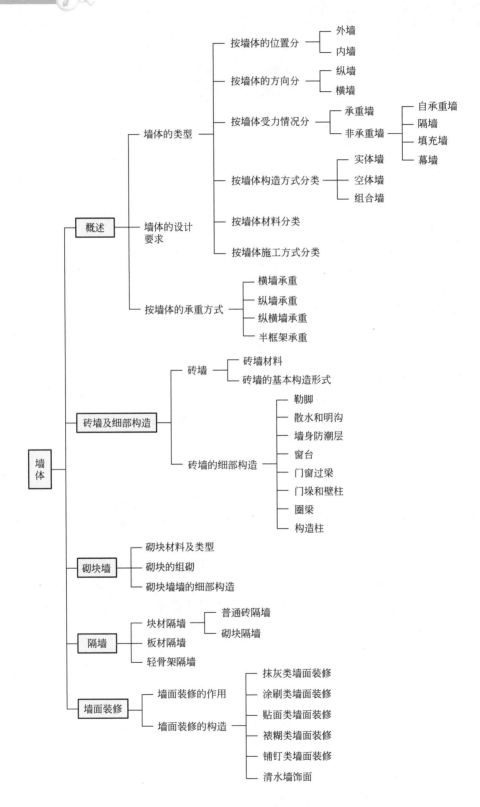

6.1 概述

墙体是建筑物的重要组成部分，起着承重、围护和分隔等作用。在一般砌体（砖混）结构的建筑中，墙体工程量约占工程总量的 40%～65%。因此，合理选择墙体材料和构造做法是实现建筑安全、经济和实用的重要保证。

6.1.1 墙体的类型

根据墙体在建筑物中所处位置、受力情况、构造方式、所用材料、施工方式等可将其分成不同的类型。

1. 按墙体的位置和方向分类

墙体按所处的位置分为外墙和内墙。位于建筑物四周的墙体称为外墙，位于建筑物内部的墙称为内墙。

根据建筑平面的方向分为纵墙和横墙，纵墙是沿建筑纵轴方向布置的墙，横墙是沿建筑横轴线方向布置的墙，外横墙通常称为山墙。窗与窗或窗与门之间的墙称为窗间墙，上下窗洞口之间的墙称为窗下墙，突出屋顶上部、围护屋顶空间和装饰建筑立面的墙称为女儿墙，如图 6-1 所示。

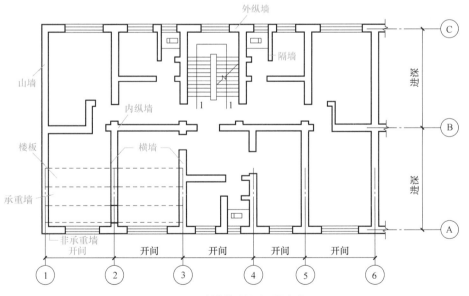

6-1 女儿墙

图 6-1 按墙体所处位置分类

2. 按墙体受力情况分类

墙体按受力情况分为承重墙和非承重墙，如图 6-1 所示。直接承受上部楼板、梁、屋面板等构件传来荷载的墙称为承重墙；不承受其他构件传来荷载的墙称为非承重墙。非承重墙又可分为自承重墙、隔墙、填充墙和幕墙等。不承受外来荷载，仅承受自身重量的墙为自承重墙；仅起分隔作用，自重由楼板或梁来承担的墙为隔墙；在框架结构中，填充在柱子之间的墙为填充墙；悬挂于建筑物外部的轻质外墙为幕墙。

6-2 墙体按承重方式的分类

3. 按墙体构造方式分类

墙体按构造方式可分为实体墙、空体墙和组合墙，如图 6-2 所示。实体墙是由单一材料组成，内部没有空腔的墙，如普通砖墙、实心砌块墙、钢筋混凝土墙等；空体墙是由单一材料组成，内部有空腔的墙，如空斗墙、空心砌块墙等；组合墙是由两种或两种以上的材料组合而成的墙。

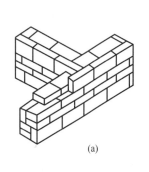 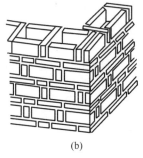 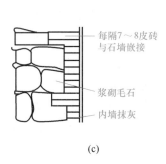

每隔7～8皮砖与石墙嵌接
浆砌毛石
内墙抹灰

(a) (b) (c)

图 6-2　按墙体构造方式分类
(a) 实体墙；(b) 空体墙；(c) 组合墙（砖、石组合）

6-3 墙体按所用材料不同的分类

4. 按墙体材料分类

按墙体所用的材料不同可分为土墙、石墙、砖墙、砌块墙和混凝土墙等。

5. 按墙体施工方式分类

6-4 墙体按施工方法不同的分类

墙体按施工方式分为砌筑墙、板筑墙和板材墙。砌筑墙是用成块的材料通过组砌叠合而成的墙体，如砖墙、砌块墙、石墙等；板筑墙是在现场支模和浇筑而成的墙体，如现浇钢筋混凝土墙等；板材墙是将预制好的大、中型墙体构件在施工现场用机械吊装拼合而成的墙体，如预制钢筋混凝土墙板、预制保温隔声复合板墙等。

6.1.2　墙体的设计要求

1. 具有足够的强度和稳定性

墙体的强度是指墙体承受荷载的能力，它取决于墙体的材料、尺寸和构造方式。

墙体的稳定性与墙的高度、长度和厚度及纵横向墙体间的距离有关，在墙体长度和高度确定之后，一般可采用增加墙体厚度，增设墙垛、壁柱、圈梁等措施来提高墙体的稳定性。

2. 满足热工方面的要求

不同的地区、不同的季节对墙体提出了不同的保温和隔热要求。

（1）保温

1）提高外墙保温能力：增加墙体厚度、选择导热系数小的墙体材料、采用复合保温墙。

2）防止外墙中出现冷凝水：在墙体靠室内高温一侧设隔汽层，阻止蒸汽进入墙体。隔汽层通常采用卷材、防水涂料等材料来做。

3）防止外墙出现空气渗透：选择密实度高的墙体材料，增加墙体抹灰层、加强构件间的缝隙处理。

（2）隔热

1）外墙采用浅色而平滑的外饰面，以反射太阳光，减少墙体对太阳辐射的吸收。

2）在外墙内部设通风间层，利用空气的流动带走热量，降低外墙内的表面温度。

3）在窗口外侧设置遮阳设施，或表面种植攀缘植物。

4）建筑总平面及个体建筑设计合理，争取好的朝向。

3. 满足隔声要求

作为围护或分隔作用的墙体，必须具有良好隔声能力。可通过加大墙体厚度或在墙体中设置空气层或采用吸声材料装饰墙体等措施提高墙体的隔声能力。

4. 满足防水、防潮要求

地下室墙体以及卫生间、厨房、实验室等用水房间的墙体要满足防水、防潮要求。

5. 满足防火要求

墙体采用的材料和厚度应符合《建筑设计防火规范（2018 年版）》GB 50016—2014 的规定。对重要的建筑物要设置防火墙，把建筑分为若干防火区域，防止火势的蔓延。

6. 满足建筑工业化及节能要求

墙体改革是建筑工业化的关键，可通过提高机械化施工程度，提高工效，降低劳动强度，并应采用轻质高强的墙体材料，以减轻自重、降低成本，满足可持续发展及环境保护的需要。

6-5
外墙
外保温构造

墙体保温的处理

如图 6-3 所示，某小区因墙面受潮而出现发霉现象，其主要原因是墙体没有做保温，这样造成室内外温差较大，这样室内空气中的水遇冷后就会凝结到墙面上，导致墙体受潮进而滋生霉菌。

建筑中外围护结构的热耗损较大，而在外围护结构中墙体是主要部分，墙体改革与建筑节能主要实现方式是发展外墙保温技术及节能材料。

目前外墙保温措施主要有外墙自保温、外墙内保温、外墙夹心保温和外墙外保温。由于内保温和夹心保温存在不可避免的"热桥"而逐步被外墙外保温所取代，外保温既适用于新建建筑，又适用于既有建筑的节能改造，所以外墙外保温是目前外墙保温的主要方式。

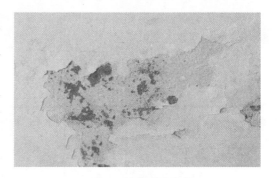

图 6-3　墙面受潮发霉

外墙外保温即保温材料处于外墙的外侧，其具有较好的保温节能效果，而且也可以消除结构性热桥，保护了主体结构，且不占室内使用空间。目前，国内的外墙保温系统主要有两大类，一类是现场批抹喷保温材料（主要有聚苯颗粒保温砂浆、聚氨酯硬泡保温材料、聚合物保温砂浆），另一类是预制板材外挂式，外挂的保温材料有岩棉、玻璃棉毡、聚苯乙烯泡沫板（聚苯板、EPS、XPS）、陶粒混凝土复合聚苯仿石装饰保温板、钢丝网架夹心墙板等，其中聚苯板因优良的物理性能和廉价的成本，在工程中得到广泛应用。

6-6
外墙
外保温

1. 聚苯板外墙外保温工程

聚苯板薄抹灰外墙外保温工程是以聚苯板为保温材料，采用粘钉结合的方式将聚苯板固定在墙面的外表面上，聚合物砂浆做保护层，以耐碱玻璃纤维网格布为增强层，外饰面为涂料的外墙外保温系统。其构造如图6-4所示。

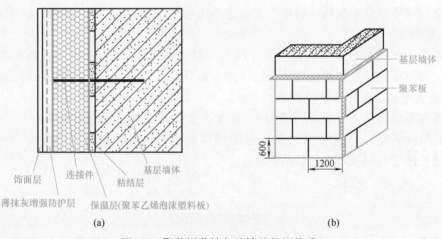

(a)   (b)

图6-4 聚苯板薄抹灰外墙外保温构造

（a）薄抹灰外保温系统基本构造图；（b）聚苯板排板图

2. 胶粉聚苯颗粒外墙保温技术

胶粉聚苯颗粒外墙保温体系由界面层、保温隔热层、抗裂防护层和饰面层组成，其构造做法如图6-5所示。

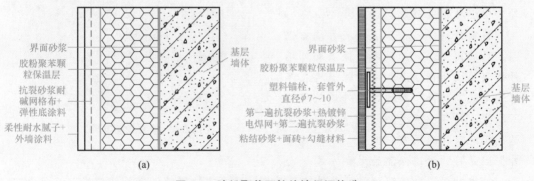

(a)   (b)

图6-5 胶粉聚苯颗粒外墙保温构造

（a）涂料饰面胶粉聚苯颗粒外保温构造图；（b）面砖饰面胶粉聚苯颗粒外保温构造图

6.1.3　墙体的承重方案

多层砖混结构建筑物的墙体作为主要承重构件，承受着屋顶和楼板的荷载，并连同自重一起将荷载传给基础和地基。

1. 横墙承重方案

横墙承重是将楼板及屋面板等水平承重构件搁置在横墙上，楼面及屋面板的荷载均由横墙承受，纵墙只起围护、分隔和纵向稳定的作用，如图 6-6（a）所示。

此方案整体性好，横向刚度大，有利于抵抗水平荷载，纵墙为非承重墙，在外墙上开窗比较灵活。但由于横墙间距受到限制，建筑开间尺寸较小，且墙体所占面积较大，相应地降低了建筑面积的使用率。一般适用于房间开间尺寸不大的建筑，如宿舍、旅馆、住宅等。

2. 纵墙承重方案

纵墙承重是将楼板及屋面板等水平承重构件搁置在纵墙上，横墙只起分隔和横向稳定的作用，如图 6-6（b）所示。

此方案开间划分灵活，能分隔出较大的房间。但在纵墙上开设门窗洞口受到限制，整体性较差。一般适用于需要灵活布置的建筑，如教室、餐厅、商店等。

3. 纵横墙承重方案

纵横墙承重是将楼板分别布置在纵墙或横墙上，纵横墙均可能为承重墙，如图 6-6（c）所示。

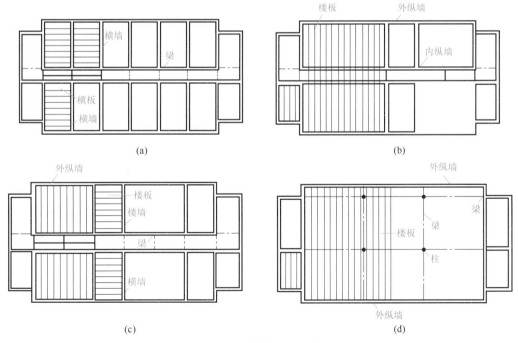

图 6-6　墙体承重方案

（a）横墙承重；（b）纵墙承重；（c）纵横墙承重；（d）半框架承重

此方案平面布置灵活，空间刚度好。但水平承重构件类型多，施工较复杂。一般适用于开间和进深尺寸较大、房间类型较多以及平面较为复杂的建筑，如住宅、幼儿园等。

4. 半框架承重方案

半框架承重是在建筑内部采用梁、柱组成的框架承重，四周采用墙体承重，楼板荷载由梁、柱或墙共同承担，如图 6-6（d）所示。

此方案室内空间较大，划分灵活，但耗费钢材、水泥较多。一般适用于具有较大内部空间的建筑，如大型商店、食堂、综合楼等。

6.2 砖墙及细部构造

6.2.1 砖墙

1. 砖墙材料

砖墙是用砖和砂浆等胶结材料按一定方式组砌而成。砖墙的主要材料有砖和砂浆。

（1）砖

砖是传统的砌墙材料，按材料的不同，有黏土砖、页岩砖、粉煤灰砖、灰砂砖、炉渣砖等，按外形可分为普通实心砖（图 6-7）、多孔砖（图 6-8）和空心砖（图 6-9）3 种。

图 6-7 实心砖及实心砖墙

6-7
砖的分类

普通实心砖是没有孔洞或孔洞率小于 15％的砖。普通实心砖中常见有黏土砖、炉渣砖、烧结粉煤灰砖等。

多孔砖是指孔洞率大于 15％、孔径小、数量多的砖，可以用于承重部位。

空心砖是指孔洞率大于 15％、孔径大、数量少的砖，只能用于非承重部位。

砖的强度等级是由其抗压强度和抗折强度综合确定的，分为 MU30、MU25、MU20、MU15、MU10 五个等级。

图 6-8　多孔砖及多孔砖墙

图 6-9　空心砖及空心砖墙

承重结构的块体的强度等级，应按下列规定采用：

1）烧结普通砖、烧结多孔砖的强度等级：MU30、MU25、MU20、MU15 和 MU10。

2）蒸压灰砂普通砖、蒸压粉煤灰普通砖的强度等级：MU25、MU20 和 MU15。

3）混凝土普通砖、混凝土多孔砖的强度等级：MU30、MU25、MU20 和 MU15。

4）混凝土砌块、轻集料混凝土砌块的强度等级：MU20、MU15、MU10、MU7.5 和 MU5。

砖材的使用

砖是以泥土为原料并经高温烧制而成的建筑材料。在中国，砖出现于奴隶社会的末期和封建社会的初期。从战国时期的建筑遗址中，已发现条砖、方砖和栏杆砖，品种繁多，主要用于铺地和砌壁面。

真正大量使用砖开始于秦朝。秦始皇统一中国后，兴都城、建宫殿、修驰道、筑陵墓，烧制和应用了大量的砖。历史上著名的秦朝宫殿阿房宫中就是使用青砖铺地。青砖上还有各种装饰性纹理图案，至今仍有珍贵的艺术和历史价值。秦始皇为防御北方的匈奴南侵，动用大量劳动力，使用砖石建造举世闻名的"万里长城"。万里长城气魄雄伟，工程艰巨，用砖量巨大。

佛教的兴隆给中国的砖建筑带来了一个划时代的转变。在佛教流行期间，用砖砌筑的砖塔在中国各地出现，从而成为一个砖建筑的象征。建于北魏正光年间（公元520—525 年）的河南省登封市的嵩岳寺塔，是中国现存最古老的砖塔建筑。

北京故宫是从明永乐四年（公元1406年）起，经过14年的时间建成的一组规模宏大的宫殿组群。明成祖朱棣在建筑故宫时想要一种比石头和金属更坚实的材料，他想到了"砖"。于是，他命令用山东德州出产的黏土制砖并使用高温窑柴火连续烧130天，并且在出窑后再用桐油浸透49天。桐油容易浸透，一磨就会出光。砖铺在地面不断被磨透，在六百年后的今天依然完好如初。故宫所用方砖质地坚硬，敲打时有金之声，故称"金砖"。

由于我国黏土砖的使用数量越来越多，造成大量的农田被毁，土是不可再生资源，因此，1993年，国家明文规定禁止生产黏土实心砖，限制生产黏土空心砖。2000年国家要求在住宅建设中逐步限时使用黏土砖，直辖市定于2000年12月31日前，计划单列市和副省级定于2001年6月30日前，地级城市定于2002年6月30日前实现禁止使用实心黏土砖。

随着全面禁止使用黏土砖，出现了很多新型砖，如加气混凝土砌块、陶粒砌块、小型混凝土空心砌块、纤维石膏板等。砖朝着更加节约、环保、绿色的方向发展。

（2）砂浆

砂浆是砌块的胶结材料。常用的砂浆有水泥砂浆、混合砂浆和石灰砂浆。

水泥砂浆是由水泥、砂加水拌合而成，属水硬性材料，强度高，但可塑性和保水性较差，适用于砌筑湿环境下的砌体，如地下室、砖基础等；石灰砂浆由石灰膏、砂加水拌合而成，石灰砂浆的可塑性很好，但它的强度较低，且属于气硬性材料，遇水强度即降低，适用于砌筑次要的民用建筑的地上砌体；混合砂浆由水泥、石灰膏、砂加水拌合而成，既有较高的强度，也有良好的可塑性和保水性，民用建筑地上砌体中被广泛采用。

普通砂浆强度等级有 M15、M10、M7.5、M5、M2.5 共五个级别。

砂浆的强度等级应按下列规定采用：

1）烧结普通砖、烧结多孔砖、蒸压灰砂普通砖和蒸压粉煤灰普通砖砌体采用的普通砂浆强度等级：M15、M10、M7.5、M5 和 M2.5；蒸压灰砂普通砖和蒸压粉煤灰普通砖砌体采用的专用砌筑砂浆强度等级：Ms15、Ms10、Ms7.5、Ms5.0。

2）混凝土普通砖、混凝土多孔砖、单排孔混凝土砌块和煤矸石混凝土砌块砌体采用的砂浆强度等级：Mb20、Mb15、Mb10、Mb7.5 和 Mb5。

3）双排孔或多排孔轻集料混凝土砌块砌体采用的砂浆强度等级：Mb10、Mb7.5 和 Mb5。

4）毛料石、毛石砌体采用的砂浆强度等级：M7.5、M5 和 M2.5。

2. 砖墙的基本构造形式

（1）砖墙的厚度

以标准砖（240mm×115mm×53mm）砌筑墙体，常见的厚度为 115mm、178mm、240mm、365mm、490mm 等，简称为 12 墙（半砖墙）、18 墙（3/4 墙）、24 墙（一砖墙）、37 墙（一砖半墙）、49 墙（二砖墙）。如图6-10所示。

（2）砖墙的组砌方式

砖墙砌筑时应满足横平竖直、砂浆饱满、错缝搭接、避免通缝的基本要求，遵循"内外搭接、上下错缝"的原则，保证墙体的强度和稳定性。错缝搭接距离应不小于60mm。在

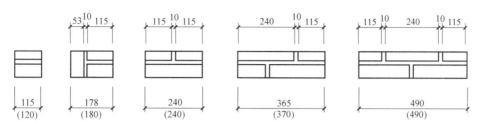

图 6-10　砖墙组砌方式

砖墙的组砌中，把砖的长向平行于墙面砌筑的砖叫顺砖，把砖的长向垂直于墙面砌筑的砖叫丁砖。上下皮之间的水平灰缝称横缝，左右两块砖之间的垂直缝称竖缝。如图 6-11 所示。

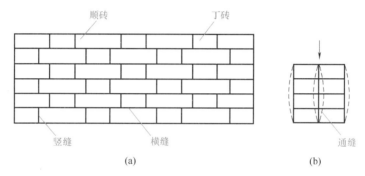

图 6-11　砖墙组砌名称及通缝

实心砖墙的组砌方式有一顺一丁式、多顺一丁式、梅花丁式、全顺式、两平一侧式等，如图 6-12 所示。

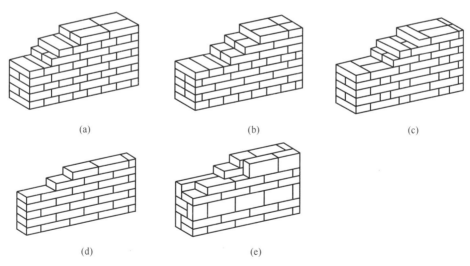

图 6-12　实心砖墙的组砌方式

（a）一顺一丁式；（b）三顺一丁式；（c）顺丁相间式；（d）全顺式；（e）两平一侧式

1）一顺一丁式

丁砖和顺砖隔层砌筑，这种砌筑方法整体性好，主要用于砌筑一砖以上的墙体。

2）多顺一丁式

多层顺砖、一皮丁砖相间砌筑。

3）每皮顺丁相间式

又称为"梅花丁""沙包丁"，在每皮之内，丁砖和顺砖相间砌筑而成，优点是墙面美观，常用于清水墙的砌筑。

4）全顺式

每皮均为顺砖，上下皮错缝120mm，适用于砌筑120mm厚砖墙。

5）两平一侧式

每层由两皮顺砖与一皮侧砖组合相间砌筑而成，主要用来砌筑180mm厚砖墙。

（3）空斗墙

空斗墙是用普通砖侧砌或平砌与侧砌结合砌成。在空斗墙中，侧砌的砖称为斗砖，平砌的砖称为眠砖，空斗墙的砌法包括无眠空斗墙和有眠空斗墙，如图6-13所示。空斗墙节省材料，自重轻，隔热性能好，在南方一些小型民居中采用，但该墙体整体性差，对砖和施工技术水平要求较高。

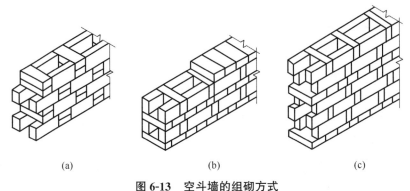

(a)   (b)   (c)

图6-13　空斗墙的组砌方式

（a）无眠空斗墙；（b）一眠一斗墙；（c）一眠三斗墙

（4）复合墙体

复合墙体是用普通砖和其他保温材料组合而成的墙体。附加保温材料一般设置在墙体一侧或中间，也可在墙体中预留空气间层。

普通砖尺寸的模数

1m＝长4块（缝10mm）＝宽8块（缝10mm）＝高16块（缝9.5mm）

即：4×（240＋10）＝1000（mm）

8×（115＋10）＝1000（mm）

16×（53＋10）≈1000（mm）

砖的理论体积：1m³＝（4×8×16）＝512块（包括砂浆）

砖的密度：1600～1800kg/m³。

6.2.2　砖墙的细部构造

为了保证砖墙的耐久性以及墙体与其他构件的连接，应在相应的位置进行构造处理。砖墙的细部构造包括散水与明沟、防潮层、勒脚、门窗过梁、窗台、壁柱、圈梁与构造柱等。

1. 勒脚

外墙与室外地坪接触的部分叫勒脚，如图 6-14 所示。

其作用主要是保护接近地面的墙身不受雨、雪的侵蚀而受潮、受冻以致破坏；防止对墙身的各种机械性损伤；同时对建筑物的立面处理起到一定的美化作用。

6-8
勒脚

图 6-14　抹灰和贴面类勒脚

勒脚的构造做法如图 6-15 所示。

6-9
勒脚构造
（石材饰面）

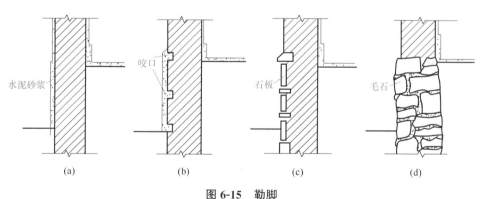

图 6-15　勒脚

（1）表面抹灰：对一般建筑物，可用 20mm 厚 1∶2 水泥浆抹面，也可根据立面需要做水刷石或干粘石等饰面。

（2）勒脚贴面：选用坚硬的天然石材、人工石材或外墙面砖等贴面，如花岗石、水磨石板、面砖等。

（3）坚硬材料砌筑：整个勒脚采用强度高、防水性和耐久性好的材料砌筑，如天然石材、混凝土等。

2. 散水和明沟

室外地面沿建筑物外墙四周设置向外倾斜的排水坡叫散水，如图 6-16 所示。其作用主要是把雨水排到远离建筑物的地方以保护建筑四周土壤，防止其侵入基础。

图 6-16　散水

散水宽度一般为 600～1000mm，当屋面为自由落水时，其宽度应比屋檐挑出宽度大 200mm，还应向外设 3％～5％的坡度，外缘高出室外地坪 20～50mm 较好。

混凝土散水的构造做法，如图 6-17 所示。由于勒脚与散水施工时间的差异，在勒脚与散水交接处应留有缝隙，缝内填粗砂或米石子，上嵌沥青胶盖缝，以防渗水。散水转角及纵向每隔 6～12m 左右宜留变形缝，缝宽 20～30mm，内填沥青胶结材料或沥青砂浆。

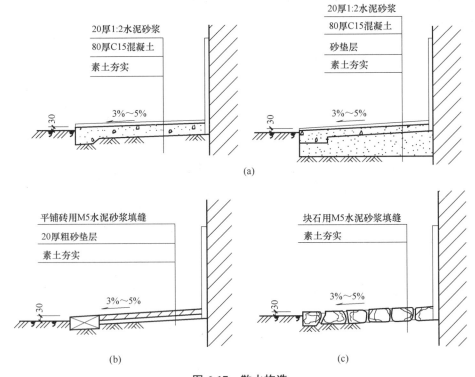

图 6-17　散水构造
（a）混凝土散水；（b）砖散水；（c）块石散水

明沟是设置在外墙四周的排水沟，将水有组织地导向集水井，然后流入排水系统。一般用素混凝土现浇，也可用砖、石砌筑，如图 6-18 所示。当屋面为自由落水时，明沟的中心线应对准屋顶檐口边缘，沟底应有不小于 1% 的坡度，以保证排水通畅。明沟适用于年降雨量大于 900mm 的地区，常用在南方地区。

6-11
明沟

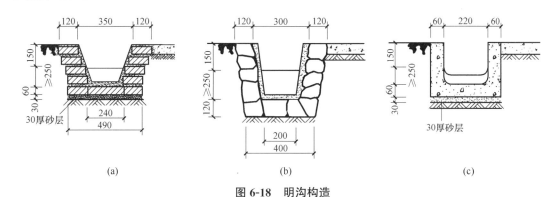

图 6-18　明沟构造

（a）砖砌明沟；（b）石砌明沟；（c）混凝土明沟

知识拓展

散水处理不好，会影响外墙面的美观，甚至会影响外墙的使用，图 6-19 中，因下方土体没有夯实，引起散水开裂。因雨水浸泡基础，轻则引起墙体开裂，影响人们对房屋的正常使用，重则引起房屋倒塌。

图 6-19　居民楼开裂的散水

3. 墙身防潮层

在墙身中设置防潮层的目的是防止土壤中的毛细管水沿基础墙上升，防止位于勒脚处的地面水渗入墙内，使墙身受潮，保持墙身和室内干燥，提高建筑物的耐久性。

砖墙应设置连续的水平防潮层，位置一般低于室内地面 60mm，即在地面的混凝土垫层处；当室内相邻地面有高差或室内地面低于室外地面时，为保证两地面之间的墙体干燥，除了要分别按高差不同在墙体内设置两道水平防潮层之外，还要在两道水平防潮层靠土壤一侧设置一道垂直防潮层。防潮层的位置如图 6-20 所示。

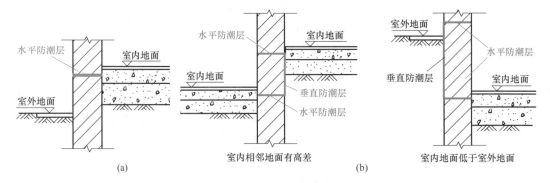

图 6-20　防潮层的位置
（a）水平防潮层；（b）垂直防潮层

构造做法：

（1）水平防潮层

1）防水砂浆防潮层：是在防潮层位置抹一层 20mm 或 30mm 厚 1：2.5～1：3 掺 3％～5％的防水剂配制成的防水砂浆或用防水砂浆砌筑 3～5 皮砖（图 6-21a）。适用于一般工程或震区工程，但砂浆属于刚性材料，易产生裂缝，所以在基础沉降量大或有较大震动的建筑应慎用。

2）油毡防潮层：在防潮层的位置先抹 20mm 厚水泥砂浆找平层，上铺一毡二油（图 6-21b）。油毡防潮层具有一定的韧性、延伸性和良好的防潮性能，但不能与砂浆有效地黏结，降低结构的整体性，对抗震不利，且卷材使用年限短，易老化。因此，卷材防潮层在建筑中已很少采用。

3）细石混凝土防潮层：是在防潮层位置铺设 60mm 厚 C15 或 C20 细石混凝土，内配 3Φ6 或 3Φ8 钢筋以抗裂（图 6-21c）。该混凝土密实性、抗裂性好，防水、防潮性强，与砌体结合紧密，整体性好，故适用于整体刚度要求较高的建筑，特别是抗震地区。

4）基础圈梁代替防潮层：省掉防潮层工作，防潮效果好，适用于设有基础圈梁且其顶标高低于室内地坪 60mm 处的工程。

（2）垂直防潮层

6-12
基础圈梁

在需设垂直防潮层的墙面（靠回填土一侧）先用 1：2 的水泥砂浆抹面 15～20mm 厚，再刷冷底子油一道，刷热沥青两道；也可以直接采用掺有 3％～5％防水剂的砂浆抹面 15～20mm 厚的做法。

4. 窗台

窗台按位置分有外窗台和内窗台。

窗框外的叫外窗台，其作用主要是排水，避免雨水聚积而发生窗下槛处雨水渗入室内或墙身；窗框内的叫内窗台，其作用是排除窗上的冷凝水，保护窗洞口下的内墙面，便于清洁、放置物品，同时还可以起到装饰的作用。

外窗台构造：外窗台有悬挑窗台和不悬挑窗台两种方式。悬挑窗台有平砌外窗台、侧砌外窗台和预制钢筋混凝土窗台，一般悬挑 60mm。悬挑外窗台应在下面做滴水，一般做

6-13
窗台作用

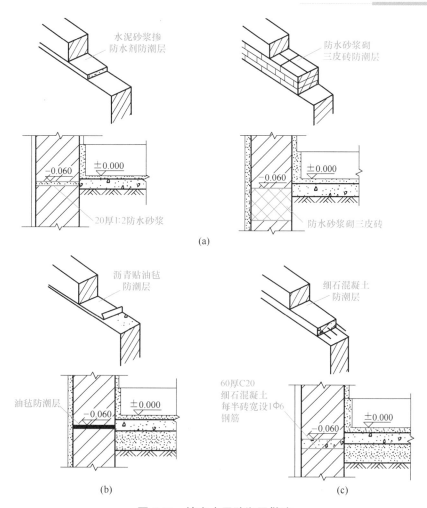

图 6-21　墙身水平防潮层做法

成锐角形或半圆形凹槽，以免雨水沿窗台底面流至下部墙体，如图 6-22 所示。窗台面须向外形成一定坡度，以利排水。

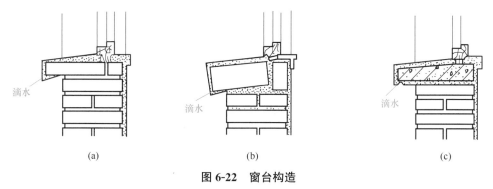

图 6-22　窗台构造

（a）平砌外窗台；（b）侧砌外窗台；（c）预制钢筋混凝土窗台

内窗台构造：内窗台的构造比较简单，但窗台下设暖气槽时，多用预制水磨石或木制窗台板，无暖气槽时可直接抹灰，如图 6-23 所示。内窗台台面应高于外窗台台面。

6-14
滴水常见
位置

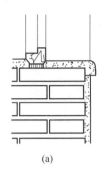
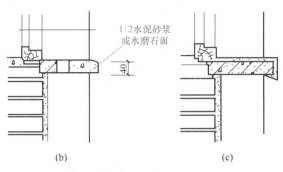

图 6-23　内窗台构造

（a）抹灰内窗台；（b）预制水磨石内窗台；（c）预制钢筋混凝土内窗台

5. 门窗过梁

6-15
过梁

门窗过梁是指门窗洞口上设置的横梁。

其作用主要是承受洞口上部砌体传来的荷载，并把这些荷载传给洞口两侧的墙体。过梁按材料和构造形式分拱砖过梁（图 6-24、图 6-25）、钢筋砖过梁（图 6-26）和钢筋混凝土过梁（图 6-27）。

图 6-24　平拱砖过梁

图 6-25　弧拱砖过梁

图 6-26　钢筋砖过梁

图 6-27　钢筋混凝土过梁

（1）砖拱过梁

砖拱过梁将立砖和侧砖相间砌筑，使砖缝上宽下窄，砖对称向两边倾斜，相互挤压形成拱，用来承担荷载，如图 6-28 所示，跨度一般不超过 1.2m。这种过梁不用钢筋，少用水泥，但抗震性能差，目前使用较少。

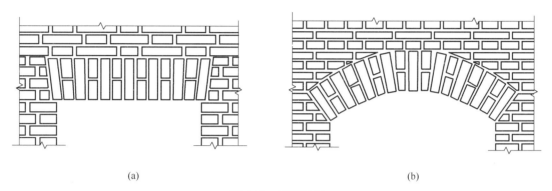

（a）　　　　　　　　　　　　　（b）

图 6-28　砖拱过梁

（a）平拱砖过梁；（b）弧拱砖过梁

（2）钢筋砖过梁

钢筋砖过梁是在门窗洞口上部砂浆层内配置钢筋的平砌砖过梁。多用于跨度在 1.5m 以内的清水墙或非承重墙的门窗洞口上方，最大跨度不超过 2m，该梁适宜跨度为 1.5m 左右，如图 6-29 所示。钢筋砖过梁的高度不小于门窗洞口宽度的 1/4，且不得小于 5 皮砖。

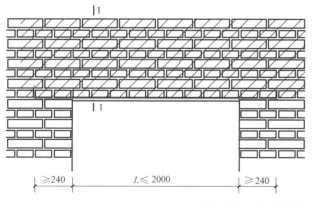
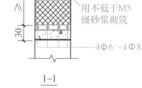

图 6-29　钢筋砖过梁

构造做法：洞口上部应先支模板，在支好的模板上铺一层厚度不小于 30mm 的水泥砂浆，再按每 120mm 墙厚不少于 1φ6 的构造要求布置钢筋，钢筋两端深入墙内 240mm，并设 90°直弯钩埋在墙体的竖缝中，然后用不低于 MU10 的砖和不低于 M5 的砂浆砌筑。

（3）钢筋混凝土过梁

钢筋混凝土过梁是一种普遍应用的过梁，该过梁承载能力强，跨度可超过 2m，施工方便，有现浇和预制两种。预制过梁节省模板，施工速度快，有利于在门窗洞口上挑出装饰性线条。当过梁与圈梁或现浇楼板接近时，应尽量合并设置，采用现浇钢筋混凝土过梁，以有利于施工，提高整体性。

构造要求：过梁宽一般同墙厚，两端支承在墙上的长度不小于 240mm，以保证足够的承压面积。过梁的高度由计算确定，常用的梁高有 120mm、180mm、240mm，即 60mm 的整倍数。

过梁断面形式有矩形和 L 形。为简化构造，节约材料，可将过梁与圈梁、悬挑雨篷、窗楣板或遮阳板等结合起来设计。如在南方炎热多雨地区，常从过梁上挑出 300～500mm 宽的窗楣板，既保护窗户不淋雨，又可遮挡部分直射太阳光，如图 6-30 所示。

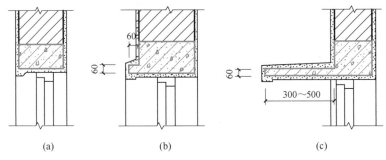

图 6-30　钢筋混凝土过梁的形式

（a）平墙过梁；（b）带窗套过梁；（c）带窗楣过梁

6. 门垛与壁柱

当墙体的长度或高度超过一定限度并影响墙体稳定，或墙体上作用有集中荷载而墙厚又不能满足承载要求时，可在墙身局部适当位置增设凸出墙面的壁柱。壁柱凸出墙面的尺寸一般为 120mm×370mm、240mm×370mm、240mm×490mm 或根据结构计算确定。

当在较薄的墙体上开设门洞时，为便于门框的安置和保证墙体的稳定，需在门靠墙转角处或丁字接头墙体的一边设置门垛。门垛出墙面不少于 120mm，宽度同墙厚。如图 6-31 所示。

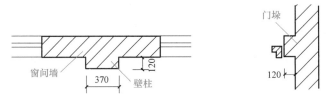

图 6-31　墙体的壁柱和门垛

7. 圈梁

圈梁是沿建筑物外墙、内纵墙和部分横墙设置的连续封闭的梁，如图 6-32 所示。可提高建筑物的空间刚度及整体性，提高建筑抗震性。减少由于地基不均匀沉降而引起的墙身开裂。

图 6-32　圈梁

圈梁的数量与房屋的高度、层数及地震烈度等有关。砖混结构房屋通常采用现浇钢筋混凝土圈梁，如图 6-33 所示。混凝土强度等级不低于 C20，截面形状一般为矩形或 L 形。宽度宜与墙厚相同，当墙厚大于 240mm 时，其宽度不宜小于 2/3 墙厚，高度不小于 120mm。钢筋混凝土圈梁的配筋见表 6-1。

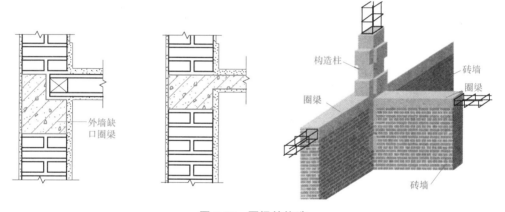

图 6-33　圈梁的构造

钢筋混凝土圈梁配筋　　　　　　　　　　　　　表 6-1

砌体类别	截面与配筋	烈度		
		6、7	8	9
多层砖砌体房屋	最小截面高度	120	120	120
	最小纵筋	4Φ10	4Φ12	4Φ14
	最小箍筋	Φ6@250	Φ6@200	Φ6@150
多层小砌块房屋	最小截面宽×高	190×200		
	最小纵筋	4Φ12		
	最小箍筋	Φ6@200		

圈梁是连续的封闭的梁，当它被门窗洞口截断时（如楼梯间处），强度被削弱，此时必须搭接补强，补强方法如图 6-34（a）所示。在实际工程中圈梁和附加圈梁一般通过构造柱进行过渡连接，如图 6-34（b）所示。

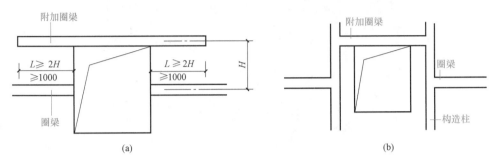

图 6-34 附加圈梁

8. 构造柱

6-18
构造柱

在多层砖混结构房屋的墙体中，还需设置钢筋混凝土构造柱，使之与各层圈梁连接形成具有较大刚度的空间骨架，以增强房屋的整体刚度，提高墙体抵抗变形的能力，并使砖墙在受震开裂后也能"裂而不倒"。

为了与圈梁组成一空间骨架，构造柱的位置就应与圈梁的走向相适应，一般设在建筑物的四角、内外墙交接处、较大洞口两侧、大房间内外墙交接处、楼梯间、电梯间以及某些较长的墙体中部，如图 6-35 所示。

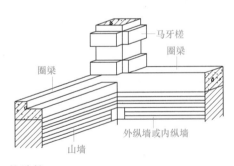

图 6-35 构造柱

构造柱的构造要求：

（1）截面尺寸与配筋：截面宜采用 240mm×240mm，不小于 180mm×240mm（墙厚190mm 时为 180mm×190mm）。构造柱纵向钢筋宜采用 4φ12，箍筋可采用 φ6，间距不宜大于 250mm，并在柱的上下端适当加密。

6-19
为了提高
建筑的稳
定性，采
取的措施

（2）做法：构造柱应先砌墙后浇柱，为使构造柱与墙体融为一体，砌筑墙体时应在柱边缘留出五进五退的大马牙槎，退进各 60mm。并沿高度每隔500mm 放置 2 根 φ6 拉结筋，钢筋两端做 180°弯钩，每边伸入墙内不少于1000mm，如图 6-36 所示。

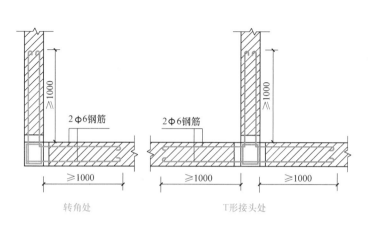
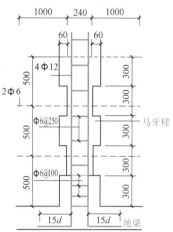

图 6-36 构造柱马牙槎构造

（3）构造柱连接：构造柱可不单独设置基础，但应伸入室外地面下 500mm，或与埋深小于 500mm 的基础圈梁连接；构造柱端部，一般情况下应当通至女儿墙顶部与钢筋混凝土压顶相连，而且女儿墙内的构造柱间距应当加密，如图 6-36 所示。

知识拓展

　　圈梁、构造柱与框架结构梁、柱不同，圈梁、构造柱是墙体的一部分，它们的截面尺寸和配筋按构造要求设置；框架结构梁、柱是承重构件，断面尺寸和配筋需结构计算。

6.3 砌块墙

6.3.1 砌块的材料及其类型

　　砌块是利用工业废料（煤渣、矿渣等）和地方材料制成的人造块材。一般六层以下的住宅、学校、办公楼以及单层厂房等都可以采用砌块代替砖使用。目前各地广泛采用的材料有混凝土、加气混凝土、各种工业废料、粉煤灰、煤矸石、石渣等，如图 6-37、图 6-38 所示。砌块墙也是混凝土结构建筑中填充墙的主要类型。

6-20 常见砌块类型

　　我国各地生产的砌块，其规格、类型极不统一，但从使用情况看，以中、小型砌块居多。小型砌块高度为 115～380mm，单块重量不超过 20kg，便于人工砌筑；中型砌块高度为 380～980mm，单块重量在 20～350kg 之间；大型砌块高度大于 980mm，单块重量大于 350kg。小型砌块单块质量比较轻，便于人工砌筑。大型砌块和中型砌块由于体积和质

图 6-37　加气混凝土砌块

图 6-38　混凝土空心砌块

量较大，不便于人工搬运，必须采用起重运输设备施工。我国目前采用的砌块以中型和小型为主。

6.3.2　砌块的组砌

砌块墙体在组砌过程中，力求横平竖直，以方便施工；上下错缝搭接，避免产生垂直通缝；墙体转角及丁字墙交接处砌块也要求彼此搭接，有时还需要设置钢筋，以提高墙体的整体性，保证墙身强度和刚度；当采用混凝土空心砌块时，上下皮砌块应孔对孔、肋对肋，使其之间有足够的接触面，扩大受压面积。中小型砌块体积较大、较重，不像砖块可以随意搬动，因此在砌块砌筑前，应绘制砌块排列图，砌块排列尽量采用主规格砌块；必须镶砖时，砖应分散、对称布置，以保证砌体受力均匀。砌块排列组合图如图 6-39 所示。

6.3.3　砌块墙的细部构造

1. 砌块的接缝

砌筑砌块一般采用强度不低于 M5 的水泥砂浆。竖直灰缝的宽度主要根据砌块材料和规格大小确定，一般情况下，小型砌块为 10～15mm，中型砌块为 15～20mm。当竖直灰缝宽大于 30mm 时，须用 C20 细石混凝土灌缝密实。

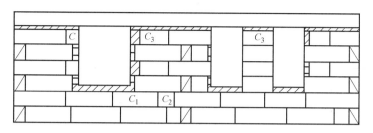

图 6-39 砌块排列组合图

中型砌块上下皮搭接长度不小于砌块高度的 1/3，小型空心砌块上下皮搭接长度不小于 90mm。当搭接长度不足时，应在水平灰缝内设置不小于 2Φ4 的钢筋网片，网片每端均超过该垂直缝 300mm，如图 6-40 所示。

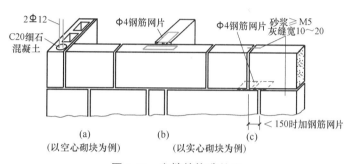

6-21
提高砌块墙
的稳定性
常用措施

图 6-40 砌缝的构造处理
（a）转角配筋；（b）丁字墙配筋；（c）错缝配筋

2. 过梁、圈梁

当出现层高与砌块高有差异时，可通过调节过梁的高度来协调。

砌块建筑应在适当的位置设置圈梁，以加强砌块墙的整体性。当圈梁与过梁位置接近时，圈梁和过梁统一考虑，有现浇和预制两种。不少地区采用槽形预制构件，在凹槽内配筋，再浇灌混凝土，如图 6-41 所示。

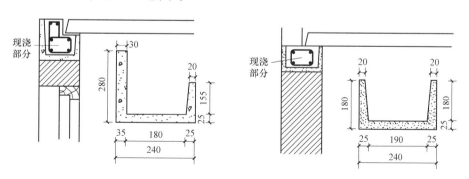

图 6-41 砌块预制圈梁

3. 砌块墙构造柱（墙芯柱）

当采用混凝土空心砌块时应在纵横墙交接处、外墙转角处、楼梯间四角设置构造柱，将砌块在垂直方向连成整体。构造柱多利用空心砌块上下孔洞对齐，并在孔中用 4Φ12～14

的钢筋分层插入，再用 C20 细石混凝土分层灌实。构造柱与砌块墙连接处的拉结钢筋网片，每边深入墙内不少于 1m。空心砌块墙构造柱构造如图 6-42 所示。

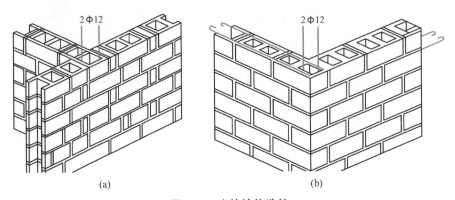

图 6-42 砌块墙构造柱

（a）内外墙交接处构造柱；（b）外墙转角处构造柱

6.4 隔墙

人们通常把到顶板下皮的隔断墙称为隔墙；不到顶，只有半截的称为隔断。隔墙是分隔建筑物内部空间的非承重构件，其本身重量由下面的楼板或墙下的梁来承担。因此隔墙构造设计时应满足以下基本要求：

（1）自重轻，厚度薄；

（2）便于拆装，能随使用要求的改变而变化；

（3）有一定的隔声能力，使各使用房间互不干扰；

（4）满足不同使用部位的要求，如卫生间的隔墙要求防水、防潮，厨房的隔墙要求防潮、防火等。

根据其材料和施工方式的不同隔墙可分为块材隔墙、板材隔墙和轻骨架隔墙三大类。

6.4.1 块材隔墙

块材隔墙是用普通砖、空心砖或其他轻质砌块等成块材料组砌而成，常用有普通砖隔墙和砌块隔墙。这类隔墙具有隔声性能和防火、防潮性能，且墙体稳定性比较好，但自重较大，湿作业量大，不易拆装。

1. 普通砖隔墙

普通砖隔墙一般采用 1/2 砖（120mm）顺砌而成。砌筑砂浆强度等级不低于 M5，由于墙体轻而薄，稳定性较差，应控制墙体的长度和高度。为了保证隔墙不承重，在隔墙顶部与楼板相接处，应将砖斜砌一皮，或留约 30mm 的空隙塞木楔打紧，然后用砂浆填缝，如图 6-43、图 6-44 所示。

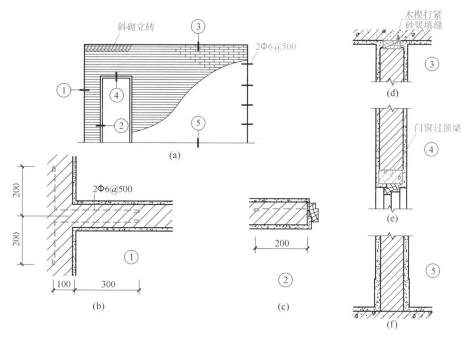

图 6-43　1/2 砖隔墙构造

（a）1/2 砖隔墙立面图；（b）①剖面图；（c）②剖面图；（d）③剖面图；（e）④剖面图；（f）⑤剖面图

图 6-44　普通砖隔墙

《建筑抗震设计规范（2016 年版）》GB 50011—2010 中规定，钢筋混凝土结构中的砌体填充墙应沿框架柱全高每隔 500～600mm 设 2Φ6 拉筋，拉筋伸入墙内的长度：设防烈度为 6、7 度时宜沿墙全长贯通，设防烈度为 8、9 度时全长贯通。墙长大于 5m 时，墙顶与梁宜有拉结。墙长超过 8m 或层高 2 倍时，宜设置钢筋混凝土构造柱；墙高超过 4m 时，墙体半高宜设置与柱连接且沿墙全长的钢筋混凝土水平系梁。

2. 砌块隔墙

为了减轻隔墙自重和节约用砖，可采用轻质砌块隔墙，目前常采用加气混凝土砌块、陶粒混凝土砌块以及水泥炉渣混凝土砌筑隔墙，砌块隔墙成为框架结构、框剪结构填充墙的主要类型。

砌块隔墙厚度由砌块尺寸决定，一般为 90～120mm。砌块墙吸水性强，故在砌筑时应先在墙下部实砌 3～5 皮实心砖再砌砌块。砌块不够整块时宜用普通黏土砖填补。砌块隔墙的其他加固构造方法同普通砖隔墙，如图 6-45 所示。

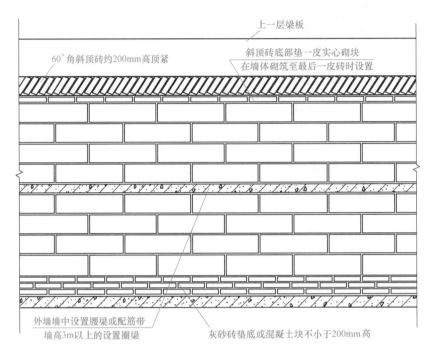

图 6-45　砌块隔墙

6.4.2　板材隔墙

板材隔墙是指轻质的条板用胶粘剂拼合在一起形成的隔墙。由于板材隔墙是用轻质材料制成的大型板材，施工中直接拼装而不依赖骨架，因此它具有自重轻、安装方便、施工速度快、工业化程度高的特点。目前多采用条板，如石膏条板、GRC 空心板条、石膏珍珠岩板以及各种复合板等，如图 6-46 所示。

6-23
板材隔墙

图 6-46　GRC 空心板条

条板厚度大多为 60～100mm，宽度为 600～1000mm，长度略小于房间净高。安装时，条板下部先用一对对口木楔顶紧，然后用细石混凝土堵严，板缝用粘结砂浆或胶粘剂进行粘结，并用胶泥刮缝，平整后再做表面装修，如图 6-47 所示。

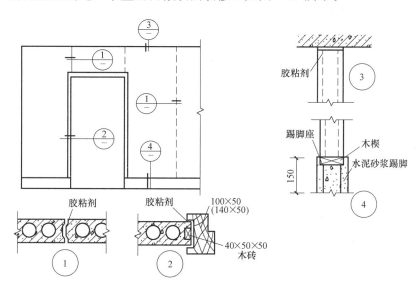

图 6-47　轻质空心条板隔墙

6.4.3　轻骨架隔墙

轻骨架隔墙由骨架和面板层两部分组成，常用的骨架有木骨架、轻钢骨架、型钢骨架和铝合金骨架等，面板有板条抹灰、胶合板、纤维板、石膏板等。由于先立墙筋（骨架），再做面层，故又称为立筋式隔墙。这种隔墙自重轻、隔声性好、厚度小、便于拆装，可直接放置在楼板上。

6-24
轻骨架
隔墙

轻骨架隔墙的骨架一般由上槛（沿顶龙骨）、下槛（沿地龙骨）、立筋（竖向龙骨）、横撑龙骨和加强龙骨及各种配件组成。面板与骨架的固定方式有钉、粘、卡等三种。图 6-48 所示为轻钢骨架隔墙的构造，石膏面板的自攻螺栓固定在龙骨上，板缝用 50mm 宽玻璃纤维带粘贴后，再作饰面处理。

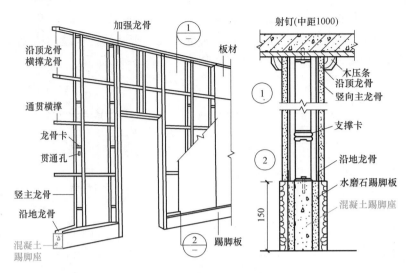

图 6-48 轻钢骨架隔墙

6.5 墙面装修

6.5.1 概述

1. 墙面装修的作用

（1）保护墙体，防止墙体直接受到风吹、日晒、雨淋、霜雪、冰雹、有害气体和微生物的破坏作用，延长墙体的使用年限。

（2）提高墙体的保温、隔热、隔声、防渗透能力。

（3）光洁墙面，增加光线反射，改善室内亮度。

（4）美化建筑物并表现建筑的艺术个性。

2. 墙面装修的分类

按所处的部位不同，墙面装修可分为外墙面装修和内墙面装修。

按材料和施工方式的不同可把墙面装修分为五大类，即抹灰类、涂刷类、贴面类、裱糊类和铺钉类。

6.5.2 墙面装修构造

1. 抹灰类墙面装修

抹灰类墙面装修是把砂浆或石渣通过抹灰工艺形成饰面层的墙面做法，其材料来源广泛、施工简便、造价低，通过工艺的改变可以获得多种装饰效果，因此在建筑墙体装饰中应用广泛。抹灰类墙面按照观感要求分为一般抹灰和装饰抹灰。

（1）一般抹灰

一般抹灰多采用石灰砂浆、水泥砂浆、混合砂浆、纸筋灰等形成墙体饰面层。抹灰的构造层次通常有三层，即底灰（层）、中灰（层）、面灰（层），如图 6-49 所示。分层操作的目的是加强拉结，避免开裂、防止脱落。抹灰层的总厚度依位置不同而不同，外墙面抹灰一般为 20～25mm 厚，内墙抹灰一般为 15～20mm 厚。按建筑标准及不同墙体，抹灰可分为三个标准：普通抹灰、中级抹灰和高级抹灰。

普通抹灰：一层底灰，一层面灰或不分层一次成活；

中级抹灰：一层底灰，一层中灰，一层面灰；

高级抹灰：一层底灰，一层或数层中灰，一层面灰。

6-25
抹灰

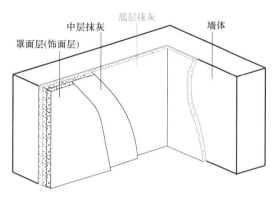

图 6-49　墙体抹灰饰面构造层次

外墙面因抹灰面积较大，由于材料干缩和温度变化，容易产生裂缝，常在抹灰面层做分格处理，称为引条线。引条线的做法是在底灰上埋放不同形式的木引条或塑料条进行分格，待面层初凝后取下（塑料条可不取出）引条，再用水泥砂浆勾缝，以提高抗渗能力，如图 6-50 所示。

对于易被碰撞的内墙阳角或门窗洞口，通常抹 1∶2 水泥砂浆做护角，并用素水泥浆抹成圆角，高度 2m，每侧宽度不应小于 50mm，如图 6-51 所示。

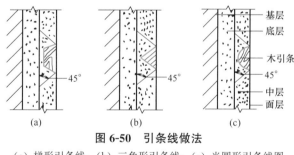

图 6-50　引条线做法

（a）梯形引条线；（b）三角形引条线；（c）半圆形引条线图

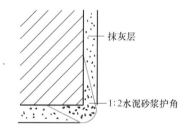

图 6-51　护角

（2）装饰抹灰

装饰抹灰的底层和中层与一般抹灰相同，面层材料在选材、工艺上与一般抹灰相比有较大的突破，使墙面材料、质感上有独特的装饰效果。装饰抹灰常用的面层材料主要有：水泥石子类、水泥色浆、聚合物水泥砂浆等，根据不同的施工工艺形成的墙面有水刷石、水磨石、干粘石、斩假石、拉毛灰、彩色灰等。

2. 涂刷类墙面装修

涂刷类墙面装饰是指将建筑涂料涂刷于墙基表面并与之很好地粘结，形成完整的膜层，以来对墙体进行保护和装饰。这种装饰省工、省料、工期短、功效高、自重轻、更新方便、造价低，色泽鲜艳，故广泛用于建

6-26
常见的
涂刷类墙面

筑中。

墙面涂料有无机涂料（如石灰浆、大白浆、水泥浆等）和有机涂料（如过氯乙烯涂料、乳胶漆、聚乙烯醇类涂料、油漆等），多以抹灰层为基层，也可直接涂刷在砖、混凝土、木材等基层上。根据饰面观感要求，涂料可采用刷、滚、喷、批四种方法。

涂料类装饰构造是：平整基层后满刮腻子，对墙面找平，用砂纸磨光，然后再用第二遍腻子进行修整，保证坚实牢固、平整、光滑、无裂纹，潮湿房间的墙面可增加腻子用胶量或选用耐水性好的腻子或增加底漆。墙面干燥后可进行施涂，涂刷遍数一般两遍，彩色涂料可多涂一遍，保证颜色均匀一致。

3. 贴面类墙面装修

贴面类装修指在内外墙面上粘贴各种天然石板、人造石板、陶瓷面砖等，通过绑、挂或直接粘贴于基层表面的装修做法。贴面类材料包括：花岗石板和大理石板等天然石板；水磨石板、水刷石板、剁斧石板等人造石板；面砖、瓷砖、锦砖等陶瓷和玻璃制品。

（1）面砖

常用于内墙的面砖为釉面砖，精陶制品；贴外墙面的面砖，分无釉砖、釉面砖。

面砖铺贴应先放入水中浸泡，安装前取出晾干或擦干，安装时先抹 15mm 厚 1：3 水泥砂浆找底并划毛，再用 1：0.2：2.5 水泥石灰混合砂浆或用掺有 108 胶（水泥用量的 5%～7%）的 1：2.5 水泥砂浆满刮 10mm 厚面砖背面紧粘于墙上。贴于外墙的面砖，常在面砖之间留出一定缝隙。面砖饰面构造如图 6-52 所示。

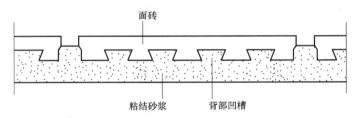

面砖

粘结砂浆   背部凹槽

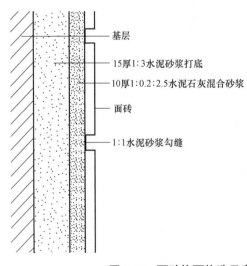

基层

15厚1：3水泥砂浆打底

10厚1：0.2：2.5水泥石灰混合砂浆

面砖

1：1水泥砂浆勾缝

6-27
贴面类
墙面

图 6-52　面砖饰面构造示意

（2）锦砖饰面

锦砖也称为马赛克，有陶瓷锦砖和玻璃锦砖之分。它的尺寸较小，根据其花色品种，可拼成各种花纹图案，如图 6-53 所示。

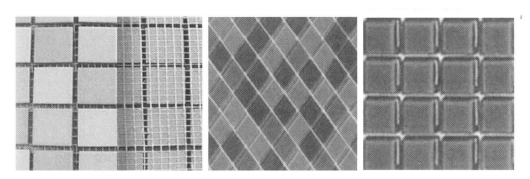

图 6-53　锦砖饰面

锦砖铺贴时先按设计的图案将小块材正面向下贴在 500mm×500mm 大小的牛皮纸上，然后牛皮纸面向外将锦砖整块粘贴在 1∶1 水泥砂浆上，用木板压平。砂浆硬结后，洗去牛皮纸，修整。饰面基层上，待半凝后将纸洗掉，同时修整饰面。

（3）天然石材和人造石材饰面

常见天然板材饰面有花岗石、大理石和青石板等，具有强度高、耐久性好等特点，多作高级装饰用。常见人造石板有预制水磨石板、人造大理石板等。石材墙面如图 6-54 所示。

图 6-54　石材墙面

1）石材拴挂法（湿法挂贴）

天然石材和人造石材的安装方法相同，先在墙身或柱内预埋 φ6 铁箍，间距按石材的规格确定。在铁箍内立 φ8～φ10 竖筋，在立筋上固定横筋，形成钢筋网，用双股铜线或镀锌钢丝穿过事先在石板上钻好的孔眼（人造石板则利用预埋在板中的安装环），将石板绑扎在钢筋网上，上下两块石板用不锈钢卡销固定。石板与墙之间一般有 20～30mm 缝隙，上部用定位活动木楔作临时固定，校正无误后，在板与墙之间分层浇筑 1：2.5 水泥砂浆，每次灌入高度不应超过 200mm。在砂浆初凝后，取掉定位活动木楔，继续上层石板的安装，如图 6-55 所示。

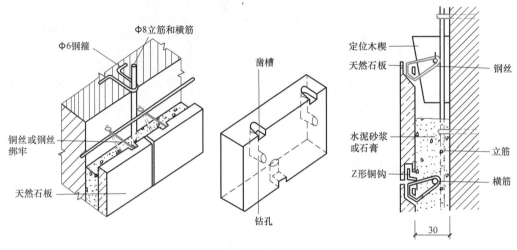

图 6-55　石材拴挂法

2）干挂石材法（连接件挂接法）

干挂石材的施工方法是用一组高强耐腐蚀的金属连接件，将饰面石材与结构可靠地连接，其间形成空气间层不作灌浆处理。构造如图 6-56 所示。

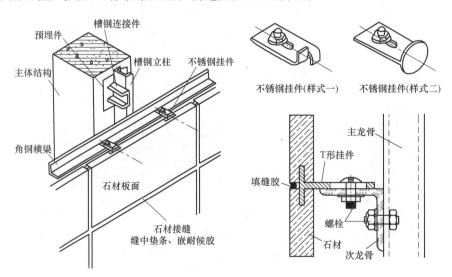

图 6-56　干挂石材法

干挂法的特点：

① 装饰效果好，石材在使用过程中表面不会泛碱。

② 施工不受季节限制，无湿作业，施工速度快，效率高，施工现场清洁。

③ 石材背面不灌浆，减轻了建筑物自重，有利于抗震。

④ 饰面石材与结构连接（或与预埋件焊接）构成有机整体，可用于地震区和大风地区。

⑤ 采用干挂石材法造价比湿挂法高 15%～25%。

4. 裱糊类墙面装修

裱糊类墙面装修是将壁纸、玻璃纤维布、天然织物等，待基层打磨平整，用胶粘剂把饰面材料粘牢的做法。这种装修方法价格适中，装饰效果也不错，还方便更换，但施工时要注意接缝饰面材料的图案和纹理，并要保证基层不能潮湿。

6-28
壁纸

知识拓展

　　裱糊类墙面 10 多年前曾经流行过，不过那时候都是塑料壁纸，加上铺贴方法非常不环保，让很多人都对它心存芥蒂。最近几年又开始流行，这种产品一般是纸浆加碳酸钙为基底，表面是纸或布，最外面还有层聚酯乙烯涂层，产品较以前环保，而且这种壁纸最大的好处还是完全耐擦洗，这几年较受年轻人喜爱，如图 6-57 所示。

图 6-57　裱糊类墙面装修

5. 铺钉类墙面装修

铺钉类墙面装修是将各种天然或人造薄板镶钉在墙面上的装修做法，其构造与骨架隔墙相似，由骨架和面板两部分组成。施工时先在墙面上立骨架（墙筋），然后在骨架上铺定装饰面板。骨架分木骨架和金属骨架两种。室内墙面装修用面板，一般采用木条板、胶合板、纤维板、石膏板、各种吸声板、皮革、玻璃和金属薄板，如图 6-58 所示。

6. 清水墙饰面

清水墙饰面是指墙面不加其他覆盖性装饰面层，只在原结构砖墙或混凝土墙的表面进行勾缝或模纹处理，利用墙体材料的质感和颜色以取得装饰效果的一种墙体装饰方法。这种装饰利用墙体特有的线条质感，起到淡雅、凝重、朴实的装饰效果。清水墙饰面主要有清水砖、石墙和混凝土墙面，建筑中清水砖、石墙相对使用较多。

6-29
清水墙

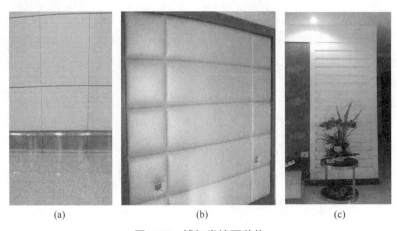

(a)　　　　　　　　　(b)　　　　　　　　　(c)

图 6-58　铺钉类墙面装修

（a）铝扣板墙面；（b）皮革类墙面；（c）石膏板饰面

习　题

一、填空题

1. 墙体按构造方式不同，有_____、_____、_____。

2. 标准砖的规格为_____，砌筑砖墙时，必须保证上下皮砖缝_____搭接，避免形成通缝。

3. 墙体按施工方式不同可分为_____、_____、_____。

4. 砖混结构住宅的外墙作用是_____和_____。

5. 构造柱与墙连接处宜砌成马牙槎，并应沿墙高每隔_____ mm 设_____拉结钢筋，每边伸入墙内不宜小于_____ m。

6. 散水宽度一般为不小于_____ mm，并应设不小于_____的排水坡度。

7. 外墙与室外地坪接触的部分叫_____。

二、单选题

1. 下列哪种做法不是墙体的加固做法（　　）。

A. 当墙体长度超过一定限度时，在墙体局部位置增设壁柱

B. 设置圈梁

C. 设置钢筋混凝土构造柱

D. 在墙体适当位置用砌块砌筑

2. 下列哪种砂浆既有较高的强度又有较好的和易性（　　）。

A. 水泥砂浆　　　　　B. 石灰砂浆　　　　　C. 混合砂浆　　　　　D. 黏土砂浆

3. 散水的构造做法，下列哪种是不正确的（　　）。

A. 在素土夯实上做 60～100mm 厚混凝土，其上再做 5％坡的水泥砂浆抹面

B. 散水宽度一般为 600～1000mm

C. 散水与墙体之间应整体连接，防止开裂

D. 散水宽度比采用自由落水的屋顶檐口多出 200mm 左右

4. 墙体设计中，构造柱的最小尺寸为（　　　）。

A. 180mm×180mm   B. 180mm×240mm

C. 240mm×240mm   D. 370mm×370mm

5. 在砖混结构建筑中，承重墙的结构布置方式有（　　　）。

a—横墙承重；b—纵墙承重；c—山墙承重；d—纵横墙承重、部分框架承重

A. ab   B. ac   C. d   D. abd

6. 图（a）中砖墙的组砌方式是（　　　）。

A. 梅花丁   B. 多顺一丁   C. 一顺一丁   D. 全顺式

 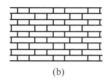

（a）　　　　　　　　　　（b）

7. 图（b）中砖墙的组砌方式是（　　　）。

A. 梅花丁   B. 多顺一丁   C. 全顺式   D. 一顺一丁

三、简答题

1. 墙体依其所处位置不同、受力不同、材料不同、构造不同、施工方法不同可分为哪几种类型？

2. 墙体的设计要求有哪些？

3. 实心砖墙的组砌方式有几种？

4. 简述勒脚、明沟和散水的构造要点。

5. 墙身防潮层的作用是什么？墙身水平防潮层的位置应如何确定？一般有哪些做法？

6. 常用门窗过梁有哪几种形式？简述它们的适用范围和构造特点。

7. 圈梁和构造柱的作用是什么？简述其构造要点。

8. 常见隔墙有哪些？简述各种隔墙的特点及构造做法。

9. 墙面装修的作用是什么？一般的墙面装修有哪几种基本类型？

四、综合题

1. 在图中的相应位置，标注标高和材料的名称。

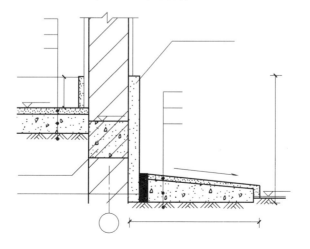

2. 图中圈梁被窗洞口截断，请在图中画出附加圈。

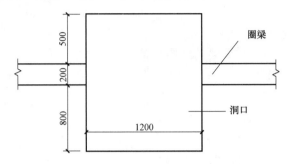

Chapter 07

教学单元 7

楼地层

主要内容

1. 楼板的类型、楼板层的构造组成、地坪层的构造组成；
2. 钢筋混凝土楼板类型及构造；
3. 水泥砂浆地面、水磨石地面、陶瓷地砖地面、石材地面及木地面的构造；
4. 直接式顶棚和悬吊式顶棚构造；
5. 阳台构造、雨篷构造。

学习要点

1. 熟悉楼板的类型、楼地层的构造组成及设计要求；
2. 掌握钢筋混凝土楼板的主要类型、特点和构造；
3. 掌握常见楼地面装修做法；
4. 掌握顶棚的作用、类型和构造做法；
5. 熟悉阳台和雨篷的构造。

思政元素

　　本单元在讲授楼地层的基本知识时，将陶瓷地砖的类型和特点以知识拓展的形式融入教学环节中，学生以小组的形式，收集陶瓷的相关知识，了解我国陶瓷的历史文化，让学生知道陶瓷是一种工艺美术，也是民俗文化。可以说，中华民族发展史中的一个重要组成部分是陶瓷发展史，在陶瓷技术与艺术上所取得的成就，尤其具有特殊重要意义，反映了中国人在科学技术上的成果以及对美的追求与塑造。

思维导图

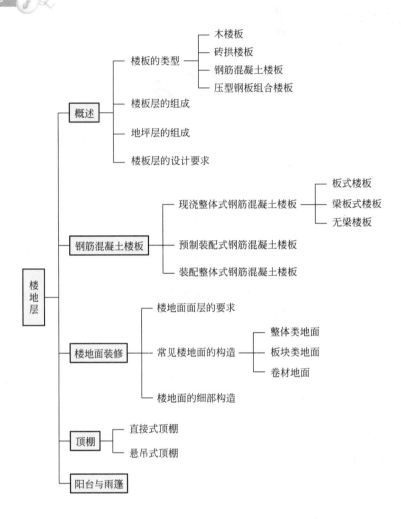

7.1 概述

楼地层是楼板层和地坪层的统称。

楼板层是建筑沿水平方向的承重构件，将建筑物沿垂直方向分为若干部分，具有竖向分隔空间的功能，承担楼板上的家具、设备和人体荷载及自身重量，并把这些荷载传递给建筑的竖向承重构件（墙或柱），同时对墙体起着水平支撑的作用，并传递风、地震等水平荷载。

地坪层是建筑底层房间与地基土层相接触的水平构件，承受底层房间的各种荷载，并将这些荷载直接传给地基。

7.1.1　楼板的类型

根据楼板使用材料的不同，楼板分为木楼板、砖拱楼板、钢筋混凝土楼板和压型钢板组合楼板。

1. 木楼板

木楼板构造简单，自重轻，吸热指数小，但耐久性和耐火性差，耗木材量大，除林区外，现已极少采用，如图 7-1 所示。

2. 砖拱楼板

砖拱楼板可节约钢材、木材和水泥，但自重大、抗震性差，顶棚不平整、施工麻烦，一般不宜采用，如图 7-2 所示。

图 7-1　木楼板　　　　　　　　图 7-2　砖拱楼板

3. 钢筋混凝土楼板

钢筋混凝土楼板强度高，整体性好，耐久性和耐火性好，混凝土可塑性强，可浇筑各种尺寸和形状的构件，被广泛采用，如图 7-3 所示。

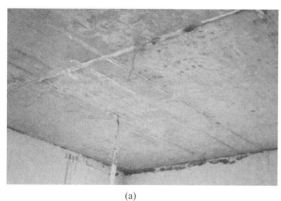 

(a)　　　　　　　　　　　　　　(b)

图 7-3　钢筋混凝土楼板

（a）现浇钢筋混凝土楼板；（b）预制钢筋混凝土楼板

4. 压型钢板组合楼板

压型钢板组合楼板又称钢衬板楼板，是以压型钢板为衬板，在其上现浇混凝土形成的楼板。这种楼板承载能力大，整体性好，施工方便，有利于各种管线的敷设，且压型钢板永久留在楼板中，提高了楼板的强度和抗弯刚度，但耗钢量大，造价较高，适合在大空间建筑中采用，如图 7-4 所示。

(a)

(b)

图 7-4 压型钢板组合楼板

(a) 压型钢板；(b) 压型钢板组合楼板

知识拓展

　　压型钢板组合式楼板的整体连接是由栓钉（又称抗剪螺钉）将钢筋混凝土、压型钢板和钢梁组合成整体。

　　栓钉是组合楼板的剪力连接件，楼面的水平荷载通过它传递到梁、柱、框架，所以又称剪力螺钉。其规格、数量是按楼板与钢梁连接处的剪力大小确定，栓钉应与钢梁牢固焊接。

　　早在 20 世纪 30 年代，人们就认识到压型钢板与混凝土楼板组合结构具有省时、节力、经济效益好的优点，到 20 世纪 50 年代，第一代压型钢板在市场上出现。

　　20 世纪 60 年代前后，欧美、日本等国多层和高层建筑的大量兴起，开始使用压型钢板作为楼板的永久性模板和施工平台，随后人们很自然地想到在压型钢板表面做些凹凸不平的齿槽，使它和混凝土粘结成一个整体共同受力，此时压型钢板可以代替或节省楼板的受力钢筋，其优越性很大。

　　20 世纪 80 年代，组合板的试验和理论有了新进展，特别是在高层建筑中，广泛地采用了压型钢板组合楼板，欧美、日本等国家也制定了相关规程。

　　中国对组合楼板的研究和应用是在 20 世纪 80 年代以后，与国外相比起步较晚，主要是由于当时中国钢材产量较低，薄卷材尤为紧缺，成型的压型钢板和连接件等配套技术未得到开发。近年来由于新技术的研发，组合楼板技术在中国已较为成熟。

7.1.2　楼板层的组成

楼板层是多层房屋的重要组成部分，主要由面层、结构层和顶棚层三个基本部分组成。为了满足不同的使用要求，必要时还应设附加层，如图 7-5 所示。

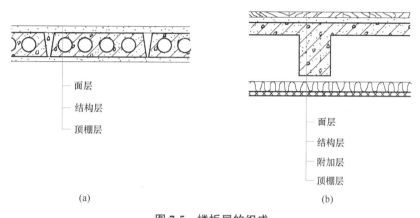

面层

结构层

顶棚层

(a)

面层

结构层

附加层

顶棚层

(b)

图 7-5　楼板层的组成

（a）预制钢筋混凝土楼板；（b）现浇钢筋混凝土楼板

1. 面层

面层是楼板层最上面的层次，也称楼面，直接与人和设备接触，起着保护楼板结构层、传递荷载的作用，同时可以美化室内空间。要求坚固耐磨，具有必要的热工、防水、隔声等性能及光滑平整等。

2. 结构层

结构层（承重层）是楼板层的承重构件，位于楼板层的中部，也称楼板，由梁、板等构件组成。它承受整个楼板层的荷载，并传递给墙或柱，同时可以提高墙体的稳定性，增加建筑的整体刚度。要求具有足够的强度和刚度，以确保安全和正常使用。一般采用钢筋混凝土为承重层的材料。

3. 顶棚

顶棚是楼板层最下部的层次，又称天花板，对楼板起保护作用，也对室内空间起美化的作用，同时满足了管线敷设的要求。顶棚必须表面平整、光洁、美观，有一定的光照反射作用，有利于改善室内的亮度。

4. 附加层

附加层通常有隔声层、保温层、隔热层、防水层等，是为满足特定需要而设置的构造层次，又称功能层。人们根据使用的实际需要在楼板层里设置附加层。

7.1.3　地坪层的组成

地坪层主要由面层、垫层和基层三个基本构造组成，为了满足使用和构造要求，必要时可在面层和垫层之间增设附加层，如图 7-6 所示。

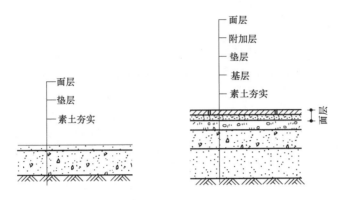

图 7-6　地坪层的组成

1. 面层

面层是人们进行各种活动与其接触的表面层，也称地面，它直接承受摩擦、洗刷等各种物理与化学作用，起保护结构层和美化室内的作用。

2. 垫层

垫层位于面层之下，是指承受并均匀传递荷载给基层的构造层。民用建筑通常采用 C15 混凝土作地面垫层，厚度一般为 80mm，有时也可采用灰土、三合土等材料做垫层。工业建筑地面垫层可根据计算加厚，在工程设计图中标示。

3. 基层

基层位于垫层之下，用以承受垫层传下来的荷载。通常将素土夯实作为基层，又称地基，当土层不够密实时需加强处理。

4. 附加层

为满足某些特殊功能设置的构造层次，如防潮层、防水层、管线敷设层等。

7.1.4　楼板层的设计要求

根据楼地层所处位置和使用功能的不同，设计时应满足以下要求：

1. 具有足够的强度和刚度

楼板层直接承受着自重和作用在其上的各种荷载，因此楼板设计时应具有足够的强度和刚度，才能保证楼板在荷载作用下的安全和正常使用。足够的强度保证在自重和活荷载作用下不发生任何破坏；足够的刚度能保证在荷载作用下弯曲挠度不超过允许值。

2. 满足防火要求

楼板作为竖向分隔空间的承重构件，应具有足够的防火能力。楼地层应根据建筑物耐火等级，对防火要求进行设计。正确地选择材料和构造做法，使其燃烧性能和耐火极限符合现行《建筑设计防火规范（2018 年版）》GB 50016—2014 的规定。

3. 满足各种设备管线的敷设要求

现代建筑中电器设施越来越多，有更多管线需要借助楼板层敷设，为使室内平面布置灵活，空间使用完整，楼板应满足设备管线的敷设要求。

4. 具有一定的隔声能力

噪声会影响到人们的工作、学习和生活。所以楼板层应具有一定的隔声能力，避免楼层间的相互干扰。对隔声要求较高的房间，还应对楼板层作必要的构造处理，以提高其隔绝撞击声的能力。楼层的隔声包括隔绝空气传声和固体传声，可采用隔声性能强的弹性材料作为面层。

5. 具有一定的防潮、防水能力

厨房、卫生间、浴室、实验室等有水侵蚀的房间，楼板层应进行防潮、防水处理，以防止影响相邻空间的使用和建筑物的耐久性。可采用有防水性能的材料铺设面层或在面层下设置防水层。

另外，楼板层的造价占建筑总造价的 20%～30%，因此楼地层设计中，要考虑楼地层造价的经济合理性，在保证质量标准和使用要求的前提下，要选择经济合理的结构形式和构造方案，减少材料消耗和自重，降低工程造价。在设计时还应考虑建筑工业化的需要。面层应坚固、耐磨、平整、不起灰、易清洁、有弹性。

7.2 钢筋混凝土楼板

钢筋混凝土楼板根据施工方式不同，可分为现浇整体式、预制装配式和装配整体式三种。

7.2.1 现浇整体式钢筋混凝土楼板

现浇整体式钢筋混凝土楼板是在施工现场经过支模板、绑钢筋、浇筑混凝土及养护等施工程序而形成的楼板。这种楼板整体性好，抗震能力强，防水性好，成型自由，便于预留孔洞；但施工的湿作业量大，模板使用量大，工人劳动强度大，工期长，而且受施工季节影响较大。

整体性要求较高的建筑、平面形状不规则或尺寸不符合模数、有较多管道需要穿越楼板的房间、使用中有防水要求的房间，适合采用现浇整体式钢筋混凝土楼板。

现浇钢筋混凝土楼板根据受力和传力的情况可分为板式楼板、梁板式楼板、无梁楼板和压型钢板组合楼板。

1. 板式楼板

在墙体承重建筑中，当房间较小，楼面荷载可直接通过楼板传给墙体，而不需要另设梁，这种楼板下不设梁，直接搁置在墙上的楼板，称为板式楼板。

根据受力特点和支撑情况，板式楼板分为单向板和双向板。当板的长边尺寸与短边尺寸之比大于 2 时，荷载主要沿短边方向传递，板基本上只在短边方向上弯曲，这种板称为单向板。当板的长边尺寸与短边尺寸之比小于等于 2 时，荷载沿两个方向传递，板在两个方向上都产生弯曲，称为双向板，如图 7-7 所示。

板式楼板底面平整，便于支模施工，是最简单的一种形式，适用于平面尺寸较小的房

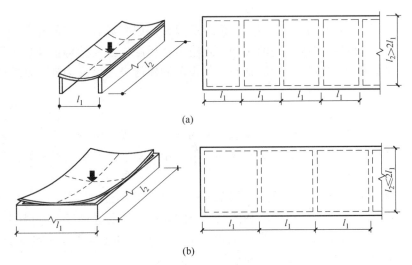

图 7-7　单向板和双向板

间（如住宅中的厨房、卫生间等）以及公共建筑的走廊。

2. 梁板式楼板

　　当房间的平面尺寸较大时，若采用板式楼板会造成板的跨度较大而增加板厚，使材料用量增多，板的自重加大。为使楼板的受力和传力更合理，可以在楼板下设梁作为板的支承点，从而减小板跨。这时，楼板上的荷载先由板传给梁，再由梁传给墙或柱。这种由板、梁组合而成的楼板称为梁板式楼板。根据梁的构造情况，梁板式楼板可分为单梁式、复梁式和井字梁式楼板。

　　（1）单梁式楼板

　　当房间有一个方向的尺寸相对较小时，可以仅在一个方向设梁，梁直接支承在墙上，称为单梁式楼板，如图 7-8 所示。单梁式楼板荷载的传递途径为：板—梁—墙，适用于民用建筑中的教学楼、办公楼等建筑。

7-1
楼板的
类型

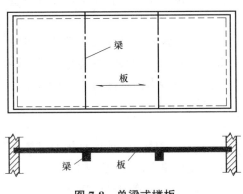

图 7-8　单梁式楼板

　　（2）复梁式楼板

　　当房间两个方向的平面尺寸都较大时，则应在两个方向设梁，这种有主次梁的楼板称为复梁式楼板，如图 7-9 所示。主梁一般沿房间的短跨方向布置，次梁与主梁垂直布置，这时板搁置在次梁上，次梁搁置在主梁上，主梁搁置在墙或柱上，荷载的传递途径为：板—次梁—主梁—墙，适用于平面尺寸较大的建筑，如教学楼、办公楼、小型商店等。

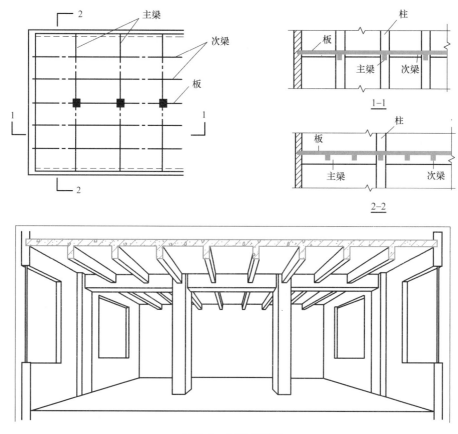

图 7-9　复梁式楼板

（3）井式楼板

当房间平面尺寸较大且平面形状为正方形或接近正方形时，常沿两个方向布置等距离、等截面的梁，无主梁、次梁之分，纵梁和横梁同时承担板传递的荷载，形成井字形的梁板结构，称为井式楼板，是复梁式楼板的一种特殊布置形式，如图 7-10 所示。井式楼板的梁布置方式分为正交式和斜交式两种，如图 7-11 所示。井式楼板由于顶棚规整，具有很好的装饰性，一般多用于公共建筑物的门厅、大厅（如会议室、餐厅、小礼堂、歌舞厅等）。

3. 无梁楼板

对平面尺寸较大的房间或门厅，也可以不设梁，直接将板支承于柱上，称为无梁楼板。无梁楼板分无柱帽和有柱帽两种，当楼面荷载较大时，为避免楼板太厚，应采用有柱帽无梁楼板，以增加板在柱上的支承面积，如图 7-12 所示。无梁楼板的柱网一般布置为正方形或矩形，柱距以 6m 左右较为经济。由于板的跨度较大，板厚不宜小于 150mm，一般为 160~200mm。无梁楼板楼层室内净空较大，顶棚平整，有利于室内的采光、通风，视觉效果较好，但楼板厚度较大，适宜于荷载较大的公共建筑，如商店、仓库和展览馆等建筑。

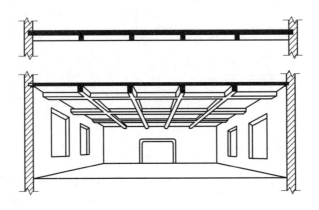

图 7-10　井式楼板

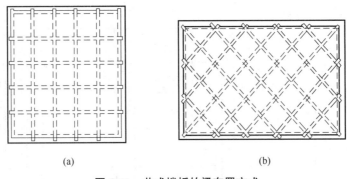

(a)　　　　　　　　　　　　　(b)

图 7-11　井式楼板的梁布置方式

（a）正交式；（b）斜交式

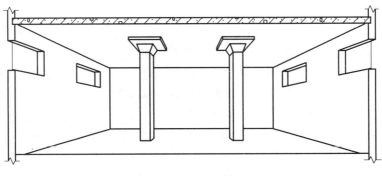

图 7-12　无梁楼板

4. 压型钢板组合楼板

压型钢板组合楼板是在型钢梁上铺设表面凹凸相间的压型钢板，以压型钢板作衬板来浇筑混凝土，使压型钢板和混凝土浇筑在一起共同作用的楼板，又称钢衬板组合楼板，如图 7-13 所示。

由钢梁、压型钢板和现浇混凝土三部分组成，也可根据实际需要设顶棚。压型钢板按构造形式有单层钢衬板和双层钢衬板之分。压型钢板的跨度一般在 2～3m，铺设在钢梁

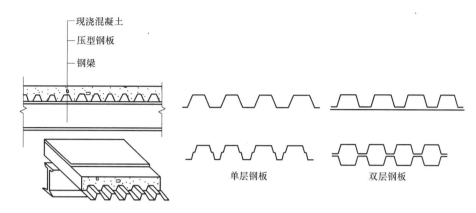

图 7-13　压型钢板组合楼板

上，与钢梁之间用焊接、螺栓或铆钉进行连接，上面浇筑 100～150mm 厚的混凝土，压型钢板为受拉构件及永久性模板。

压型钢板一方面承受着楼板下部的弯拉应力，另一方面作为浇筑混凝土的永久性模板，起着受拉钢筋和组合楼板的双重作用，省掉了拆模的程序，加快了施工速度，此外，压型钢板的肋间空隙还可用来敷设管线，钢衬板的底部可以焊接架设悬吊管道、顶棚的支托。这种楼板自重轻，整体性强，刚度大，施工速度快，具有较强的承载力，但耗钢量大，造价较高，耐腐蚀性、耐火性较差，适用于大空间的高层民用建筑和工业建筑。

7.2.2　预制装配式钢筋混凝土楼板

预制装配式钢筋混凝土楼板是将楼板在预制厂或施工现场预制，然后在施工现场装配而成的楼板。这种楼板可节省模板，改善劳动条件，提高施工速度，同时施工受季节影响较小，有利于实现建筑的工业化，但楼板的整体性差，不宜用于抗震设防要求较高的建筑。

1. 预制板的类型

根据受力特点，预制板可分为预应力板和非预应力板两类。目前，普遍采用预应力钢筋混凝土构件。采用预应力构件可以推迟裂缝出现、限制裂缝发展、提高结构的强度和刚度，减轻构件自重，降低造价。

钢筋混凝土楼板根据截面形状可分为实心平板、槽形板和空心板三种类型。

（1）实心平板

实心平板制作简单，但隔声效果较差，且板的跨度受限，一般在 2.4m 以内，预应力实心平板一般不大于 2.7m。板厚不小于跨度的 1/30，一般为 50～80mm，板宽为 500～900mm。板的两端简支在墙或梁上，如图 7-14 所示，适用于阳台、走廊或跨度较小房间的楼板，也可用作楼梯平台板或管道盖板等。

（2）预制槽形板

当板的跨度较大时，为了减轻板的自重和节省材料，根据板的受力情况，可在实心板两侧设肋，这种由板和肋组成的板叫做槽形板，是一种梁板结合的构件。肋设于板的两侧

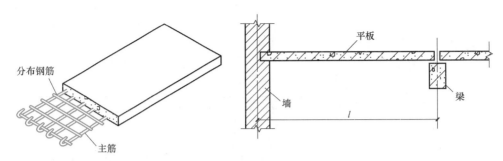

图 7-14 实心平板

来承受荷载，为便于搁置和提高板的刚度，常在板的两端设端肋封闭。当板的跨度大于 6m 时，为提高刚度，还应在板的中部增设横肋。槽形板自重轻，承载能力较好，适应跨度较大，但隔声性能差，常用于工业建筑。

槽形板的搁置方式有两种：一种是正置（肋向下搁置），另一种是倒置（肋向上搁置），如图 7-15 所示。

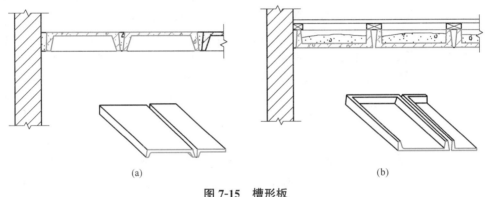

(a)   (b)

图 7-15 槽形板

（a）正置槽形板；（b）倒置槽形板

正置槽形板的受力合理，但由于板底不平，有碍观瞻，也不利于室内采光，用于民用建筑时通常需要做顶棚来解决美观和隔声等问题，也只用于观瞻要求不高的房间；倒置槽形板可保证板底平整，但板受力不合理，配筋与正置时不同，如不另做板面，则可以综合楼面装修共同考虑，例如直接在其上做架空木地板。有时为考虑楼板的隔声或保温性能，还可在槽内填充轻质多孔材料。

（3）空心板

为减轻板的自重，并使上下板面平整，可将预制板抽孔作成空心板。空心板的孔洞形状有圆形、椭圆形和矩形等，如图 7-16 所示。由于圆孔抽芯脱模更省事，所以圆孔板的制作最为方便，应用最广。目前，我国预应力空心板的跨度可达到 7.2m，宽度为 500～1200m，厚度为 120～300mm。空心板的优点是自重较轻，节省材料、受力合理，隔声隔热性能较好，缺点是空心板板面不能随意开洞。在安装时，空心板两端常用砖块、砂浆块或混凝土块填塞，以免浇灌端缝时混凝土进入孔中，同时能使荷载更好地传递给下部构件，保证板端的局部抗压能力，避免板端被压坏。

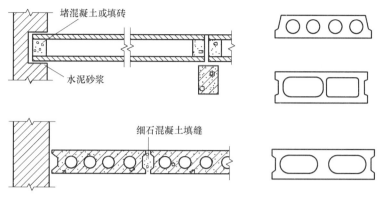

图 7-16　空心板

2. 预制板的结构布置与细部要求

（1）板的结构布置与搁置要求

在进行板的结构布置时，首先应根据房间的开间和进深尺寸确定板的支承方式，再根据现有板的规格进行合理安排，选择一种或几种板进行布置。支承方式有板式布置和梁板式布置两种。当房屋开间、进深不大时，板直接支撑在墙上，称为板式布置，多用于横墙较多的住宅、宿舍等。当房间开间、进深较大时，可将板支撑在梁上，梁支撑在墙或柱上，称为梁板式布置，多用于教学楼。

板搁置在墙上时，板在墙上必须有足够的搁置长度，在内墙上的支承长度不应小于 100mm，在外墙上的支承长度不应小于 120mm，如图 7-17 所示。安装时，为使楼板与墙有较好的连接，应先在墙上铺设厚度 10～20mm 的水泥砂浆坐浆。空心板靠墙一侧的纵向长边不能搁置在墙体上，否则将形成三面支承的板，使板的受力状态与板的设计不符，容易导致板开裂。所

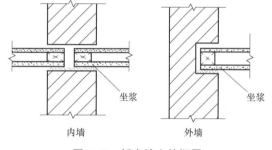

图 7-17　板在墙上的搁置

以板的长边应靠墙布置，并用细石混凝土将板与墙体之间的缝隙灌实，如图 7-18 所示。

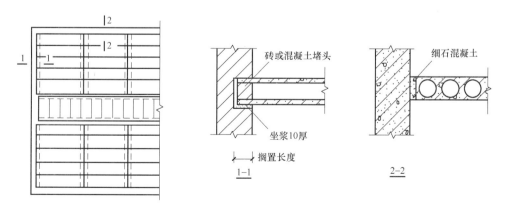

图 7-18　板的结构布置

板搁置在梁上的构造要求和做法与搁置在墙上时基本相同，只是板的支承长度一般不小于 80mm，坐浆厚度不小于 20mm。板在梁上的搁置方式一般有两种，一种是搁置在梁的顶面，如矩形梁，另一种是搁置在梁出挑的翼缘上，如花篮梁或十字梁，如图 7-19 所示。后一种搁置方式，板的上表面与梁的顶面平齐，在梁高不变的情况下，可以获得更大的房间净高。

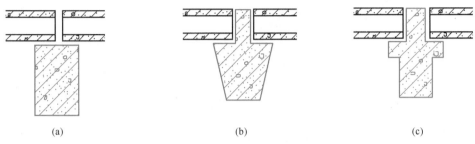

(a)　　　　　　　　　　(b)　　　　　　　　　　(c)

图 7-19　板在梁上的搁置

（a）板搁在矩形梁上；（b）板搁在花篮梁上；（c）板搁在十字形梁上

（2）板缝处理

为了便于板的安装铺设，板与板之间常留 10～20mm 的缝隙，为了加强楼板的整体性，板缝内用细石混凝土灌实，要求较高时，可以在板缝内加配钢筋。板的侧缝一般有三种形式：V 形缝、U 形缝和凹槽缝，如图 7-20 所示。V 形缝和 U 形缝构造简单，便于灌缝，应用较广，凹槽缝连接牢固，有利于加强楼板的整体刚度，但施工较麻烦。

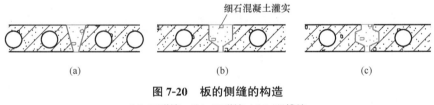

(a)　　　　　　　　　　(b)　　　　　　　　　　(c)

图 7-20　板的侧缝的构造

（a）V 形缝；（b）U 形缝；（c）凹槽缝

预制板的端缝一般只需用砂浆或者混凝土灌实，使之相互连接。对于整体性、抗震性要求较高的房间，可将板端露出的钢筋交错搭接在一起，或者加钢筋网片，然后浇筑细石混凝土灌缝。

为了施工方便，要求使用的预制板规格越少越好，这样就会出现板宽尺寸之和与房间的平面尺寸小于一块板宽的缝隙，称为板缝差。可采用以下方式解决，如图 7-21 所示。

1）增大板缝。板缝差在 20～60mm 时，重新调整板缝的宽度，调整后板缝宽度在 10～20mm 时，只需用细石混凝土灌缝即可；超过 20mm 时，应加设 2Φ8～10 钢筋，并用细石混凝土灌缝。

2）挑砖或加设钢筋。板缝差在 60～120mm 时，可沿平行于板边的墙挑砖，或者加设 3Φ10～12 钢筋，然后再用细石混凝土灌缝。

3）现浇板带。板缝差在 120～200mm 时，或者因管道从墙边通过，或者因板缝间有轻质隔墙，板缝采用局部现浇混凝土板带的做法。

4）当板缝差超过 200mm 时，应考虑重新选择板的规格。

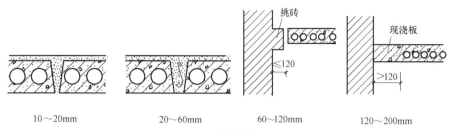

图 7-21　板缝的处理

（3）板的锚固

为了增强建筑物的整体刚度，特别是处于地基条件较差地段或地震区，可用锚固钢筋在板与墙或板与板之间进行拉结，具体设置要求根据建筑物对整体刚度的要求及抗震要求而定，如图 7-22 所示。

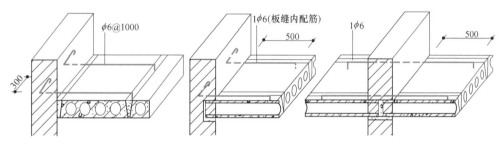

图 7-22　板缝的锚固

（4）楼板上隔墙的处理

预制钢筋混凝土楼板上设置隔墙时，宜采用轻质隔墙，由于自重轻，可搁置于楼板的任何位置。若为自重较大的隔墙，如砖砌隔墙、砌块隔墙等，为避免将楼板压坏，则应避免将隔墙搁置在一块板上。当隔墙与板跨平行时，通常将隔墙设置在两块板的接缝处，隔墙下需设梁；当采用槽型板楼板时，隔墙可直接搁置在板的纵肋上；当采用空心板时，须在隔墙下的板缝处设现浇钢筋混凝土板带或梁来支承隔墙，如图 7-23 所示。

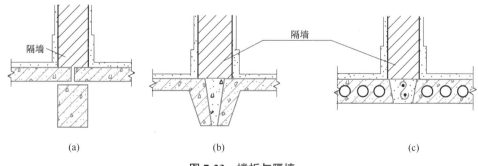

图 7-23　楼板与隔墙

（a）隔墙搁置于梁上；（b）隔墙搁置于槽形板纵肋上；（c）隔墙下设现浇混凝土板带

7.2.3　装配整体式钢筋混凝土楼板

装配整体式楼板，是预制和现浇相结合的楼板，是楼板中部分构件预制，然后在现场安装，再整体浇筑另一部分连接成一个整体的楼板。这种楼板的整体性好，又可节省模板，施工速度也较快，兼有预制板和现浇板的优点，有叠合楼板和密肋填充块楼板两种。

1. 叠合楼板

现浇楼板整体性好，但施工速度慢，模板用量大；预制楼板施工速度快，但整体性差。预制薄板叠合楼板的出现解决了这些矛盾。预制薄板叠合楼板是以预制薄板作为模板，其上再整浇一层钢筋混凝土层而成的装配整体式钢筋混凝土楼板。预制薄板不仅是楼板的永久性模板，也是楼板结构的一部分，具有模板、结构和装修三个方面的功能。

为保证预制薄板与叠合层之间有较好的连接，应将薄板表面进行处理，可在薄板表面进行刻槽处理，也可在板的表面露出较规则的三角形状的结合钢筋。预制薄板安装好后，在预制板的上面浇筑 30～50mm 厚的钢筋混凝土，这样既加强了楼板层的整体性，又提高了楼板的强度，如图 7-24 所示。

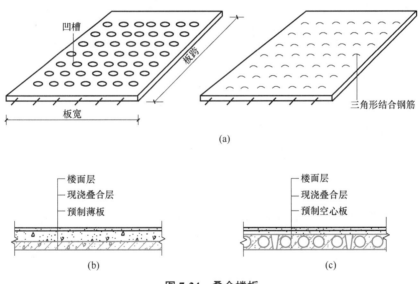

图 7-24　叠合楼板

（a）预制薄板的板面处理；（b）预制薄板叠合楼板；（c）预制空心板叠合楼板

2. 密肋填充块楼板

密肋填充块楼板的密肋小梁有现浇和预制两种。现浇密肋填充块楼板是在空心砖、加气混凝土块等填充块之间现浇密肋小梁和面板。预制的密肋填充块楼板是在空心砖和预制的倒 T 形密肋小梁或者带骨架芯板上现浇混凝土面层，如图 7-25 所示。

密肋填充块楼板底面平整，隔声效果较好，可充分利用材料的性能，也可节省模板，且整体性较好。

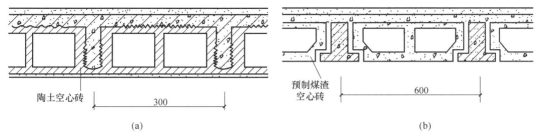

图 7-25　密肋填充块楼板

（a）现浇密肋填充块楼板；（b）预制密肋填充块楼板

7.3 楼地面装修

楼板层的面层和地坪层的面层统称为地面，地面是楼板和地坪的重要组成部分，起着保护楼板、改善房间使用质量和增加美观的作用。

7.3.1 楼地面面层的要求

楼地面是建筑内部空间的重要组成部分，应具有与建筑功能相适应的外观形象。此外，地面是人和家具设备直接接触的部分，也是建筑中直接承受地面荷载，经常受到摩擦，并需要经常清扫或擦洗，因此应具有以下的设计要求：

7-4 带保温地砖楼地面构造

1. 具有足够的坚固耐久性

地面首先应满足的基本要求是坚固耐磨，要求地面在荷载作用下不易被磨损和破坏，且表面平整光洁、防潮易清洗、不起灰尘。

2. 满足隔声要求

隔声要求主要是针对楼面而言，好的弹性地面使人们行走时有舒适感，同时有利于减弱噪声，来满足隔声要求。特别是人们长时间逗留且要求安静的房间，如卧室、办公室、图书阅览室、病房等一定要有效地控制室内噪声。

3. 经济及节能要求

楼地面面层在满足使用要求的前提下，应选择经济节能的构造方案，尽量就地取材，以降低整个房屋的造价。

4. 满足某些特殊要求

对不同房间而言，地面还应满足一些特殊的要求。使用标准较高的房间，地面还应满足保温和弹性等要求；使用中有水的房间如厕所、浴室、实验室等房间应满足防水要求；使用中有火源的房间如厨房，地面应具有一定的防火能力；有腐蚀性介质的房间如实验室，地面应具有一定的防腐蚀能力。

7.3.2 常见楼地面的构造

地面的材料和做法应根据房间的使用要求和装修要求并结合经济条件加以选用。地面常以面层的材料和做法来命名：如面层为水磨石，则该地面称为水磨石地面；面层为木材，则称为木地面。地面按其面层材料和施工方法分为四大类，即整体类地面、板块类地面、卷材类地面和涂料类地面。

1. 整体类地面

整体类地面是指用现场浇筑的方法做成整片的地面，这种地面具有构造简单、造价较低等特点，是一种应用较广泛的做法。按面层材料不同有水泥砂浆地面和水磨石地面等。

（1）水泥砂浆地面

水泥砂浆地面构造简单、施工方便、坚固耐磨、防潮防水而造价较低，是应用最广泛的一种低档地面做法。但空气湿度大时易返潮、起灰、无弹性，冬天感觉冷，而且不易清洁，装饰效果较差，适用于标准较低的建筑物。

水泥砂浆地面有单层做法和双层做法两种，如图 7-26 所示。单层做法是先刷素水泥砂浆结合层一道，再用 15～20mm 厚 1：2 水泥砂浆压实抹光。双层做法是先以 15～20mm 厚 1：3 水泥砂浆打底、找平，再以 5～10mm 厚 1：2 或 1：2.5 的水泥砂浆抹面，双层做法能减少地表面干缩裂纹和起鼓现象。

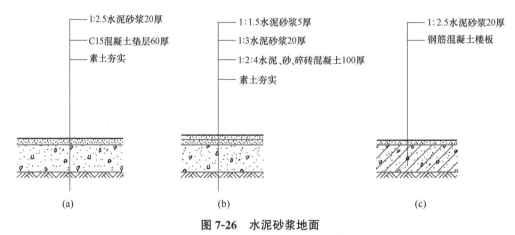

(a)　　　　　　　　　(b)　　　　　　　　　(c)

图 7-26　水泥砂浆地面

（a）底层地面单层做法；（b）底层地面双层做法；（c）楼层地面

7-5
现浇整体式
楼板

水泥砂浆地面还可以用石屑代替砂，称为水泥石屑地面，性能近似水磨石，表面光洁，不易起尘，易清洁。具体做法为先做一层 15～20mm 的 1：3 水泥砂浆找平层，面层铺 15mm 厚 1：2 的水泥石屑，提浆抹光即可。

（2）水磨石地面

水磨石地面坚硬耐磨、光洁美观、容易清洁、不透水且不易起灰，装饰效果好，常用于人流较大的交通空间和房间，如公共建筑的门厅、走廊、楼梯间以及标准较高的房间地面。对装修要求较高的建筑，可用彩色水泥或白水泥加入各种颜料代替普通水泥，与彩色大理石石屑做成各种色彩和图案的地面，即彩色水磨石地面，它比普通的水磨石地面具有更好的装饰性，但造价较高。

水磨石地面是将用水泥作胶结材料、大理石或白云石等中等硬度石料的石屑作骨料而形成的水泥石屑浆浇抹硬结后，经磨光打蜡而成。水磨石地面的常见做法是先用 10～20mm 厚 1∶3 的水泥砂浆打底、找平，按设计图采用 1∶1 水泥砂浆固定分格条（玻璃条、铜条或铝条等），再用 1∶2.5 水泥白石子浆抹面，高于分格条 1～2mm，用滚筒压实，直至水泥浆被压出为止。浇水养护约一周后用磨石机磨光，最后用草酸清洗，打蜡保护，如图 7-27 所示。

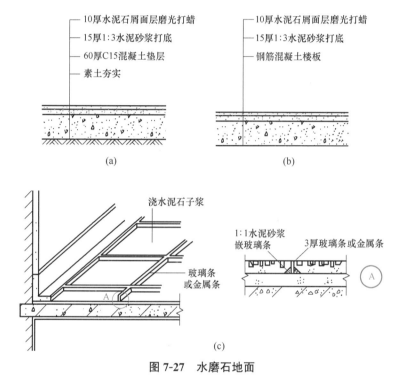

图 7-27　水磨石地面

（a）底层地面；（b）楼层地面；（c）水磨石地面构造图

分格条也称嵌条，用料常为玻璃、塑料或者金属（铜条、铝条），高度略低于水磨石面层厚度，用 1∶1 水泥砂浆固定。水磨石地面分格的作用是将地面划分成面积较小的区格，减少开裂，增加美观，方便维修。

2. 板块类地面

板块类地面是指用板材或块材铺贴而成的地面等，根据面层材料的不同有陶瓷板块地面、石材地面、木地面等。

7-6 室外地面

（1）陶瓷板块地面

陶瓷板块地砖地面坚硬耐磨，色泽稳定，易于清洁，而且具有较好的耐水和耐酸碱腐蚀的性能，但造价较高，多用于高档地面的装修，有水的房间及有腐蚀性的房间，如厕所、盥洗室、浴室和实验室等均可使用。

陶瓷地砖又称墙地砖，有多种规格，色彩丰富，平整细致，施工方便，可拼出各种图案，装饰效果好，如图 7-28 所示。施工方法是在找平层上用 3～5mm 的水泥砂浆粘贴，

7-7
地砖铺贴
小知识

7-8
陶瓷地砖

用素水泥浆擦缝。

陶瓷锦砖是马赛克的一种，另一种是玻璃锦砖，有不同大小、形状和颜色并由此而组成各种图案，使饰面达到一定艺术效果。主要用于防滑及卫生要求高的卫生间、浴室地面，也可用于墙面，出厂前已按照各种图案反贴在牛皮纸上以便于施工，如图 7-29 所示。构造做法可先在混凝土垫层或钢筋混凝土楼板上用 15～20mm 厚 1∶3 水泥砂浆找平，再用 5mm 厚水泥砂浆粘贴拼贴在牛皮纸上的陶瓷锦砖，用滚筒压平，将水泥浆挤入缝隙，用水洗去表面的牛皮纸，最后用素水泥浆擦缝。

图 7-28　陶瓷地砖地面

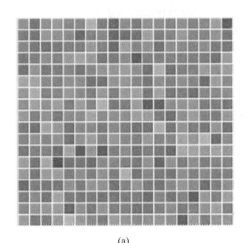

(a)　　　　　　　　　　　　　　　　　　(b)

图 7-29　马赛克地面

(a) 陶瓷锦砖；(b) 玻璃锦砖

（2）石材地面

石材地面包括天然石材地面和人造石材地面。

天然石材主要有大理石和花岗石两种，如图 7-30 所示。大理石的色泽和纹理美观，磨光的花岗石材耐磨度优于大理石，两者均具有较好的装饰效果，但造价较高，多用在标准较高的建筑门厅、大厅等。

人造石材主要有预制水磨石、人造大理石等，价格低于天然石材。

(a)   (b)

图 7-30 天然石材地面

（a）大理石地面；（b）花岗石地面

石材由于尺寸较大，对粘贴表面的平整度要求较高，须先试铺合适之后再正式粘贴。构造做法可在混凝土垫层或钢筋混凝土楼板上先用 30mm 厚 1∶3 干硬性水泥砂浆找平，再用 3～5mm 厚沥青胶泥铺贴石板，缝中灌稀水泥砂浆擦缝。

（3）木地面

木地面保温性好、弹性好、易清洁、不易起灰，常用于剧院、健身房等。按照构造形式分为空铺式和实铺式两种。

空铺式木地面常用于底层地面，其做法是砌筑地垄墙，将木地板架空，以防止木地板受潮腐烂，如图 7-31 所示。空铺木地面构造复杂，耗费木材较多，现已较少采用。

实铺式木地面有铺钉式和粘贴式两种做法，如图 7-32 所示。

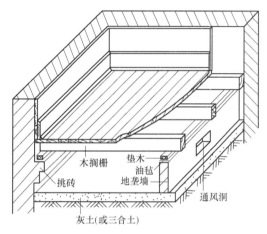

木搁栅　垫木　油毡　地垄墙

挑砖　　　　　　通风洞

灰土(或三合土)

图 7-31 空铺式木地面

7-9
木地板

拼花木地板　　　　　　　　拼花木地板
毛木板　　　　　　　　　　胶结料
　　　　　　　　　　　　　1∶2水泥砂浆抹面20厚

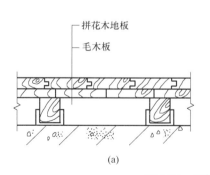 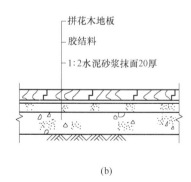

(a)   (b)

图 7-32 实铺式木地面

（a）铺钉式木地板；（b）粘贴式木地板

铺钉式木地面，是将木格栅固定在混凝土垫层或钢筋混凝土楼板上的水泥砂浆或细石混凝土找平层上，然后在搁栅上铺钉木地板。板材可分为单层和双层做法。

粘贴式木地面，是在混凝土垫层或楼板上先用 20 厚 1：2.5 的水泥砂浆找平，干燥后用专用胶粘剂黏结木板材。粘贴式木地面省去了搁栅，能节约木材、施工方便、造价低。

3. 卷材类地面

卷材类地面是用成卷的铺材铺贴而成，常见的地面卷材有软质聚氯乙烯塑料地毡、橡胶地毡以及地毯等，如图 7-33 所示。

(a)   (b)   (c)

图 7-33 实铺木地面

(a) 软质聚氯乙烯塑料地毡；(b) 橡胶地毡；(c) 地毯

聚氯乙烯塑料地毡以聚氯乙烯树脂为主要胶结材料，配以增塑剂、填充料等，经高速混合、塑化、辊压或层压成型而成，也称 PVC 地板。软质聚氯乙烯塑料地毡的规格为宽 700～2000mm，长 10～20m，厚 1～6mm，有一定的弹性，耐凹陷性能好，但不耐燃，尺寸稳定性差，主要用于医院、酒店等。

橡胶地毡是以橡胶粉为基料，掺入填充料、防老化剂、硫化剂等制成的卷材，耐磨、防滑、防潮、绝缘、吸声并富有弹性。橡胶地毡可以干铺，也可以用胶粘剂粘贴在水泥砂浆找平层上。

地毯类型较多，按地毯面层材料不同有化纤地毯、羊毛地毯和棉织地毯。地毯柔软舒适、美观大方、吸声、保温，并且施工简便，是理想的地面装修材料，但造价较高，可以满铺，也可以局部铺设，有固定和不固定两种铺设方法。不固定法是将地毯直接摊铺在地面上，固定法是将地毯用胶粘剂粘贴在地面上，或将地毯四周钉牢。为增加地面的弹性和消声能力，地毯下可以铺设一层泡沫橡胶衬垫。

4. 涂料类地面

涂料类地面是利用涂料涂刷或涂刮而成的。它是水泥砂浆地面的一种表面处理形式，用以改善水泥砂浆地面在使用和装饰方面的不足。按照地面涂料的主要成膜物质来分，涂料产品主要有环氧树脂地面涂料和聚氨酯树脂地面涂料。

环氧树脂地面涂料是一种高强度、耐磨损、美观的地板，具有无接缝、质地坚实、防腐防尘、保养方便、维修费用低等优点。

聚氨酯树脂地面涂料属于高固体厚质涂料，具有良好的防腐蚀性能和绝缘性能，涂铺的地面光洁不滑，弹性好，耐磨耐水，美观大方，行走舒适，不起尘，易清扫。适用于会议室、放映厅、图书馆等人流较多的场合。

5. 水泥基自流平地面

水泥基自流平地面是一种新型地面材料，使用工厂生产的地面用水泥基自流平干粉砂浆，在现场按规定比例加水搅拌，泵送施工或人工铺设，靠人工辅助和自流平形成地面面层。完成后的地面除表面特别光滑平整外，完全克服了传统水泥地面表面不平整、容易空鼓、裂缝、起砂等质量通病。适用于室内外停车场、餐厅、库房、工业厂房等。

7.3.3　楼地面的细部构造

1. 踢脚构造

为了保护内墙面，防止外界碰撞损坏墙面，或擦洗地面时弄脏墙面，通常在墙面靠近室内地面处设踢脚。踢脚的材料一般与地面相同，故可看作是地面的一部分，即地面在墙面上的延伸部分。

踢脚通常突出墙面，高度一般为 100～150mm，所用材料应与室内地面材料相适应，如图 7-34 所示。

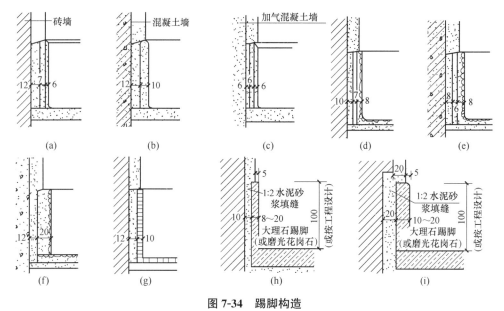

图 7-34　踢脚构造

（a）水泥砂浆踢脚；（b）水泥砂浆踢脚；（c）水泥砂浆踢脚；（d）现制水磨石踢脚；
（e）现制水磨石踢脚；（f）预制水磨石踢脚；（g）陶板踢脚；（h）大理石踢脚；（i）大理石踢脚

2. 楼地面的防潮、防水构造

（1）地坪层防潮、保温

地下土壤的毛细水作用会使房间湿度增大，影响房间温湿状况和卫生状况，造成地面、墙面、家具霉变，还会影响结构的耐久性、室内美观，严重的还会影响到人体健康，因此有必要对地层进行防潮。地层防潮的做法是在混凝土垫层上刷一道冷底子油，然后铺热沥青或防水涂料，也可在垫层下铺一层粒径均匀的卵石或碎石。

地坪层设置保温层可降低室内与地层之间的温差，可降低室内潮气，对防潮起一定作用。地下水位低、土壤较干燥的地面，可在垫层下铺一层 1：3 水泥炉渣或工业废料；地下水位较高的地区，可在面层与混凝土垫层间设保温层，且在保温层下设防水层，详细构造做法如图 7-35 所示。

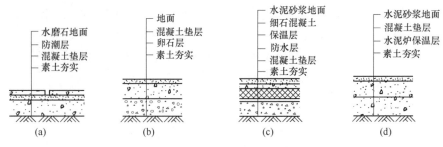

图 7-35　地坪层防潮、保温构造

(a) 设防潮层；(b) 铺卵石层；(c) 设保温层和防水层；(d) 设保温层

（2）楼板层防水

在厕所、浴室等用水频繁的房间，应做好楼地面的防水和排水。

1）楼层防水

使用中有水的房间楼板宜采用现浇式。防水要求较高时，应在楼板与面层之间设置防水层。为防止四周墙脚或无水房间受潮，应将防水层沿房间周边向上泛起至少 150mm。当竖向管道穿越楼地面时，为防止渗透，需作相应处理：对于冷水管，可在竖管穿越区域用 C20 干硬性细石混凝土填实，再以防水卷材或涂料作密封处理；对于热水管，为适应温度变化导致的胀缩现象常在穿管位置预埋较竖管稍粗的套管，高出地面 30mm 左右，并在缝隙内填塞防水材料，构造做法如图 7-36 所示。

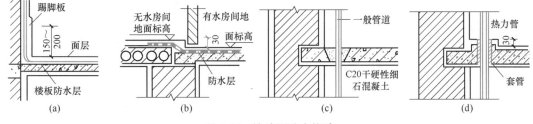

图 7-36　楼地面防水构造

(a) 防水层沿周边上卷；(b) 防水层向无水房间延伸；(c) 一般立管穿越楼层；(d) 热力立管穿越楼层

2）地面排水

有水房间标高应低于相邻房间约 15mm 或在房间门口设置相当高度的门槛。同时，以利于排水，有水房间地面应有一定的坡度，一般为 1‰～1.5‰，并在最低处设置地漏，使水能够有组织地排入地漏不致外溢，如图 7-37 所示。

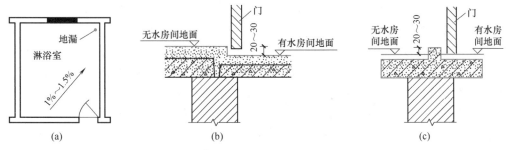

图 7-37　有水房间排水与防水

(a) 地漏；(b) 地面低于无水房间；(c) 与无水房间地面齐平，设门槛

知识拓展

　　下沉式卫生间指在主体建造时将卫生间结构层局部或整体下沉离相应楼面一定高度（一般40cm），以使卫生间的水平排水管道埋入其中，然后用轻质材料回填，结构面只需设一个洞口作排水立管通过使用。排水立管可靠墙角设置，业主装饰时可用弧形隔板遮住，如图7-38所示。

图7-38　下沉式卫生间

　　传统的卫生间管道横七竖八布置，维修使用时相互干扰，不方便人们的生活。而下沉式卫生间顶面平整，没有排水管道，便于卫生间的排水布置，在本层作业，不涉及楼下，有利于降低卫生间噪声。但是缺点也比较明显：

　　（1）防水处理比较麻烦，装修费用较高。

　　（2）有漏水的隐患，维修比较麻烦，因为中间填充的砂石层，时间长了会逐渐下沉，上面的水泥层、防水层就会有裂缝，水会漏下来到填土的区域。因为下面又有防水层，水漏不出去，结果就积在填土层，时间长了，整个填土层就充满了水。最终，随着时间的延长，下面的防水层也会漏，大量的积水就"泉涌"而出了。

　　解决方法：必须在下沉的地面做好防水之后要把地面做成斜面，下水管处做成最低，然后在下水管紧挨下沉地面处开口，用不锈钢网包扎，铺鹅卵石导水，然后再用沙石覆盖，如果卫生间面积较大，还要接导流管，后面的工艺基本相同。这种工艺的优点就是即使发生渗漏，进入下沉区的水会从下水道流出去，不会发生淤积。

7.4　顶棚

　　顶棚又称为天棚或天花板，是楼板层或屋顶最下面的部分，作为室内空间上部的装修层，应光滑平整，美观大方，满足室内使用和美观方面的要求和管线敷设的需要，良好地反射光线改善室内照度，并与楼板结构层有可靠的连接。按其构造方式不同分为直接式顶棚和悬吊式顶棚两种。

7.4.1 直接式顶棚

直接式顶棚是指直接在楼板结构层底面做饰面层所形成的顶棚，这种顶棚构造简单、施工方便，造价较低，可直接在楼板下进行喷浆、抹灰或粘贴壁纸、面砖等，因此，常见的直接式顶棚有下面三种：

7-10
结构式
顶棚

1. 直接喷刷涂料

当楼板底面平整、室内装饰要求不高时，可在楼板底面填缝刮平后直接喷刷大白浆、石灰浆等涂料，形成直接喷刷涂料顶棚，以增强顶棚的反射光照作用，适用于装修标准较低的房间。

2. 抹灰顶棚

当楼板底面不够平整且室内装饰要求较高时，可在楼板底面勾缝或刷素水泥浆后进行抹灰装修，然后在抹灰表面喷刷涂料，形成抹灰顶棚，适用于一般装修标准的房间。抹灰顶棚一般有纸筋灰顶棚、水泥砂浆顶棚和混合砂浆顶棚等，水泥砂浆抹灰做法是先在板底刷素水泥浆一道，再用 5mm 厚 1：3 水泥砂浆打底，5mm 厚 1：2.5 水泥砂浆抹面，最后喷刷涂料，如图 7-39 所示。

3. 贴面顶棚

当楼板底不需要敷设管线而装修要求又高时，可在楼板底面用砂浆打底找平后，用胶粘剂粘贴墙纸、泡沫塑料板或装饰吸声板等，形成贴面顶棚，适用于有保温、隔热、吸声要求的房间，如图 7-40 所示。

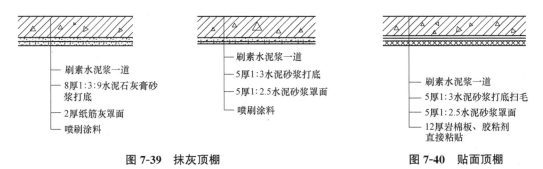

刷素水泥浆一道
8厚1:3:9水泥石灰膏砂浆打底
2厚纸筋灰罩面
喷刷涂料

刷素水泥浆一道
5厚1:3水泥砂浆打底
5厚1:2.5水泥砂浆罩面
喷刷涂料

刷素水泥浆一道
5厚1:3水泥砂浆打底扫毛
5厚1:2.5水泥砂浆罩面
12厚岩棉板，胶粘剂直接粘贴

图 7-39　抹灰顶棚　　　　　　　　　图 7-40　贴面顶棚

7.4.2 悬吊式顶棚

悬吊式顶棚简称吊顶，是将饰面层悬吊在楼板结构上而形成的顶棚。吊顶构造复杂，施工麻烦，造价较高，一般用于装修标准较高而楼板底部不平整或楼板下面需要敷设管线的房间，以及有特殊要求的房间。

吊顶应具有足够的净空高度，以便于各种设备管线的敷设；合理安排灯具、通风口的位置，以符合照明、通风要求；选用合适的材料和构造做法，使其燃烧性能和耐火极限符合防火规范要求；吊顶应便于制作、安装和维修，自重宜轻，以减少结构负荷。同时吊顶还应满足美观和经济等方面的要求。对有些房间，吊顶应满足隔声、保温等特殊要求。

吊顶由吊筋、龙骨和面板三部分组成，龙骨又分主龙骨和次龙骨。主龙骨通过吊筋或吊件固定在屋顶（或楼板）结构上，次龙骨用同样的方法固定在主龙骨上，面层固定在次龙骨上。

1. 吊筋

吊筋是连接龙骨和楼板或屋面板的构件，龙骨和面板的重量通过吊筋传递给承重结构层。其形式和材料与吊顶的自重有关，常用Φ6～Φ8钢筋、8号钢丝或Φ8螺栓，具体采用什么材料和形式要依据吊顶自重及荷载、龙骨材料和形式、结构层材料等确定。吊筋与承重结构层的固定方法有：预埋件锚固、预埋筋锚固、膨胀螺栓锚固和射钉锚固，具体又分吊筋与预制板的连接（图7-41）和吊筋与现浇板的连接（图7-42）两种情况。

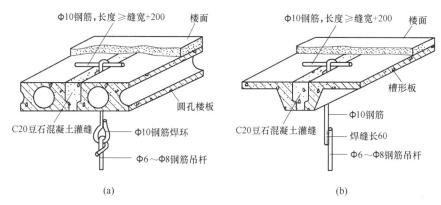

图 7-41 吊筋与预制板的连接

（a）空心板吊筋；（b）槽型板吊筋

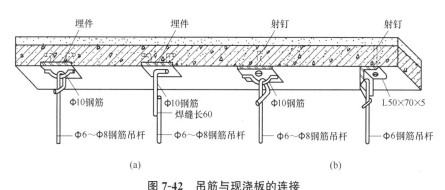

图 7-42 吊筋与现浇板的连接

（a）现浇板预埋铁件；（b）现浇板射钉安装铁件

2. 龙骨

龙骨是用来固定面板并承受其重量的。通常情况下，主龙骨通过吊筋和承重结构层相连，次龙骨固定在主龙骨上，其断面大小和间距应根据龙骨材料、面层荷载和顶棚外形而定。

龙骨分为木龙骨和金属龙骨两种，如图7-43所示。木龙骨的优点是干作业、施工速度快；金属龙骨具有轻质高强、刚度大、施工速度快、防火性能好的优点，为节约木材，减轻自重以及提高防火性能，现多采用轻钢或铝合金型材制作的轻型金属龙骨。

金属龙骨吊顶主龙骨间距900～1200mm，下挂次龙骨。龙骨有 U 形、⊥ 形和槽形。

图 7-43　木龙骨和金属龙骨

为保证龙骨的整体刚度并便于铺钉面板，在龙骨之间增设有横撑，间距视面板具体规格而定，最后在次龙骨上铺钉面板。

3. 面板

木龙骨的面板可采用木质板材，如胶合板、纤维板、刨花板等，也可采用塑料板材或矿物板材等。板材一般用木螺钉或圆钢钉固定在次龙骨上。

金属龙骨的面板主要有石膏板、矿棉板、铝塑板和金属板等。面板可借用自攻螺钉固定在龙骨上或直接搁置在龙骨上。吊顶面层与金属龙骨的布置方式有两种：一种是龙骨不外露的布置方式，次龙骨通常为 U 形轻钢龙骨，面板用自攻螺钉或胶粘剂固定在次龙骨上，使龙骨内藏形成整片平整的顶面，如图 7-44 所示；另一种是龙骨外露的布置方式，龙骨为 T 形铝合金龙骨，面板直接搁置在倒 T 形次龙骨的翼缘上，使龙骨外露形成格状顶面，如图 7-45 所示。

7-11
吊顶

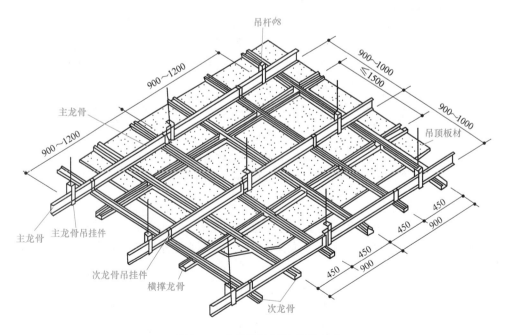

图 7-44　龙骨不外露的布置方式

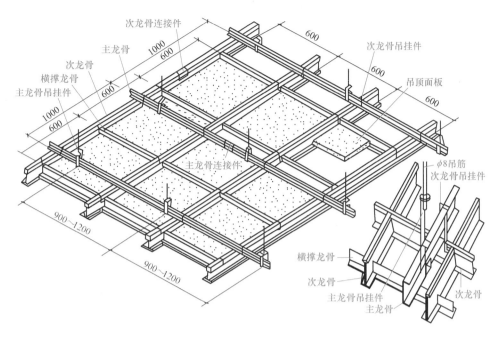

图 7-45　龙骨外露的布置方式

7.5　阳台与雨篷

阳台是楼房各层与房间相连并设有栏杆的室外平台，给人们提供了一个舒适的室外活动空间，是居住建筑中用以联系室内外空间和改善居住条件的重要组成部分。

雨篷是设置在建筑物出入口上方用以遮挡雨水、保护外门免受雨水侵害，并有一定装饰作用的水平构件。

7.5.1　阳台

阳台是楼房建筑中，房间与室外接触的平台。阳台主要有阳台板和栏杆（栏板）扶手组成，阳台板是阳台的承重构件，栏杆（栏板）扶手是阳台的围护构件，设在阳台临空一侧。

1. 阳台的类型

阳台按照其与外墙的相对位置分为凹阳台、凸阳台、半凸半凹阳台和转角阳台，如图 7-46 所示。

按阳台的使用功能不同，分为生活阳台（靠近客厅或卧室）和服务阳台（靠近厨房或卫生间）。

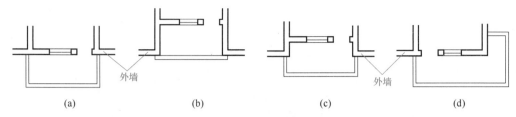

图 7-46　阳台的类型

（a）凸阳台；（b）凹阳台；（c）半凸半凹阳台；（d）转角阳台

7-12
高层住宅
阳台构造

2. 阳台的结构布置

凹阳台实为楼板层的一部分，是将阳台板直接搁置在墙上，构造与楼板层相同；而凸阳台的受力构件为悬挑构件，其挑出长度和构造必须满足结构受力和抗倾覆的要求，钢筋混凝土凸阳台的结构布置方式大体可以分为挑梁式、压梁式和挑板式三种，如图 7-47 所示。

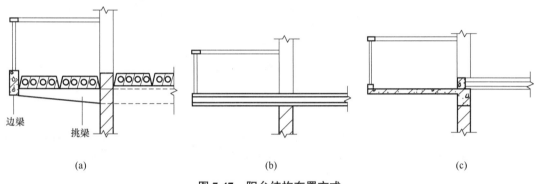

边梁

挑梁

图 7-47　阳台结构布置方式

（a）挑梁式；（b）挑板式；（c）压梁式

（1）挑梁式

挑梁式阳台应用广泛，一般是由横墙伸出挑梁搁置阳台板。为防止阳台发生倾覆破坏，悬挑长度不易过大，最常见的为 1.2m，挑梁压入墙内的长度不小于悬挑长度的 1.5 倍。多数建筑中挑梁与阳台板可以一起现浇成整体，悬挑长度可适当大些，可以达到 1.8m。为防止挑梁端部外露影响美观，可增设边梁。

（2）挑板式

挑板式阳台是将房间楼板直接悬挑出外墙形成阳台板，这种做法构造简单，阳台底部平整美观，阳台板可形成半圆形、弧形等丰富的形状图，但板受力复杂，挑板式阳台悬挑长度一般不超过 1.2m，而且由于阳台地面与室内地面标高相同，不利于排水。

（3）压梁式

压梁式阳台是将阳台板与墙梁现浇在一起，利用梁上部的墙体压重来平衡阳台板，以防止阳台发生倾覆。这种做法阳台底部平整，阳台宽度不受房间开间限制，但梁受力复杂，阳台悬挑长度受限，一般不宜超过 1.2m。

因此，当挑出长度在 1200mm 以内时，可用挑板式或压梁式；大于此挑出长度则用挑梁式。

3. 阳台的细部构造

（1）栏杆（栏板）与扶手

阳台栏杆（栏板）按材料分，有砖砌栏板、金属栏杆和钢筋混凝土栏杆。栏杆按形式分，有空花栏杆、实心栏板以及组合式栏杆三种，如图 7-48 所示。扶手有金属扶手和混凝土扶手，金属杆件和扶手表面要进行防锈处理。

栏杆（栏板）扶手是设置在阳台外围的垂直构件，主要是供人们扶倚之用，作为阳台的围护构件，为保证人们在阳台上活动安全，应具有足够的强度和适当的高度，要求坚固可靠、舒适美观。当临空高度在 24.0m 以下时，栏杆高度不应低于 1.05m；当临空高度在 24.0m 及以上时，栏杆高度不应低于 1.1m。上人屋面和交通、商业、旅馆、医院、学校等建筑临开敞中庭的栏杆高度不应小于 1.2m。公共场所栏杆离地面 0.1m 高度范围内不宜留空。

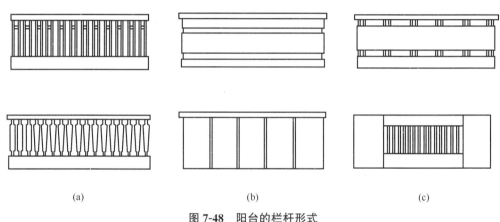

(a)   (b)   (c)

图 7-48　阳台的栏杆形式

（a）空花栏杆；（b）实心栏板；（c）组合式栏杆

空花栏杆按材料有金属栏杆和混凝土栏杆两种，栏杆上下分别与扶手和阳台板连接，其垂直杆件之间的净距不应大于 110mm，住宅、托儿所、幼儿园、中小学及其他少年儿童专用活动场所的栏杆必须采取防止攀爬的构造。金属栏杆与阳台板的连接方法有两种：一是直接插入阳台板的预留孔内，用砂浆灌注；二是与阳台板中预埋的通长扁钢焊接。预制混凝土栏杆可直接插入扶手和阳台板上的预留孔中，也可用预埋件焊接固定。

实心栏板按材料有砖砌栏板和钢筋混凝土栏板两种。混凝土栏板有现浇和预制两种。砖砌栏板厚度 120mm，为加强其整体性，应在栏板内配通长钢筋或在栏板顶部现浇钢筋混凝土扶手及加设小构造柱。栏板可与阳台板整体现浇为一体，也可借助预埋件相互焊接与阳台板焊接。

组合式栏杆是由空花栏杆和实心栏板组合而成的，栏杆竖杆作为主要抗侧力构件，栏板则作为防护和美观装饰构件，其栏杆竖杆常采用钢材或不锈钢等材料，其栏板部分常采用轻质美观材料制作，如木板、塑料贴面板、铝板、有机玻璃板和钢化玻璃板等，如图 7-49 所示。

栏杆与扶手的连接方式有现浇和焊接。当栏杆和扶手都采用钢筋混凝土时，从栏杆或者栏板伸出钢筋，与扶手内钢筋相连，再支模现浇扶手。焊接方式是在扶手和栏杆上预埋铁件安装时进行焊接连接。

图 7-49　组合式栏杆

（2）阳台隔板

阳台隔板用于双连阳台，常见有砖砌和钢筋混凝土隔板两种。考虑抗震因素，现在多采用钢筋混凝土隔板，如图 7-50 所示。

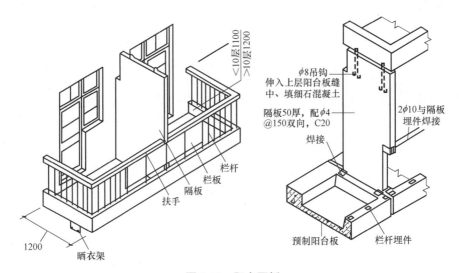

图 7-50　阳台隔板

（3）阳台排水

为避免落入阳台的雨水流入室内，阳台地面应低于房间地面 30～50mm，并在阳台一侧或两侧设排水口，沿排水方向地面抹出 1‰～2％的排水坡度。坡向排水孔。阳台排水分外排水和内排水两种方式，如图 7-51 所示。低层和多层建筑的阳台可采用外排水，在阳台外侧设置 Φ40～50mm 的镀锌铁管或塑料管作为水舌排水，其外挑不小于 80mm 以防止雨水溅到下层阳台。高层建筑和高标准建筑适宜采用内排水，在阳台内侧设置排水立管或地漏，将雨水直接排入地下管网，适用于高层或高标准建筑。

7.5.2　雨篷

雨篷是建筑物外墙出入口上方用以挡雨并有一定装饰作用的水平构件。雨篷按材料可

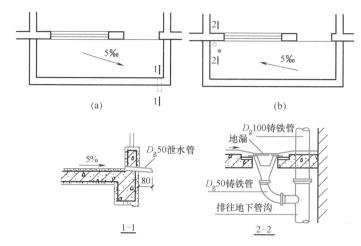

图 7-51 阳台排水

分为钢筋混凝土雨篷和钢结构玻璃采光雨篷等，如图 7-52 所示；按结构形式不同有板式和梁板式两种。

图 7-52 雨篷

(a) 钢筋混凝土雨篷；(b) 钢结构玻璃采光雨篷

板式雨篷是将雨篷与外门上面的过梁浇筑为一个整体，因所受荷载不大，厚度较薄，一般为 60mm，悬挑长度不超过 1.5m。一般用于宽度不大的入口和次要的入口，板可以做成变截面的。

当挑出长度较大时采用梁板式。梁板式雨篷用于宽度比较大的入口和出挑长度比较大的入口，为使板底平整，通常采用反梁形式。当雨篷外伸尺寸较大时，可结合建筑物的造型，设置柱来支承雨篷，形成门廊式雨篷。

雨篷顶面和底面应做好防水和排水处理。通常用 20mm 厚防水砂浆抹面，并应上翻至墙面形成泛水，高度不小于 250mm，同时沿排水方向抹出 1% 的坡度。为了集中排水和立面需要，可沿雨篷外缘做上翻的挡水边坎并在一端或两端设泄水管将雨水集中排出，如图 7-53 所示。

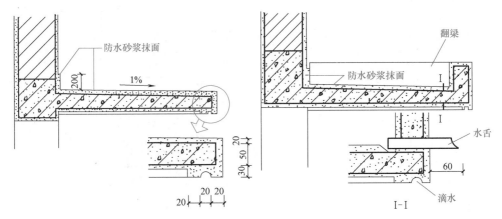

图 7-53　雨篷排水

习　题

一、填空题

1. 地面的基本构造组成有_____、_____和_____。

2. 楼板层由_____、_____、_____和附加层组成。

3. 常用预制钢筋混凝土楼板的类型有_____、_____和_____。

4. 板式楼板有_____和_____两种。

5. 顶棚分为_____和_____两种。

二、单选题

1. 楼板层通常由（　　）组成。

A. 面层、楼板、地坪　　　　　　　　B. 面层、楼板、顶棚

C. 支撑、楼板、顶棚　　　　　　　　D. 垫层、楼板、梁

2. 现浇复梁式楼板由（　　）现浇而成。

A. 混凝土、砂浆、钢筋　　　　　　　B. 柱、主梁、次梁

C. 板、次梁、主梁　　　　　　　　　D. 次梁、主梁、墙体

3. 无梁楼板的柱网一般布置为正方形或矩形，柱距以（　　）左右较为经济。

A. 5m　　　　　　　　　　　　　　　B. 6m

C. 7m　　　　　　　　　　　　　　　D. 8m

4. 框架结构中钢筋混凝土复梁式楼板的传力路线为（　　）。

A. 板→主梁→次梁→墙　　　　　　　B. 板→次梁→主梁→柱

C. 板→次梁→主梁→墙　　　　　　　D. 板→梁→柱

5. 钢筋混凝土单向板的受力钢筋应在（　　）方向设置。

A. 短边　　　　　　　　　　　　　　B. 长边

C. 双向　　　　　　　　　　　　　　D. 任一方向

6. 地面按面层材料和施工方法可分为（　　）。

A. 水磨石地面；块料地面；塑料地面；木地面

B. 水泥地面；块料地面；塑料地面；木地面

C. 整体地面；块料地面；卷材地面；涂料地面

D. 刚性地面；柔性地面

7. 水磨石地面中设置分格条的目的主要是为了（　　）。

A. 美观　　　　　　　　　　　　B. 维修方便

C. 施工方便　　　　　　　　　　D. 减少开裂

8. 顶棚按构造做法可分为（　　）。

A. 直接式顶棚和悬吊式顶棚　　　B. 抹灰类顶棚和贴面类顶棚

C. 抹灰类顶棚和悬吊式顶棚　　　D. 喷刷类顶棚和抹灰类顶棚

9. 阳台按使用要求的不同可分为（　　）。

A. 凹阳台、凸阳台　　　　　　　B. 生活阳台、服务阳台

C. 封闭阳台、开敞阳台　　　　　D. 转角阳台、中间阳台

10. 多层建筑的阳台栏杆扶手的高度应高于人体重心，不低于（　　）。

A. 0.9m　　　　　　　　　　　　B. 1m

C. 1.05m　　　　　　　　　　　D. 1.1m

三、简答题

1. 楼板层和地坪层分别由哪几部分组成？

2. 简述楼板的类型及特点。

3. 现浇钢筋混凝土楼板有何特点？有哪几种类型？

4. 简述水磨石地面的构造做法。

5. 现浇梁板式楼板有哪些类型？

6. 预制空心板孔的两端为何在安装前要堵严？可以用哪些材料堵严？

7. 调整预制板板缝的措施有哪些？

8. 常用预制钢筋混凝土楼板有哪些？各有什么特点？

四、综合题

1. 观察身边建筑（如教学楼、宿舍楼、图书馆等），说明各类楼板在现实生活中的应用。

2. 作图表示楼层和地层的构造组成。

Chapter 08

教学单元**8**

楼　梯

主要内容

1. 楼梯类型、楼梯的尺度要求；
2. 钢筋混凝土楼梯构造、楼梯细部构造；
3. 台阶和坡道形式及构造；
4. 电梯类型。

学习要点

1. 了解楼梯的作用及组成；
2. 熟悉楼梯几种常见的分类方法；
3. 理解并掌握楼梯的尺度要求；
4. 能够从楼梯剖面图上区分板式楼梯和梁板式楼梯；
5. 了解台阶的基本形式和基本构造；
6. 了解电梯基本知识。

思政元素

　　本单元在讲授楼梯的同时，将建筑在国家建设与发展中所起的作用与贡献，通过"楼梯材料的演变""无障碍设计坡道欣赏""台阶和楼梯的区别"等融入教学环节中，学生以小组的形式，收集我国建筑工程建设中在楼梯形式及楼梯构造等方面取得的各项成绩，让学生知道我们国家建筑的发展水平和取得的巨大成绩。在今后的学习中、在榜样的引领下，能够自我加压、向先进看齐，为将来就业打下坚实基础。

思维导图

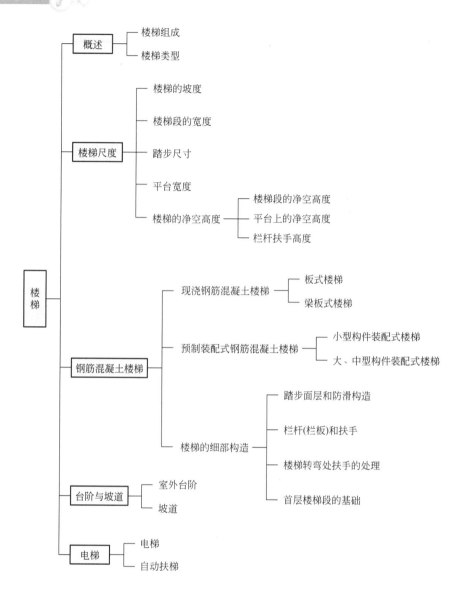

8.1　概述

　　建筑的垂直交通设施有楼梯、台阶、坡道、电梯及扶梯。楼梯主要是供人们正常情况下的垂直交通、搬运家具及在紧急状态下的安全疏散；台阶一般用来联系室内或室外局部有高差的地面；坡道是建筑中的无障碍垂直交通设施，也是建筑中车辆的通道；电梯用于中高层建筑和高层建筑以及标准较

8-1
楼梯与台阶
的区别

高的 7 层以下的低多层建筑；扶梯用于人流量大的公共建筑。建筑中采用其他形式的垂直交通设施时，还需设置楼梯。

8.1.1　楼梯组成

楼梯由梯段、休息平台（中间休息平台、楼层休息平台）、栏杆及扶手组成，如图 8-1 所示。

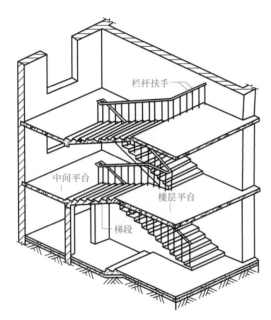

图 8-1　楼梯的组成

1. 楼梯段

楼梯段是楼梯的主要组成部分，由若干个连续的踏步组成。每个踏步有两个相互垂直的平面组成，供人们行走时脚踏的水平面称为踏面，与踏面垂直的平面称为踢面。我国规定每个梯段的踏步数量不少于 3 级，且不大于 18 级。公共建筑的装饰性弧形楼梯可略多于 18 级。

2. 楼梯平台

平台是联系两个楼梯段的水平构件，主要是为了解决楼梯的转向问题，人们在上下楼梯时也可在此稍作休息。楼梯平台按照位置分有楼层平台和中间平台，与楼层相连的为楼层平台，位于两楼层之间的平台为中间平台。

3. 栏杆（栏板）和扶手

在楼梯段和平台的临空一侧要设置栏杆或栏板来围护，栏杆（栏板）上面要设置供人们上下楼梯时手扶持用的扶手。

8.1.2　楼梯类型

1. 楼梯按主次分为主要楼梯、辅助楼梯。
2. 楼梯按使用性质分疏散楼梯、消防楼梯、防烟楼梯。
3. 楼梯按材料分为钢筋混凝土楼梯、木楼梯、金属楼梯等。
4. 楼梯按位置分为室内楼梯和室外楼梯。
5. 楼梯按平面形式分为单跑楼梯、双跑直楼梯、双跑平行楼梯、双跑折角楼梯、三跑楼梯、四跑楼梯、扇形楼梯、双分式楼梯、双合式楼梯、八角楼梯、剪刀楼梯和交叉式楼梯、圆形楼梯、弧形楼梯、螺旋楼梯等，如图 8-2 所示。

直行单跑楼梯用于层高不大的建筑；直行多跑楼梯用于层高较大的建筑；双跑平行楼梯设计、施工简单，使用方便，是一种最常见的楼梯形式；双分双合式楼梯、剪刀楼梯常用作办公楼等公共建筑的主要楼梯；交叉式楼梯常用在高层住宅、商场超市内；圆形楼梯、弧形楼梯、螺旋楼梯常作为装饰楼梯使用。

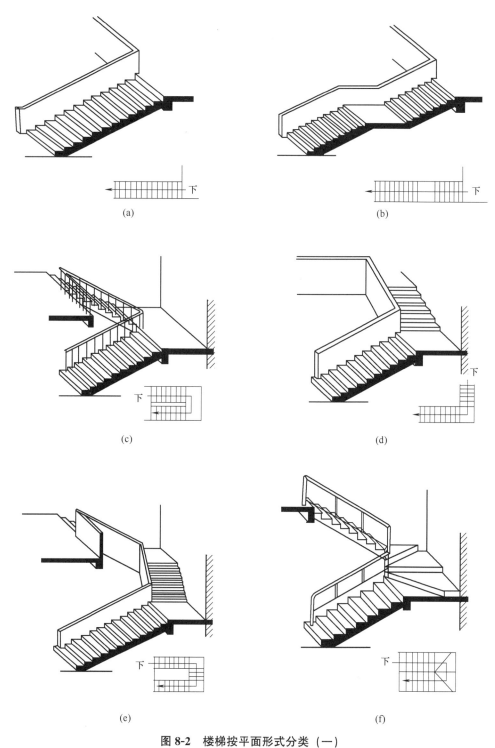

图 8-2　楼梯按平面形式分类（一）

（a）单跑楼梯；（b）双跑直楼梯；（c）双跑平行楼梯；（d）双跑折角楼梯；

（e）三跑楼梯；（f）扇形楼梯

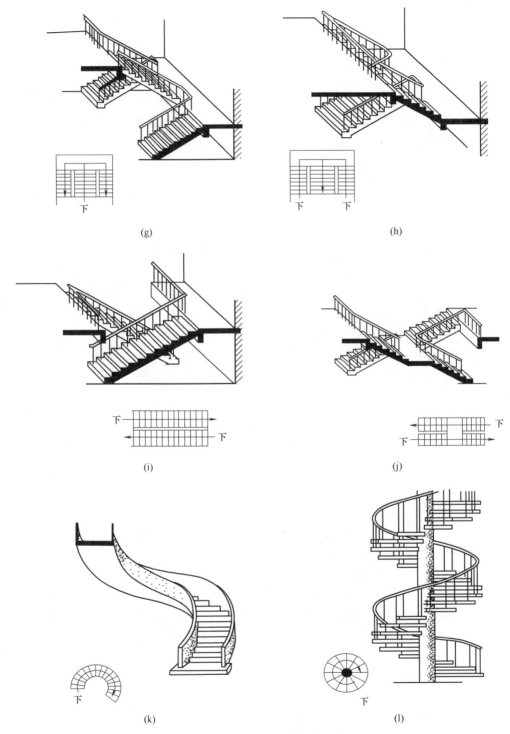

图 8-2　楼梯按平面形式分类（二）
（g）双合式楼梯；（h）双分式楼梯；（i）交叉式楼梯；（j）剪刀式楼梯；
（k）弧形楼梯；（l）螺旋楼梯

双跑平行楼梯与双分式楼梯

　　如图 8-3 所示，双跑平行楼梯是最常见的楼梯，不仅因为用起来方便，而且平面布置合理方便，也有利于施工。而双分式楼梯可以理解为把两个双跑平行楼梯每层的第一个梯段合并在一起，它的梯段宽度就加大了很多，适用于人流量较大的建筑（如教学楼、商场超市等）的主楼梯。

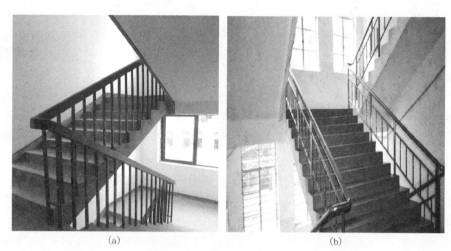

(a)　　　　　　　　　　　　　　(b)

图 8-3　双分式楼梯与双跑平行式楼梯对比

（a）双跑平行楼梯；（b）双分式楼梯

　　6. 楼梯按楼梯间的平面形式分为封闭式楼梯间、开敞式楼梯间、防烟楼梯间，如图 8-4 所示。

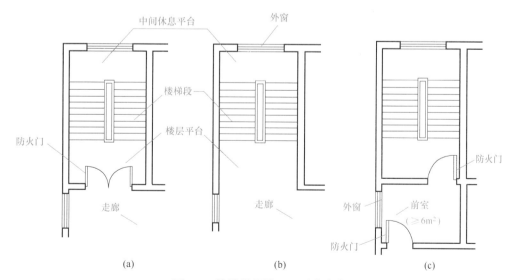

(a)　　　　　　　　　　(b)　　　　　　　　　　(c)

图 8-4　按楼梯间的平面形式分类

（a）封闭式楼梯间；（b）开敞式楼梯间；（c）防烟楼梯间

开敞楼梯间：指建筑物室内有墙体等维护构件构成的无封闭防烟功能，与其他使用空间直接相通。

封闭楼梯间：指设有阻挡烟气的双向弹簧门或外开门。楼梯间应靠外墙，并应直接天然采光和自然通风，应设向疏散方向开启的乙级防火门。

防烟楼梯间：指在楼梯间出口处设有前室，并设有防烟设施，或设专供防烟用的阳台、凹廊等，且通向前室和楼梯间的门均为乙级防火门。

消防楼梯间的重要性

消防疏散楼梯是为建筑物发现火灾时，楼内人员疏散时用。消防的设置原则是避免人员伤亡、减少财产损失。它具有如下特点：①消防楼梯就是发生火灾时，延迟着火时间，为消防通道疏散人流或消防队员救人争取时间。②逃生通道：普通电梯有消防迫降功能，不是消防电梯，在火灾时要停下来这个时候只有消防楼梯是唯一的逃离通道。③消防楼梯又分为防烟楼梯、封闭楼梯、敞开楼梯。其中防烟楼梯的安全性最高，楼梯间里有正压送风的风机，火灾一旦发生，就往里面吹风，保持微正压，防止楼梯进烟，楼梯每层还安装有防火门，是常闭的，楼梯与楼内走道间还有防烟的前室；封闭楼梯，是楼梯间前面装有门，可以起到一定的防烟作用。④消防楼梯材质一般是钢结构和水泥结构的，耐火性比较好。

使用方法：一定要记住，发生火灾时候要关闭楼梯间的防火门，不然烟火进来了，楼梯就不安全。有序撤离，不要慌乱，以免发生踩踏事件。可用湿毛巾捂住口鼻。

8.2 楼梯尺度

8.2.1 楼梯的坡度

楼梯的坡度是指楼梯段与水平面的夹角，它取决于踏面宽和踢面高；楼梯的坡度越小，踏步就越平缓，行走越舒适，但却加大了楼梯间的进深，增加了建筑面积和造价；楼梯的坡度越大，楼梯段的水平投影长度就越短，楼梯占地面积就越小，越经济，但楼梯坡度越大行走越吃力。

楼梯常用的坡度范围为 23°～45°，其中以 30°左右较为适宜。坡度超过 45°时，应设爬梯。坡度小于 23°时，只需把其处理成斜面就可以解决通行问题，此时称为坡道，10°以下的坡度适用于坡道。如图 8-5 所示。

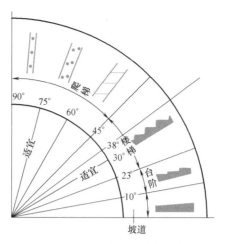

图 8-5　楼梯、爬梯、坡道台阶的坡度

8.2.2　楼梯段的宽度

楼梯段净宽是指楼梯段临空一侧扶手中心线到另一侧墙体装饰面（或靠墙扶手中心线）之间的水平距离，或两个扶手中心线之间的水平距离。楼梯段净宽除应符合国家标准《建筑设计防火规范（2018 年版）》GB 50016—2014 及国家现行相关专用建筑设计标准规定外，供日常主要交通用的楼梯的梯段净宽应根据建筑物使用特征，按每股人流宽度 0.55m＋（0~0.15）m 的人流股数确定，并不少于两股人流。（0~0.15）m 为人流在行进中人体的摆幅，公共建筑人流众多的场所应取上限值。单股人流通行时楼梯段宽度应不小于 900mm，双股人流通行时为 1100~1400mm，三股人流通行时为 1500~1800mm，如图 8-6 所示。一般疏散楼梯段净宽不应小于 1100mm。6 层及以下的单元式住宅不应小于

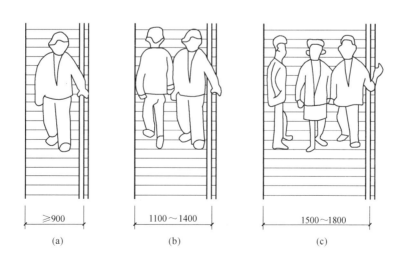

| (a) | (b) | (c) |
| ≥900 | 1100~1400 | 1500~1800 |

图 8-6　楼梯宽度与人流股数的关系

（a）单人通行梯；（b）双人通行梯；（c）三人通行梯

1000mm，住宅套内楼梯段的净宽，当楼梯段一侧临空时，不应小于750mm，当两侧都是墙时，不应小于900mm。

8.2.3　踏步尺寸

楼梯踏步尺寸包括踏面宽和踢面高，其尺寸应以人行走舒适为宜，计算踏面宽 g 和踢面高 r 可参考经验公式 $g+2r=600\sim620\text{mm}$ 或 $g+r\approx450\text{mm}$ 求得。

踏步的尺寸应根据建筑的功能、楼梯的通行量及使用者的情况进行选择。具体规定见表 8-1。

楼梯踏步最小宽度和最大高度（m）　　　　　　　　　　表 8-1

楼梯类别	最小宽度	最大高度
以楼梯作为主要垂直交通的公共建筑、非住宅类居住建筑的楼梯	0.26	0.165
住宅建筑公共楼梯、以电梯作为主要垂直交通的多层公共建筑和高层建筑裙房的楼梯	0.26	0.175
以电梯作为主要垂直交通的高层和超高层建筑楼梯	0.25	0.180

注：表中公共建筑及非住宅类居住建筑不包括托儿所、幼儿园、中小学及老年人照料设施。

踏步的宽度往往受到楼梯间进深的限制，在不改变楼梯踏步尺寸的情况下，使人上下楼梯更加舒适，可采用一些措施增加踏面宽度，如图 8-7 所示。

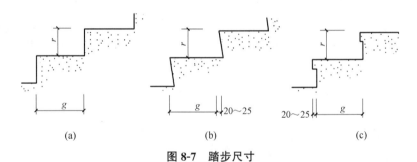

图 8-7　踏步尺寸

（a）正常处理的踏步；（b）踢面倾斜；（c）加做踏步缘

8.2.4　平台宽度

楼梯平台包括楼层平台和中间平台，封闭楼梯间楼层平台的净宽指最后一个踏步前缘到靠楼梯墙面的距离；非封闭楼梯间楼层平台的净宽指最后一个踏步前缘到靠走廊（大厅）墙面的距离；中间平台的净宽指外墙内墙面到扶手中心线的距离。当梯段改变方向时，扶手转向端处的平台净宽不应小于楼梯段净宽度，并且不小于1200mm；直跑楼梯的中间平台宽度不应小于0.9m。剪刀式楼梯的平台净宽不得小于1300mm，开敞楼梯间的楼层平台的净宽一般不小于500mm，如图 8-8 所示。

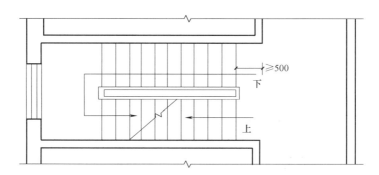

图 8-8　开敞楼梯间楼层平台的宽度

8.2.5　楼梯的净空高度

1. 楼梯段的净空高度

楼梯段的净空高度指梯段踏步前缘至其正上方结构下表面的垂直距离，应不小于 2200mm。楼梯段的计算范围应从楼梯段最前或最后踏步前缘分别往外 300mm 算起，如图 8-9 所示。

8-2
楼梯的
净高要求

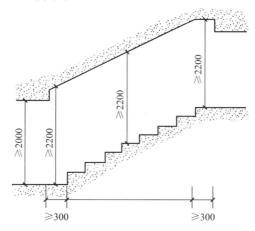

图 8-9　楼梯的净空高度

2. 平台上的净空高度

平台上的净空高度指平台面到上方结构下表面的垂直距离，不应小于 2000mm。当楼梯底层中间平台下设通道时，也要满足 2000mm 的要求，一般可以采用以下方法来处理：

（1）增加底层第一个梯段的踏步数，如图 8-10（a）所示。楼梯间进深较大时可采用这种方法，但一定要保证第一梯段上部的净空高度要求。

（2）降低底层中间平台下地坪的标高，如图 8-10（b）所示。这种办法增加了建筑物高度，从而升高了建筑造价。

（3）既增加底层第一楼梯梯段的踏步数，又降低底层中间平台下的地坪标高，这种方法避免了前两种方法的缺点，如图 8-10（c）所示。

（4）底层楼梯采用直跑楼梯，如图 8-10（d）所示，适用于层高和进深大的建筑。

3. 栏杆扶手高度

栏杆扶手高度是指踏步前缘到扶手顶面的垂直高度。楼梯应至少一侧设扶手，梯段净宽达三股人流时应在两侧设扶手，达四股人流时宜加设中间扶手。一般楼梯扶手高度不小于900mm，设置双层扶手时下层扶手高度宜为650mm。楼梯水平栏杆长度大于500mm时，其扶手高度不应小于1050mm。

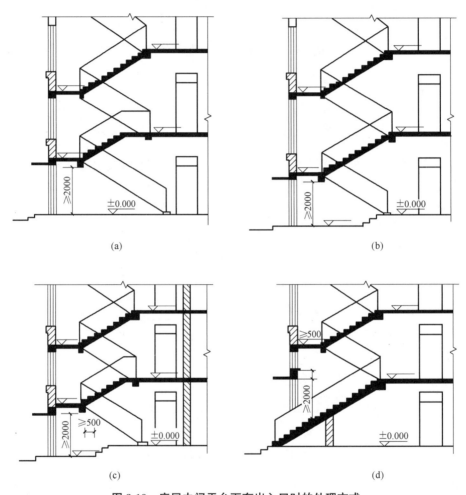

图 8-10　底层中间平台下有出入口时的处理方式

8.3　钢筋混凝土楼梯

钢筋混凝土楼梯按施工方法不同，主要有现浇整体式和预制装配式两类。

8.3.1　现浇钢筋混凝土楼梯

现浇钢筋混凝土楼梯是在施工现场支模、绑扎钢筋、浇筑混凝土而成的整体楼梯。楼梯段与休息平台整体浇筑，因而楼梯的整体刚性好，坚固耐久。现浇钢筋混凝土楼梯按楼梯段传力的特点分为板式和梁板式两种。

8-4
现浇
钢筋混凝土
楼梯

1. 板式楼梯

板式楼梯的梯段是一块斜放的板，它通常由梯段板、平台梁和平台板组成，如图 8-11 所示。梯段板承受着梯段的全部荷载，然后通过平台梁将荷载传给墙体或柱子。板式楼梯传力路线：楼梯段→平台梁→墙或柱，如图 8-12（a）所示。必要时，也可取消梯段板一端或两端的平台梁，使平台板与梯段板连为一体，形成折线形的板直接支承于墙或梁上，这种楼梯增加了平台下的空间，保证了平台下的净空高度，如图 8-12（b）所示。板式楼梯的梯段底面平整，外形简洁，便于支模施工。当梯段跨度不大时，常采用这种楼梯。当梯段跨度较大时，梯段板厚度增加，自重较大，不经济。

图 8-11　现浇板式楼梯

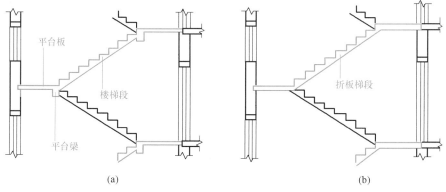

（a）　　　　　　　　　　　　　　　　　　（b）

图 8-12　现浇板式楼梯剖面图

（a）带平台梁；（b）不带平台梁

2. 梁板式楼梯

梁板式楼梯的梯段由斜梁和踏步组成。当楼梯踏步受到荷载作用时，踏步为一水平受力构件，踏步把荷载传递给斜梁，斜梁把荷载传递给与之相连的上下平台梁，最后，平台梁将荷载传给墙体或柱子。梁式楼梯传力路线：踏步→斜梁→平台梁→墙或柱。

斜梁与踏步在竖向的相对位置有两种，一种为明步（楼梯受力合理，底部不平整），即斜梁在踏步板之下，踏步外露；另一种为暗步（暗步楼梯易积灰，底部平整），即斜梁在踏步之上，形成反梁，踏步包在里面，如图 8-13 所示。斜梁也可以只设一根，通常有两种形式，一种是踏步的一端设梯梁，另一端搁置在墙上；另一种是将斜梁布置在踏步的中间，踏步向两侧悬挑，如图 8-14 所示。当荷载或梯段跨度较大时，采用梁板式楼梯比较经济，如教学楼、商场和图书馆等建筑的楼梯。

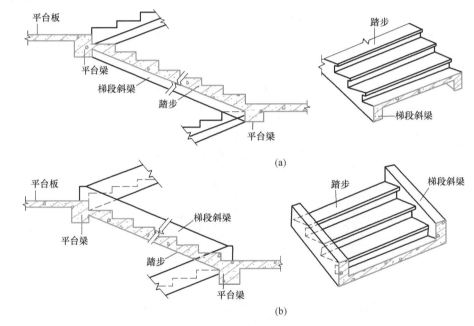

图 8-13　钢筋混凝土梁板式楼梯

（a）明步；（b）暗步

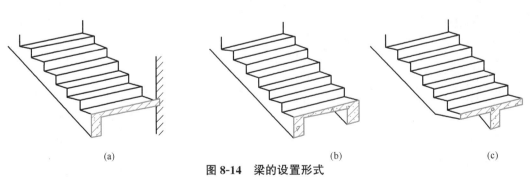

图 8-14　梁的设置形式

（a）梯段一侧设斜梁；（b）梯段两侧设斜梁；（c）梯段中间设斜梁

8.3.2　预制装配式钢筋混凝土楼梯

预制装配式钢筋混凝土楼梯的构造形式很多，根据构件尺度和装配程度可分为：小型构件装配式和中、大型构件装配式。

1. 小型构件装配式楼梯

小型构件装配式楼梯是将梯段、平台分割成若干部分，分别预制成小构件装配而成。按照预制踏步的支承方式分为悬挑式、墙承式、梁承式三种。

（1）悬挑式楼梯

悬挑式楼梯的一种形式是用承重墙压住踏步板的一端，另一端悬挑并安装栏杆。这种形式仅适用于次要楼梯且悬挑尺寸不宜大于 900mm，震区不宜采用，如图 8-15 所示。

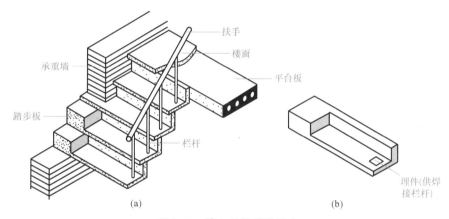

图 8-15　墙上悬挑楼梯踏步

（a）安装示意；（b）踏步板示意

（2）墙承式楼梯

用承重墙代替斜梁支承踏步板，在砌筑墙体时，随砌随安放踏步板。两个梯段之间也是实体墙，可在墙转向处留有漏窗，以利行人互相察觉避让，如图 8-16 所示。

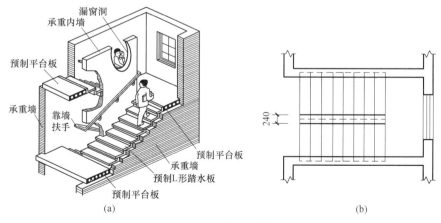

图 8-16　墙承式楼梯

（a）墙承式楼梯示意；（b）墙承式楼梯平面图

（3）梁承式楼梯

梁承式楼梯的主要构件有楼梯斜梁、踏步板、平台梁、平台板。预制踏步板支承在斜梁上，形成梁式梯段，斜梁支承在平台梁上。平台梁一般为 L 形断面。斜梁的断面形式，视踏步板的形式而定。三角形踏步一般采用矩形斜梁；楼梯为暗步时，可采用 L 形斜梁；L 形和一字形踏步应采用锯齿形斜梁，如图 8-17 所示。

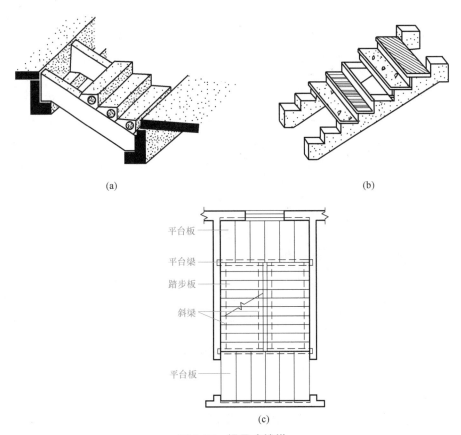

(a)   (b)

(c)

图 8-17　梁承式楼梯

（a）三角形空心踏步板与矩形斜梁；（b）一字形踏步板与锯齿形斜梁；（c）梁承式楼梯平面图

2. 大、中型构件装配式楼梯

大、中型构件装配式楼梯一般是把楼梯段和平台板作为基本构件。构件规格和数量少，装配容易，施工速度快，需要相应的吊装设备配合，可在成片建设的大量建筑中使用，如图 8-18 所示。

（1）平台板

平台板有带梁和不带梁两种。

带梁平台板是把平台梁和平台板制成一个构件，平台板一般采用槽形板，其中一个边肋截面较大，并留出缺口，以供搁置楼梯段用，如图 8-19 所示。当构件预制和吊装能力不高时，可把平台板和平台梁制作成两个构件。

（2）楼梯段

楼梯段有板式和梁板式两种。

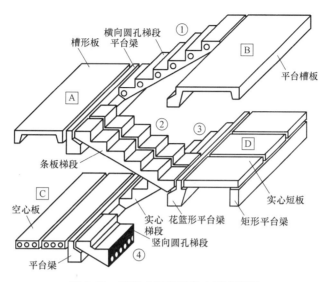

图 8-18 装配式钢筋混凝土板式楼梯

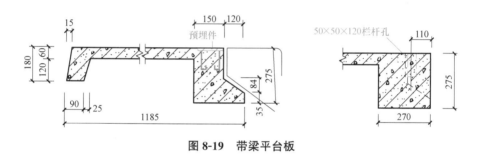

图 8-19 带梁平台板

1）板式梯段

板式梯段相当于是搁置在平台板上的斜板，有实心和空心之分。实心梯段加工简单，

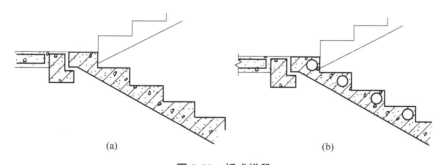

图 8-20 板式梯段

（a）实心梯段；（b）空心梯段

但自重大，如图 8-20（a）所示。空心梯段自重较小，多为横向留孔，孔形可为圆形或三角形，如图 8-20（b）所示。

2）梁式梯段

梁式梯段是把踏步板和边梁组合成一个构件，多为槽板式，如图 8-21（a）所示。梁式梯段是梁板合一的构件，一般比板式梯段节省材料。为了进一步节省材料，减轻自重，可对踏步截面进行处理，一般有以下几种方法：

①踏步板内留孔。

②把踏步板踏面和踢面相交处的凹角处理成小斜面。梯段的底面可以提高约10～20mm，如图8-21（b）所示。

③采用折板式踏步，这种方法节约材料，但加工复杂，且梯段底面不平整，容易积灰，如图8-21（c）所示。

为了加大大、中型预制装配式楼梯的整体性，各构件之间均应采用预埋铁件焊接或插筋套接。

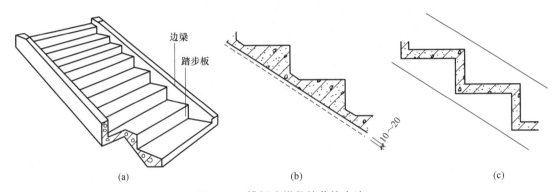

图 8-21 槽板式梯段的节约方法

（a）槽板式梯段；（b）处理凹角；（c）折板式踏步

8.3.3 楼梯的细部构造

8-6
楼梯踏步
细部常用
做法

楼梯细部是指楼梯段与踏步构造、踏步面层构造、栏杆（栏板）等。楼梯细部构造位置示意如图8-22所示。

1. 踏步面层和防滑构造

建筑物中，楼梯踏面最容易受到磨损，影响行走和美观，所以踏面应耐磨、防滑、便于清洗，并应有较强的装饰性。楼梯踏面材料一般与门厅或走道的地面材料一致，常用的有水泥砂浆、水磨石、花岗石、大理石和瓷砖等。

为防止行人滑倒，宜在踏步前缘设置防滑条，防滑条的两端应距墙面或栏杆留出不小于120mm的空隙，以便清扫垃圾和冲洗。防滑条的材料应耐磨、美观、行走舒适。常用水泥铁屑、水泥金刚砂、铸铁、铜、铝合金、缸砖等。具体做法如图8-23所示。

2. 栏杆（栏板）和扶手

（1）栏杆和栏板

栏杆或栏板是楼梯的安全设施，设置在楼梯或平台临空的一侧。

栏杆应有足够的强度，能够保证使用时的安全，一般采用方钢、圆钢、扁钢和钢管等制作成各种图案，既起安全防护作用，又有一定的装饰效果。其垂直杆件间的净间距不应超过110mm，如图8-24所示。

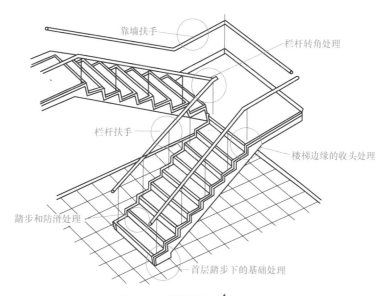

图 8-22　楼梯需细部处理部位

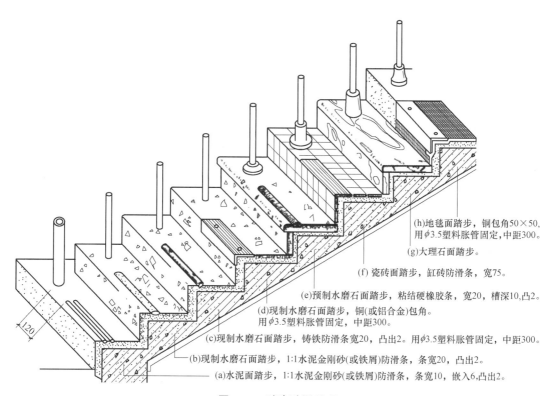

图 8-23　踏步防滑处理

栏板多采用钢筋混凝土或配筋的砖砌体。钢筋混凝土栏板一般采用现浇栏板，比较坚固、安全、耐久。配筋的砖砌体栏板用普通砖砌筑，每隔 1.0～1.2m 加设钢筋混凝土构造柱或在栏板外侧设钢筋网加固。还有一种组合栏杆，是将栏杆和栏板组合在一起的一种

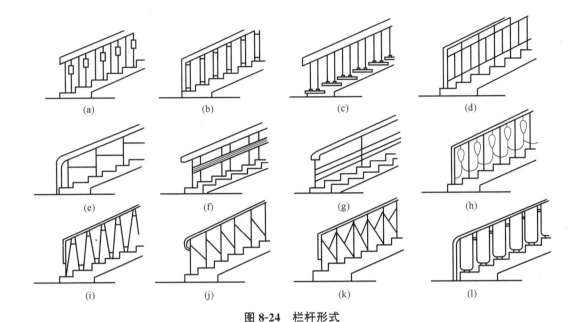

图 8-24　栏杆形式

混合形式。栏杆部分一般采用金属杆件，栏板部分可采用预制混凝土板材、有机玻璃、钢化玻璃和塑料板等。

栏杆与楼梯段的连接方式有多种：一种是栏杆与楼梯段上的预埋件焊接，如图 8-25 （a）所示；另一种是栏杆插入楼梯段上的预留洞中，用细石混凝土、水泥砂浆或螺栓固定，如图 8-25（b）、（c）所示；也可在踏步侧面预留孔洞或预埋铁件进行连接，如图 8-25 （d）、（e）所示。

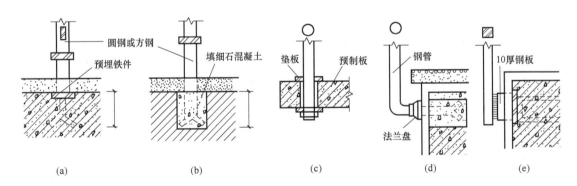

图 8-25　栏杆与楼梯段的连接

（a）梯段内预埋铁件；（b）梯段预留孔砂浆固定；（c）预留孔螺栓固定；（d）踏步侧面预留孔；
（e）踏步侧面预埋铁件

（2）扶手

扶手材料一般有硬木、金属管、塑料、水磨石和天然石材等，其断面形状和尺寸除考虑造型外，应以方便手握为宜，顶面宽度一般不大于 90mm，如图 8-26 所示。

顶层平台上的水平扶手端部应与墙体有可靠的连接。一般是在墙上预留孔洞，将连接

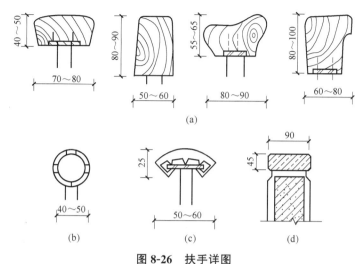

图 8-26　扶手详图

（a）木扶手；（b）金属扶手；（c）塑料扶手；（d）石材扶手

栏杆和扶手的扁钢插入洞中，用细石混凝土或水泥砂浆填实，如图 8-27（a）所示；也可将扁钢用木螺钉固定在墙内预埋的防腐木砖上，如图 8-27（b）所示；当为钢筋混凝土墙或柱时，则可预埋铁件焊接，如图 8-27（c）所示。

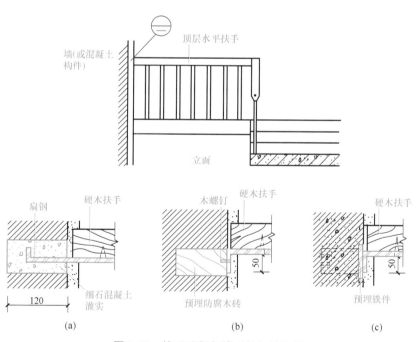

图 8-27　扶手端部与墙（柱）的连接

（a）预留孔插接；（b）预埋防腐木砖木螺钉连接；（c）预埋铁钉焊接

3. 楼梯转弯处扶手高差的处理

梯段扶手在平台转弯处往往存在高差应进行调整或处理。

（1）平台处的栏杆离梯井 1/2 踏步，如图 8-28（a）所示。

（2）上下楼梯段在同一位置时，把平台处的横向扶手倾斜设置，连接上下两段扶手，如图 8-28（b）所示。

（3）将上下梯段错开一个踏步，如图 8-28（c）所示。

（4）不等跑楼梯平台处的水平栏杆如图 8-28（d）所示。

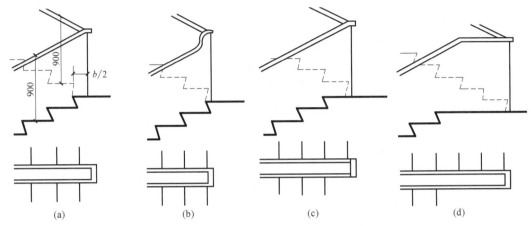

图 8-28 楼梯转弯处扶手高差的处理

（a）相错半步；（b）鹤顶；（c）相错一步；（d）水平扶手

4. 首层楼梯段的基础

楼梯首层第一个楼梯段不能直接搁置在地坪层上，需在其下面设置基础。楼梯段的基础做法有两种：一种是在楼梯段下直接设砖、石、混凝土基础，如图 8-29（a）所示；另一种是在楼梯间墙上搁置钢筋混凝土地梁，将楼梯段支承在地梁上，如图 8-29（b）所示。

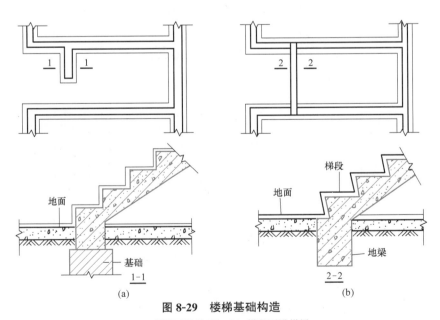

图 8-29 楼梯基础构造

（a）梯段下设基础；（b）梯段下设梯梁

8.4　台阶与坡道

台阶由踏步和平台组成，有室内和室外台阶之分，如图 8-30 所示。

室外台阶与坡道是设在建筑物出入口的辅助配件，用来解决建筑物室内外的高差问题。一般建筑物多采用台阶，当有车辆通行或室内外地面高差较小时，可采用坡道。

8-7
台阶

(a)　　　　　　　　　　　　　　　　(b)

图 8-30　室内台阶和室外台阶

（a）室内台阶；（b）室外台阶

8.4.1　室外台阶

台阶的适宜坡度为 $10°\sim23°$，台阶踏步高度一般为 $100\sim150\text{mm}$，不宜大于 150mm，且不宜小于 100mm，踏步的踏面宽度为 $300\sim400\text{mm}$，不宜小于 300mm，平台面应比门洞口每边至少宽出 500mm，并比室内地坪低 $20\sim50\text{mm}$，向外做出约 1% 的排水坡度。室内台阶踏步数不宜小于 2 级，当高度不足 2 级时，宜按坡道设置。台阶高度超过 700mm 时，应在临空面采取防护设施。

台阶的形式有单面踏步式、两面踏步式、三面踏步式，单面踏步式常带方形石、花池或台阶，或与坡道结合等，如图 8-31 所示。

台阶应在建筑物主体工程完成后再进行施工，并与主体结构之间留出约 10mm 的沉降缝。台阶的构造与地面相似，由面层、垫层和基层等组成，面层应采用水泥砂浆、混凝土、地砖和天然石材等耐气候作用的材料。在北方冰冻地区，室外台阶应考虑抗冻要求，面层选择抗冻、防滑的材料，并在垫层下设置非冻胀层或采用钢筋混凝土架空台阶，如图 8-32 所示。

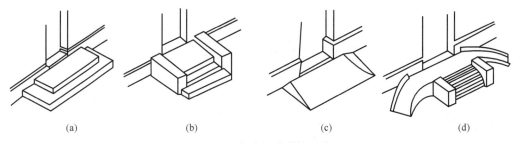

图 8-31　台阶与坡道的形式

（a）三面踏步；（b）单面踏步；（c）坡道式；（d）踏步坡道结合式

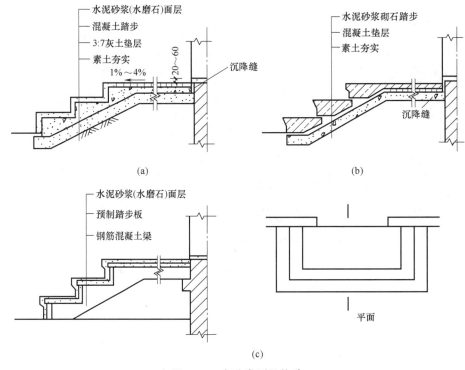

图 8-32　台阶类型及构造

（a）混凝土台阶；（b）石砌台阶；（c）钢筋混凝土架空台阶

8.4.2　坡道

　　考虑人在坡道上行走时的安全，坡道的坡度受面层做法的限制：光滑面层坡道不大于 1∶12，粗糙面层坡道（包括设置防滑条的坡道）不大于 1∶6，带防滑齿坡道不大于 1∶4。室内坡道坡度不宜大于 1∶8，室外坡道不宜小于 1∶10。坡道的构造与台阶基本相同，垫层的强度和厚度应根据坡道上的荷载来确定，季节冰冻地区的坡道需在垫层下设置非冻胀层，如图 8-33 所示。

　　在公共建筑中，除设置台阶外，还须在台阶的附近设置供残疾人使用的助残坡道。助残坡道的坡度随高差不同而不同。高差较小时（350mm 内），坡度不超过 1/12，高差较大

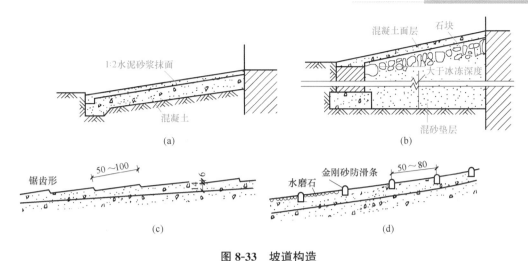

图 8-33　坡道构造

(a) 混凝土坡道；(b) 石砌坡道；(c) 防滑锯齿形坡道；(d) 带防滑条坡道

时（超过 350mm），坡度不超过 1/16。当坡道较长时（超过 3000mm）须设置休息平台，平台长度不得小于 1200mm，转角处的休息平台不小于 1500mm×1500mm。坡道总高度超过 700mm 时，应在临空面采取防护设施。

助残坡道的净宽不小于 1200mm，挡墙高度为 850mm，挡墙的顶面应设置便于手握的扶手杆，如图 8-34 所示。

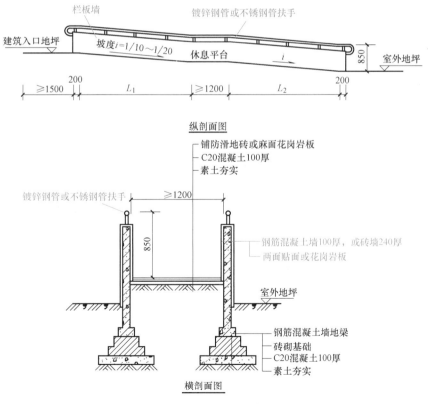

图 8-34　助残坡道

知识拓展

　　一般民用建筑应具有亲切、平易近人的感觉，室内外高差不宜过大，因此出入口处的台阶级数一般不会太多，一般 2～4 级，而纪念性建筑为了增强严肃、庄重、雄伟的气氛，一般采用高的台阶，并采用较多的踏步。对于厂房及仓储类建筑，为了便于运输，在出入口处常设置坡道，为了不使坡道过长而影响室外道路布置，室内外地面高差一般不宜超过 300mm。如图 8-35～图 8-37 所示。

图 8-35　实验楼入口处台阶

图 8-36　纪念碑的台阶

图 8-37　生产车间入口处的坡道

8.4.3　无障碍设计

　　随着社会的发展和进步，无障碍设计通过规划、设计减少或消除残疾人、老年人等弱势群体在公共空间（包括建筑空间、城市环境）活动中行为不便的问题。无障碍设计坡道如图 8-38 所示。

　　根据《无障碍设计规范》GB 50763—2012 规定：

　　1. 无障碍出入口的轮椅坡道及平坡出入口的坡道

　　应符合下列规定：

　　（1）平坡出入口的地面坡度不应大于 1∶20，当场地条件比较好时，不宜大于 1∶30。

图 8-38 无障碍设计图

（2）同时设置台阶和轮椅坡道的出入口，轮椅坡道的净宽度不应小于 1.00m，无障碍出入口的轮椅坡度道净宽度不应小于 1.20m。

（3）轮椅坡道的高度超过 300mm 且坡度大于 1：20 时，应在两侧设置扶手，坡道与休息平台的扶手应保持连贯。轮椅坡道起点、终点和中间休息平台的水平长度不应小于 1.50m。

（4）轮椅坡道的最大高度和水平长度应符合表 8-2 的规定。

轮椅坡道的最大高度和水平长度   表 8-2

坡度	1：20	1：16	1：12	1：10	1：8
最大高度（m）	1.20	0.90	0.75	0.60	0.30
水平长度（m）	24.00	14.40	9.00	6.00	2.40

注：其他坡度可用插入法进行计算。

2. 扶手

（1）无障碍单层扶手的高度应为 850～900mm，无障碍双层扶手的上层扶手高度应为 850～900mm，下层扶手高度应为 650～700mm。

（2）扶手应保持连贯，靠墙面扶手的起点和终点处应水平延伸不小于 300mm 的长度。

（3）扶手末端应向内拐到墙面或向下延伸不小于 100mm，栏杆式扶手应向下成弧形或延伸到地面上固定。

3. 无障碍楼梯

应符合下列规定：

（1）宜采用直线形楼梯。

（2）公共建筑楼梯的踏步宽度不应小于 280mm，踏步高度不应大于 160mm。

（3）不应采用无踢面和直角形突缘的踏步。

（4）宜在两侧均做扶手。

（5）如采用栏杆式楼梯，在栏杆下方宜设置安全阻挡措施。

（6）踏面应平整防滑或在踏面前缘设防滑条。

（7）距踏步起点和终点 250～300mm 宜设提示盲道。

（8）踏面和踢面的颜色宜有区分和对比。

（9）楼梯上行及下行的第一阶宜在颜色或材质上与平台有明显区别。

4. 台阶的无障碍设计

应符合下列规定：

（1）公共建筑的室内外台阶踏步宽度不宜小于 300mm，踏步高度不宜大于 150mm，并不应小于 100mm。

（2）踏步应防滑。

（3）三级及三级以上的台阶应在两侧设置扶手。

（4）台阶上行及下行的第一阶宜在颜色或材质上与其他阶有明显区别。

8.5 电梯

8.5.1 电梯

电梯根据功能可分为：客梯、货梯、病床梯、杂物梯、观光梯等；电梯根据消防要求可分为：普通客梯、消防电梯。

电梯由井道、轿厢、机房和平衡重等几部分组成，如图 8-39 所示。

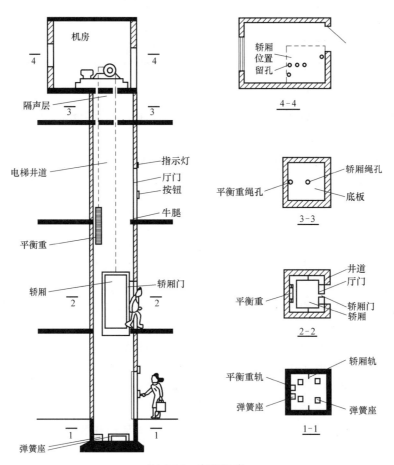

图 8-39 电梯组成

1. 井道

井道是电梯运行的竖向通道，可用砖或混凝土制成，为了安装轿厢和平衡重的导轨，须在井道内壁预留孔或埋件，垂直间距一般不超过 2m。井道的顶部应设置隔声层，底部应深入室内地坪，并安装弹簧座。井道还应设通风孔、排烟孔、检修孔。

2. 轿厢

轿厢由轿厢架和轿厢体组成，轿厢是运送乘客和货物的电梯组件，是电梯的工作部分。

轿厢要做到坚固、防火、通风、便于检修和疏散。轿厢门一般为推拉门，有一侧推拉和中分推拉两种。轿厢内应设置层数指示灯、运行控制器、排风扇、报警器、电话，顶部应有疏散孔。

3. 机房

机房是电梯运行的动力设备，有顶层机房和底层机房两种。机房的形状面积和预留孔等均应按电梯的型号、吨位等条件设计。主机下应设置减振垫层，以缓解电梯运行造成的噪声。

4. 平衡重

平衡重由铸铁块叠合而成，用以平衡轿厢的自重和荷载，减少起重设备的功率消耗。它的调节重量一般为轿厢的自重与额定荷载的 50% 之和。

5. 厅门

电梯厅的出入口称作厅门，厅门的外装修叫门套，用以突出其位置并设置指示灯和按钮。厅门一般为推拉门，它的门滑槽设在门下外挑的牛腿上。牛腿挑出的尺寸按厅门是中分式还是一侧式而定。一侧式的两扇门分别滑动在两个门槽内，因此所需牛腿的挑出尺寸要大些。

6. 导轨与支架

轿厢与平衡重的垂直运行，均须设置导轨，导轨与井道壁留有一定的距离，这个距离用支架予以调整。支架的竖向间距一般不大于 2m，可将铁件预埋在圈梁或混凝土块中。

8.5.2 自动扶梯

自动扶梯是一种连续运行的垂直交通设施，承载力较大，安全可靠，广泛用于人流量大的建筑中，如商场、火车站和地铁车站等，如图 8-40 所示。

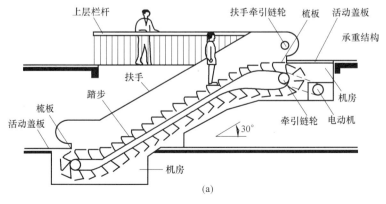

(a)

图 8-40 自动扶梯示意（一）

(a) 剖面示意

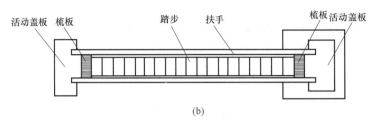

图 8-40 自动扶梯示意（二）
（b）平面示意

自动扶梯的角度有 27.3°、30°、35°，其中 30°最常用。自动扶梯由电机驱动，踏步与扶手同步运行，可以正向运行，也可逆向运行，停机时还可以当作临时楼梯使用。

习 题

一、填空题

1. 现浇钢筋混凝土楼梯，按梯段传力特点分为_____和_____。

2. 楼梯一般由_____、_____、_____三部分组成。

3. 楼梯段的踏步数一般不应超过_____级，且不应少于_____级。

4. 楼梯的坡度应控制在_____°至_____°之间。

5. 楼梯平台按位置不同分有_____平台和_____平台。

6. 楼梯中间平台净宽是指从_____到_____之间的距离。

7. 楼梯中间平台宽度不应_____梯段宽度。

8. 幼儿园供幼儿使用的楼梯扶手高度为_____mm。

9. 现浇板式楼梯通常由_____、_____和平台梁组成。

10. 小型构件装配式楼梯按照预制踏步的支承方式分为_____、_____、_____三种。

二、单选题

1. 楼梯构造不正确的是（   ）。

A. 楼梯踏步的踏面应光洁、耐磨、易于清扫

B. 水磨石面层的楼梯踏步近踏口处，一般不作防滑处理

C. 水泥砂浆面层的楼梯踏步近踏口处，可不作防滑处理

D. 楼梯栏杆应与踏步有可靠连接

2. 关于楼梯的构造说法正确的是（   ）。

A. 单跑楼梯梯段的踏步数一般不超过 18 级

B. 踏步宽度不应小于 280mm

C. 一个梯段的踏面数与踢面数相等

D. 楼梯各部位的净空高度均不应小于 2m

3. 双股人流通行的楼梯，梯段宽度至少为（   ）mm。

A. 1000   B. 1100   C. 1200   D. 1500

4. 楼梯平台净高度一般不小于（　　）mm。

A. 1900　　　　　　B. 2000　　　　　　C. 2100　　　　　　D. 2200

5. 楼梯梯段净高度一般不小于（　　）mm。

A. 1900　　　　　　B. 2000　　　　　　C. 2100　　　　　　D. 2200

6. 应用最广泛的楼梯是（　　）。

A. 直跑楼梯　　　　B. 双跑直跑楼梯　　C. 双跑平行楼梯　　D. 转角楼梯

7. 楼梯踏步高度不宜大于（　　）mm。

A. 150　　　　　　　B. 175　　　　　　　C. 200　　　　　　　D. 250

8. 室内楼梯的扶手高度通常为（　　）mm。

A. 700　　　　　　　B. 800　　　　　　　C. 900　　　　　　　D. 1000

9. 梁板式梯段由（　　）两部分组成。

A. 平台、栏杆　　　　　　　　　　　　B. 栏杆、梯斜梁

C. 梯斜梁、踏步板　　　　　　　　　　D. 踏步板、栏杆

10. 室外楼梯的踏步高一般为（　　）mm 左右。

A. 100　　　　　　　B. 150　　　　　　　C. 200　　　　　　　D. 250

三、简答题

1. 楼梯有何作用？其基本组成有哪些？

2. 常见的楼梯平面形式有哪些？各有何特点？

3. 楼梯净空高度及楼梯段净宽有何要求？

4. 楼梯间底层外墙设出入口时，中间平台下如何解决通行问题？

5. 楼梯为什么设置栏杆和扶手？扶手高度一般为多少？

6. 两种现浇钢筋混凝土楼梯荷载各是如何传递的？

7. 小型构件装配式楼梯有几种类型？各由几种构件组成？

8. 楼梯踏面常用的防滑措施有哪些？

9. 栏杆与梯段如何连接？

10. 顶层扶手与墙如何连接？

11. 台阶的平面形式有几种？

12. 坡道常见的防滑措施有哪些？

13. 轿厢式电梯主要由哪几部分组成？

Chapter 09

教学单元9

屋 顶

主要内容

1. 屋顶基本组成、屋顶形式；
2. 屋顶的排水及防水；
3. 屋顶的保温和隔热。

学习要点

1. 了解屋顶的基本组成及屋顶常见形式；
2. 熟练掌握平屋顶的排水方式；
3. 熟练掌握柔性防水屋面的构造要求、涂膜防水屋面的构造要求；
4. 熟悉坡屋顶的承重结构类型及坡屋顶的构造要求；
5. 掌握屋顶的保温和隔热措施。

思政元素

　　本单元在讲授屋顶时，将建筑在国家建设与发展中所起的作用与贡献，通过"中国古建筑屋顶形式""瓦屋面防水的发展史"等融入教学环节中，学生以小组的形式，收集我国建筑工程建设中在屋顶形式、屋顶排水、防水等方面取得的各项成绩，增加文化自信和民族自豪感。

思维导图

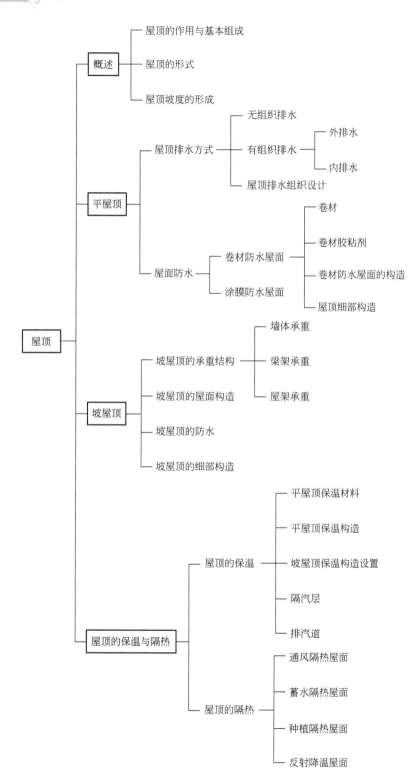

9.1 概述

9.1.1 屋顶的作用与基本组成

屋顶是建筑物最上层的覆盖构件，也是建筑物的重要组成部分，其主要作用有三方面：一是围护作用，防御自然界风、霜、雨、雪的侵袭，太阳辐射、温湿度的影响；二是承重作用，屋顶是房屋的水平承重构件，承受和传递屋顶上各种荷载，对房屋起着水平支撑作用；三是美观，屋顶的色彩及造型等对建筑艺术和风格有着十分重要的影响，是建筑造型的重要组成部分。

屋顶主要由三部分组成，即屋面、承重结构层和顶棚。

（1）屋面是屋顶的面层，它暴露在外面，直接受自然界的侵蚀和人为的冲击与摩擦。因此，屋面材料和做法要求具有一定的抗渗性能、抗摩擦性能和承载能力。

（2）承重结构是承受屋面上传来的荷载及屋面、顶棚和承重结构本身自重的结构层。

（3）顶棚是屋顶的底面，有直接抹灰和吊挂两种，可根据房间的保温、隔声、观瞻和造价要求选择顶棚形式和材料。

9.1.2 屋顶的形式

9-1
坡屋顶

屋顶的形式决定于屋面材料和承重结构形式，建筑屋顶形式随地域、民族、宗教、时代的不同和科技水平的发展，形成千姿百态、数不胜数的形式。常见的屋顶形式有平屋顶、坡屋顶和曲面屋顶。

为排除屋顶雨水，屋顶必须有一定的坡度，坡度小于3%的屋顶称为平屋顶。平屋顶是目前应用最广泛的屋顶形式，如图9-1所示。

9-2
常见的
曲面屋顶

坡屋顶通常指屋面坡度较陡的屋顶，其坡度大于等于3%。坡屋顶是我国传统建筑屋顶的主要形式，在民用建筑中广泛采用。在现代城市建设中为满足景观或建筑风格等需求也大量采用了坡屋顶，如图9-2所示。

曲面屋顶是由各种薄壁壳体、膜结构或悬索结构等作为承重结构的屋

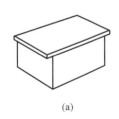
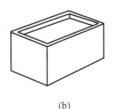
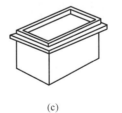
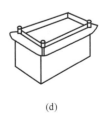

| (a) | (b) | (c) | (d) |

图 9-1　平屋顶

（a）挑檐平屋顶；（b）女儿墙平屋顶；（c）挑檐女儿墙平屋顶；（d）悬顶平屋顶

顶。这类屋顶的内力分布均匀合理，节约材料，适用于大跨度、大空间和造型特殊的屋顶，如图 9-3 所示。

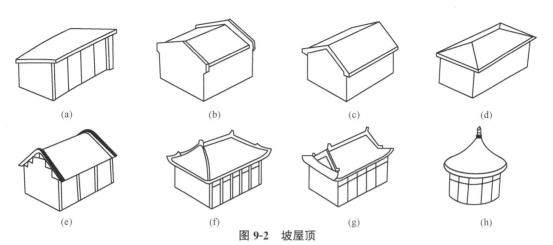

图 9-2　坡屋顶

（a）单坡顶；（b）硬山两坡顶；（c）悬山两坡顶；（d）四坡顶；（e）卷棚顶；
（f）庑殿顶；（g）歇山顶；（h）圆攒尖顶

图 9-3　曲面屋顶

（a）拱屋顶；（b）薄壳屋顶；（c）悬索屋顶；（d）折板屋顶

知识拓展

　　中国古代建筑的屋顶对建筑立面起着特别重要的作用。它那远远伸出的屋檐、富有弹性的屋檐曲线、由举架形成的稍有反曲的屋面、微微起翘的屋角（仰视屋角，角椽展开犹如鸟翅，故称"翼角"）以及硬山、悬山、歇山、庑殿、攒尖、十字脊、盝顶、重檐等众多屋顶形式的变化，加上灿烂夺目的琉璃瓦，使建筑物产生独特而强烈的视觉效果和艺术感染力。通过对屋顶进行种种组合，又使建筑物的体形和轮廓线变得愈加丰富，如图9-4所示。

(a)

(b)

图9-4　中国古代建筑

（a）硬山屋顶；（b）歇山屋顶

9.1.3　屋顶坡度的形成

　　屋顶的排水坡度主要取决于排水要求、防水材料、屋顶使用要求和屋面坡度形成方式等因素。平屋顶坡度形成方式主要有材料找坡和结构找坡两种形式。

1. 材料找坡

　　材料找坡是在水平的屋面板上面利用材料层的厚度差别形成一定的坡度（图9-5a）。找坡材料宜用水泥炉渣、石灰炉渣等轻质材料，找坡层最薄处不宜小于30mm。在实际工

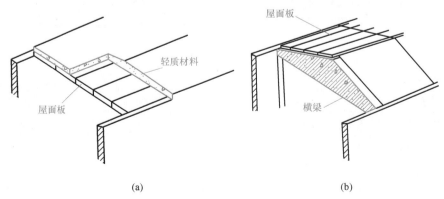

(a)　　　　　　　　　　　　　　(b)

图9-5　屋面坡度的形成

（a）材料找坡；（b）结构找坡

程中也常利用轻质保温层进行找坡。材料找坡室内平整，施工简单方便，但会增加材料用量，增加屋面自重，一般仅在小面积屋面中使用。平屋顶材料找坡的坡度不应小于 2%。

2. 结构找坡

结构找坡是要求支承屋面板的墙、梁或屋架等结构构件保持有一定坡度，屋面板铺设之后就形成了相应的坡度（图 9-5b）。结构找坡不需另加找坡材料，省工省料，没有附加荷载，施工方便、造价低，但室内顶棚稍有倾斜，一般在对室内空间要求不高或建筑功能允许的工业建筑和公共建筑中采用。平屋顶结构找坡的坡度不应小于 3%。

9.2 平屋顶

9.2.1　屋顶排水方式

为了迅速排除屋面雨水，除了屋顶设置坡度外，还需确定排水方式，进行屋顶排水组织设计。

屋面排水方式分无组织排水和有组织排水两大类。

1. 无组织排水

无组织排水是指屋面雨水直接从檐口滴落至地面的一种排水方式，因为不用天沟、雨水管等导流雨水，故又称自由落水。主要适用于少雨地区或一般低层建筑，相邻屋面高差小于 4m；不宜用于临街建筑和较高的建筑，如图 9-6 所示。

9-3
屋面排水
方式

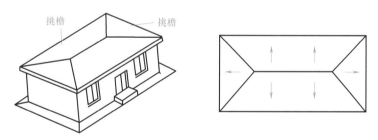

图 9-6　无组织排水

2. 有组织排水

屋面雨水顺坡汇集于檐沟或天沟，并在檐沟或天沟内填不小于 1% 纵坡，使雨水集中至雨水口，经雨水管排至室外地面或地下排水管网时称为有组织排水。如图 9-7 所示。

当建筑物较高或年降雨量较大时，应采用有组织排水，有组织排水按雨水管是在建筑物的外侧还是在内部分为外排水和内排水。

（1）外排水

根据檐口的做法，有组织外排水又可分为挑檐沟外排水、女儿墙外排水、女儿墙挑檐沟外排水等，如图 9-8 所示。

图 9-7 有组织排水

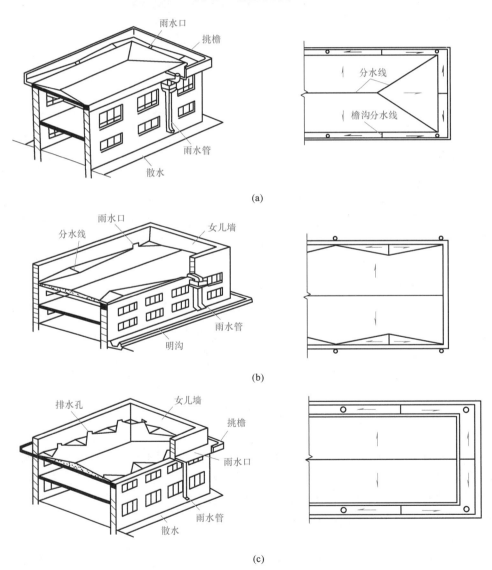

(a)

(b)

(c)

图 9-8 有组织外排水

（a）挑檐沟外排水；（b）女儿墙外排水；（c）女儿墙挑檐沟外排水

（2）内排水

内排水的雨水管设置于室内，因其构造复杂，易造成渗漏，多用在多跨建筑的中间跨、临街建筑，建筑立面美观和高层、超高层建筑和寒冷地区有以下情况宜采用或必须内排水等，如图 9-9 所示。

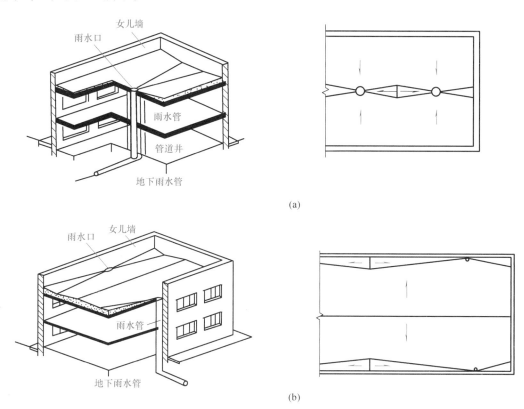

(a)

(b)

图 9-9　中间天沟内排水
（a）中间天沟内排水；（b）女儿墙内排水

（3）屋顶排水组织设计

1）确定排水方式

高层及寒冷地区的屋面宜采用内排水，多层屋面宜采用有组织排水，少雨地区的低层及檐高小于 10m 的屋面可采用无组织排水。多跨及汇水面积较大的屋面宜采用中间天沟排水，中间天沟排水时可采用中间内排水和两端外排水。

2）确定排水坡面

有组织排水应根据屋顶的形状、尺寸、地面排水方向或地下排水管位置以及建筑周围环境等条件综合安排。进深不超过 12m 的房屋和临街建筑可采用单坡排水，进深超过 12m 的房屋宜采用双坡或四坡。

3）确定雨水管规格及间距

常见的雨水管材料有 UPVC 管、玻璃钢管、金属管等。雨水管直径有 50mm、75mm、100mm、125mm、150mm、200mm 等几种规格。民用建筑雨水管多用 100mm。

雨水口间距不宜超过 8m，以防垫置纵坡过厚而增加屋顶荷载，如图 9-10 所示。

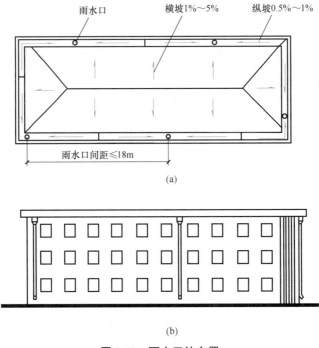

(a)

(b)

图 9-10　雨水口的布置

（a）屋面排水平面图；（b）雨水管在立面图中的表现

9.2.2　屋面防水

1. 卷材防水屋面

卷材防水屋面是利用防水卷材与胶粘剂结合，形成连续致密的构造层来防水的一种屋顶。卷材防水屋面由于其防水层具有一定的延伸性和适应变形的能力，又被称作柔性防水屋面，如图 9-11 所示。

9-5
卷材防水
屋面

图 9-11　卷材防水屋面

（1）卷材

1）高聚物改性沥青类防水卷材

高聚物改性沥青防水卷材是高分子聚合物改性沥青为涂盖层，纤维毡为胎体、粉状、粒状、片状或薄膜材料为覆面材料制成的可卷曲片状防水材料，如 SBS、APP、再生橡胶防水卷材、铝箔橡胶改性沥青防水卷材等，特点是较沥青防水卷材抗拉强度高，抗裂性好，有一定的温度适用范围。

2）合成高分子防水卷材

凡以各种合成橡胶、合成树脂或二者的混合物为主要原料，加入适量化学助剂和填充料加工制成的弹性或弹塑性卷材，均称为高分子防水卷材。如三元乙丙橡胶类、聚氯乙烯类、氯化聚乙烯类和 BAC 自粘防水卷材等。它具有抗拉强度高，抗老化性能好，抗撕裂强度高，低温韧性好以及冷施工等特点。

9-6
SBS防水卷材与APP防水卷材的区别

（2）卷材胶粘剂

高聚物改性沥青类防水卷材和合成高分子防水卷材都有配套的胶粘剂，如 SBS 改性沥青胶粘剂，三元乙丙橡胶卷材用聚氨酯底胶基层处理剂等。高聚物改性沥青类防水卷材的粘贴有热熔和冷粘两种施工方法，合成高分子防水卷材采用冷粘法施工。卷材与卷材胶粘剂，以及卷材与卷材复合使用时应具有相容性。屋面防水等级和设防要求应符合表 9-1 规定。

屋面防水等级和设防要求 表 9-1

防水等级	建筑类别	设防要求
Ⅰ级	重要建筑和高层建筑	两道防水设防
Ⅱ级	一般建筑	一道防水设防

（3）卷材防水屋面的构造

卷材防水屋面的构造层次，如图 9-12 所示。

1）结构层：现浇或预制钢筋混凝土屋面板。

2）找坡层：材料找坡时选用质轻且吸水率低的材料，如 1∶6～1∶8 水泥焦渣，按设计要求找坡，最薄处不小于 30mm，也可用保温材料铺设，但成本较高。结构找坡时则不设找坡层。

3）隔汽层：当屋面下为有水蒸气的房间，或寒冷地区的普通建筑，应在保温层下、结构层上设置隔汽层以防水蒸气渗透至保温层内影响保温效果。隔汽层应沿周边墙向上连续铺设，高出保温层上面不得小于 150mm。

4）保温层：多用水泥珍珠岩、水泥蛭石、泡沫混凝土等多孔材料，其厚度应按当地室外设计最低气温与设计室内温度的差额计算而得。

5）找平层：防水卷材要求铺在坚固平整的基层上，以防止卷材凹陷和断裂，因此，在松散材料上或不平整的

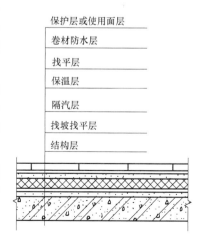

保护层或使用面层

卷材防水层

找平层

保温层

隔汽层

找坡找平层

结构层

图 9-12 卷材防水屋面构造层次

楼板上应设找平层。保温层上的找平层应留设分隔缝，缝宽宜为5～20mm，纵横缝的间距不宜大于6m。找平层应符合表9-2的规定。

找平层厚度和技术要求　　　　　　表9-2

找平层分类	适用的基层	厚度(mm)	技术要求
水泥砂浆	整体现浇混凝土板	15～20	1：2.5 水泥砂浆
水泥砂浆	整体材料保温层	20～25	1：2.5 水泥砂浆
细石混凝土	装配式混凝土板	30～35	C20 混凝土,宜加钢筋网片
细石混凝土	块状材料保温层	30～35	C20 混凝土

6）结合层：如果在水泥砂浆找平层上涂刷卷材胶粘剂不易粘牢，应先涂刷结合层，一般常用冷底子油作结合层，或直接涂刷配套基层及卷材胶粘剂。

7）防水层：由防水卷材和相应的卷材胶粘剂分层粘结而成，层数或厚度由防水等级确定（表9-3）。具有单独防水能力的一个防水层次称为一道防水设防。

每道卷材防水层最小厚度规定（mm）　　　　　　表9-3

防水等级	合成高分子防水卷材	高聚物改性沥青防水卷材	防水等级	合成高分子防水卷材
		聚酯胎、玻纤胎、聚乙烯胎	自粘聚酯胎	自粘无胎
Ⅰ级	1.2	3.0	2.0	1.5
Ⅱ级	1.5	4.0	3.0	2.0

① 高聚物改性沥青防水层：其铺贴方法有热熔法和冷粘法两种。热熔法是以专用的热熔机具或喷灯烘烤卷材底面与基层，当烘烤到卷材的底面涂油有光泽并发黑时卷材涂油已近熔化，此时将卷材向前滚动便可与基层粘结，并辊压牢实，如图9-13所示。冷粘法是以橡胶改性沥青冷胶粘剂粘贴卷材的一种施工方法。这种方法主要用于单层防水构造及叠层防水构造的下层，在通常情况下，采用点粘或条粘的方法。卷材厚度为小于等于2mm 时，必须使用冷粘法。使用冷粘剂时应涂刷均匀，控制好冷粘剂涂刷与卷材铺贴的间隔时间，应用热熔法处理搭接部位和卷材收头部位。

图9-13　高聚物改性沥青卷材
做法（热熔法）

② 合成高分子卷材防水层（以三元乙丙卷材防水层为例）：先在基层上涂刷基层处理剂（如CX－404胶等），要求薄而均匀，干燥不粘后即可铺贴卷材。卷材一般应由屋面低处向高处铺贴，并按水流方向铺贴；卷材可垂直或平行于屋脊方向铺贴。卷材铺贴时要求保持自然松弛状态，不能拉得过紧。铺好后立即用工具滚压密实，搭接部位用胶粘剂均匀涂刷结合。如图9-14为高分子防水卷材屋面的施工现场。

8）隔离层

在刚性保护层（块体材料、水泥砂浆、细石混凝土保护层）与防水卷材、涂膜防水层之间应设隔离层，常用的隔离层材料有塑料膜、土工布、卷材、低强度等级砂浆等。

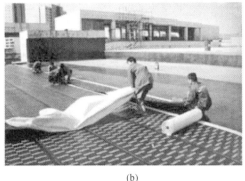

(a)　　　　　　　　　　　　　　　　(b)

图 9-14　高分子防水卷材做法（冷粘法）

（a）涂刷粘结材料；（b）铺设防水卷材

知识拓展

　　土工布是一种新型建筑材料，原料是涤纶、丙纶、腈纶、锦纶等高分子聚合物的合成纤维。按照制造方法分为：有纺土工布和无纺土工布两种类型。一般工程主要使用的是无纺土工布，土工布具有防渗、反滤、排水、隔离、加固、防护、密封等多种功能，它与常规的砌石及混凝土材料防渗效果相比，具有投资低，施工工艺简单，工期短，防渗效果好，渠道有效利用系数高等优点，如图 9-15 所示。

图 9-15　土工布

　　土工布主要有以下三个系列：

　　1. 针刺无纺土工布，规格 $100\sim600\text{g/m}^2$ 之间任意选择，主要原材料是采用涤纶短纤或丙纶短纤，通过针刺法制成，主要用途是：江、海、湖河堤的护坡，围海造田、码头、船闸防汛抢险等工程，是通过返滤起到水土保持和防止管涌的有效途径。

　　2. 针刺无纺布与 PE 膜复合土工布，规格有"一布一膜，二布一膜"，最大幅宽 4.2m 主要原材料是要用涤纶短纤维针刺无纺布，PE 膜通过复合而成，主要用途是防渗，适用于铁路，高速公路、隧道、地铁、机场等工程。

　　3. 无纺与有纺复合土工布，品种有无纺与丙纶长丝机织复合，无纺与塑料编织复合，适用于基础加固、调整渗透系数的基础工程设施。

　　9）保护层

　　卷材防水层裸露在屋面上，容易老化，为保护防水层、延缓卷材老化、增加使用年限，卷材表面应设保护层。上人屋面保护层可采用块体材料、细石混凝土等材料，不上人屋面保护层可采用浅色材料、铝箔、矿物粒料、水泥砂浆等材料。

混凝土刚性保护层的防裂措施：

（1）设隔离层：常用的隔离层材料有塑料膜、土工布、卷材、低强度等级砂浆等。

（2）双向配筋：采用双向 $\phi 6$ 配筋，间距 100~200mm。

（3）设分仓缝：缝宽 20mm 左右，如图 9-16 所示。

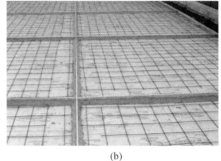

(a)　　　　　　　　　　　　　　　(b)

图 9-16　分仓缝

（a）混凝土保护层分仓缝；（b）大阶砖保护层分仓缝

（4）屋顶细部构造

屋顶细部是指屋面上的泛水、天沟、雨水口、檐口、变形缝等部位，这些部位易漏水，必须作特殊的防水处理。

1）泛水构造

屋面与垂直墙面交接处的防水处理叫做泛水，如图 9-17 所示。平屋顶排水不及坡屋顶排水通畅，应允许有一定深度的囤水量，也就是泛水要具有足够的高度方能防止雨水四溢和渗漏。

图 9-17　泛水

泛水的构造要点和做法如图 9-18 所示。

① 泛水的高度一般自屋面层算起，应不小于 250mm。

② 将屋面防水卷材铺至垂直墙面上，形成卷材泛水，并加铺一层卷材。

③ 转角处抹成圆弧形，圆弧半径 $R=50\sim 100mm$。

④ 做好卷材收头处理：必须将卷材端部嵌入墙内封牢，否则将造成防水层出现起翘或脱落而渗漏。

⑤ 做好卷材收头盖缝处理，以防漏水。

2）檐口构造

① 自由落水檐口

自由落水檐口也称挑檐，是从屋顶悬挑出不小于 400mm 宽的檐板，以利雨水下落时

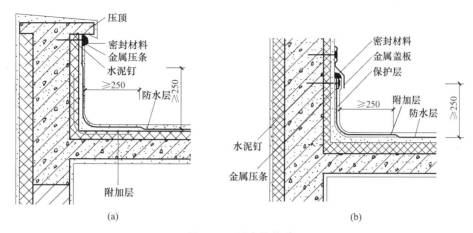

图 9-18　泛水的构造

（a）低女儿墙处泛水构造；（b）高女儿墙处泛水构造

不致浇墙。自由落水的檐口分悬挑板式和悬挑梁板式，施工方法有现浇和预制两类。

自由落水檐口的防水要点之一是卷材防水材料在檐口端部的收头做法；其二是檐口底板面端头的滴水槽，具体做法如图 9-19 所示。

② 有组织排水檐口

a. 檐沟

檐沟是在屋顶边缘处悬挑出排水天沟，并将雨水导向雨水口的做法；檐沟可预制或现浇。檐沟的构造要点是卷材防水材料在沟底的铺设和在沟壁顶部的收头固定、檐沟板底面的滴水处理，具体做法如图 9-20 所示。

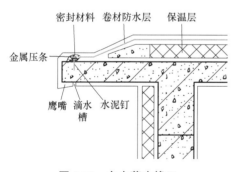

图 9-19　自由落水檐口

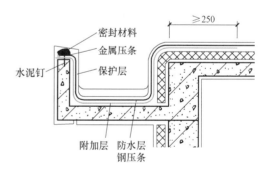

图 9-20　檐沟及其收头处理

b. 女儿墙檐沟檐口

女儿墙处的檐沟可预制或现浇，也可利用找坡层或保温层形成沟状。女儿墙檐口的构造是泛水的处理和压顶处理。

3）雨水口构造

9-8
雨水口

雨水口是屋面雨水汇集并排至水落管的关键部位。直式雨水口用于天沟沟底开洞；横式雨水口用于女儿墙外排水。雨水斗的位置应注意其标高，保证为排水最低点，雨水口周围直径 500mm 范围内坡度不应小于 5%，防水层和附加层伸入水落口杯口不应小于 50mm，并应粘结牢固。如图 9-21、图 9-22 所示。

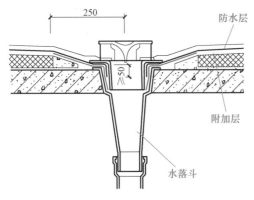

图 9-21　直式雨水口构造

图 9-22　女儿墙雨水口

9-9
卷材屋面
漏水的原因
及维修

9-10
涂膜防水

常用的排水配件由三部分组成：雨水口、雨水斗、雨水管。

2. 涂膜防水屋面

涂膜防水屋面是用防水材料刷在屋面基层上，利用涂料干燥或固化以后的不透水性来达到防水的目的。

（1）涂膜防水材料

按其溶剂或稀释剂的类型：溶剂型、水溶性、乳液型；按施工时涂料液化方法：热熔型、常温型。常用的有高聚物改性沥青防水涂料、合成高分子防水涂料、聚合物水泥防水涂料等，如图 9-23 所示。

图 9-23　常见的防水涂料

（2）涂膜防水屋面的构造（表 9-4、表 9-5）

涂膜屋面构造的层次　　　　　　　　　　　　表 9-4

找平层	在屋面板上用 1：2.5～1：3 的水泥砂浆做 15～20mm 厚的找平层并设分格缝，分格缝宽 20mm，其间距 ≤6m，缝内嵌填密封材料
底涂层	将稀释涂料（防水涂料：0.5～1.0 的离子水溶液 6：4 或 7：3）均匀涂布于找平层上作为底涂，干后再刷 2～3 度涂料
中涂层	中涂层要铺贴玻纤网格布，有干铺和湿铺两种施工方法：在已干的底涂层上干铺玻纤网格布，展开后加以点粘固定，当铺过两个纵向搭接缝以后依次涂刷防水涂料 2～3 度，待涂层干后按上述做法铺第二层网格布，然后再涂刷 1～2 度

面层	面层根据需要可做细砂保护层或涂覆着色层。细砂保护层是在未干的中涂层上抛撒 20mm 厚浅色细砂并辊压，着色层可使用防水涂料或耐老化的高分子乳液作粘合剂，加上各种矿物养料配制成成品着色剂，涂布于中涂层表面

每道涂膜防水层最小厚度规定（单位：mm）　　　　　　　表 9-5

防水等级	聚合物水泥防水涂膜	合成高分子防水涂膜	高聚物改性沥青防水涂膜
Ⅰ级	1.2	1.5	2.0
Ⅱ级	2.0	2.0	3.0

（3）涂膜防水屋面的细部构造

涂抹防水屋面的细部构造要求及做法类同卷材防水屋面，如图 9-24 所示。

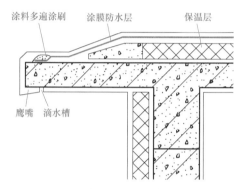

图 9-24　涂料防水屋面檐口构造

9-11
涂膜屋面
漏水的原因
及维修

9.3　坡屋顶

坡屋顶是我国常见的屋顶形式，形式多种多样，造型丰富多彩。坡屋顶的构造与平屋顶相比有明显的不同。

9-12
屋架

9.3.1　坡屋顶的承重结构

屋架的承重结构主要有墙体承重、梁架承重、屋架承重等，如图 9-25 所示。

1. 墙体承重

横墙间距较小（不大于 4m）时，可以将横墙上部砌成三角形直接搁置檩条来承受屋顶荷载。在双坡屋顶中，外横墙顶部呈山尖形，故俗称山墙，因山墙承重故又称硬山，这类结构形式又称硬山搁檩，如图 9-26 所示。

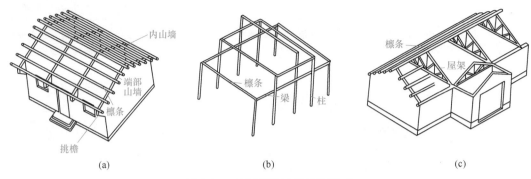

图 9-25　坡屋顶的承重结构形式
（a）墙体承重；（b）梁架承重；（c）屋架承重

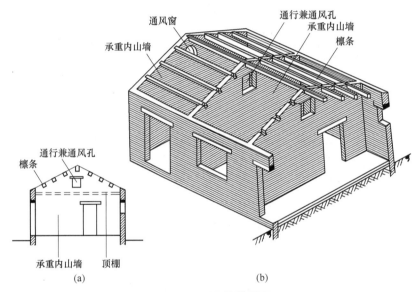

图 9-26　硬山搁檩屋顶
（a）剖面图；（b）示意图

知识拓展

　　山墙常见的两种形式：硬山和悬山。

　　1. 硬山

　　硬山分两种做法，一是平硬山，屋面与山墙顶基本砌平；二是高硬山（也叫高封山），将山墙砌出屋面形成女儿墙，顶部外跳砖或作混凝土压顶。如有特殊要求的高硬山（如作防火墙）高度超过 500mm 时，应采取加固措施，如图 9-27 所示。

　　2. 悬山

　　屋面有前后两坡，而且两坡屋面悬于山墙或屋架之外。这种屋顶外形美观，但耗材较多，如图 9-28 所示。

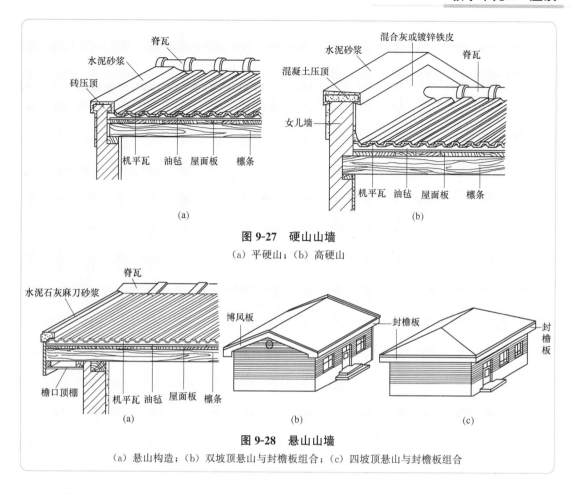

图 9-27　硬山山墙

（a）平硬山；（b）高硬山

图 9-28　悬山山墙

（a）悬山构造；（b）双坡顶悬山与封檐板组合；（c）四坡顶悬山与封檐板组合

2. 梁架承重

梁架承重是我国传统的结构形式，它有柱和梁组成，檩条置于梁上，承受屋面荷载。墙体只起围护和分隔作用，如图 9-29 所示。

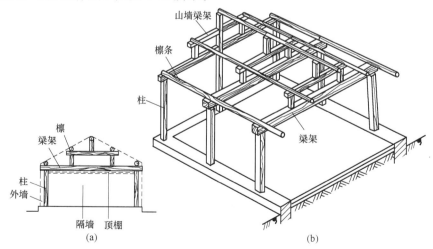

图 9-29　梁架承重坡屋顶

（a）剖面图；（b）示意图

3. 屋架承重

屋架承重是指由一组杆件在同一平面内互相结合而成的桁架，其上搁置承重构件（如檩条）来承受屋顶荷载的结构方式。屋架可根据排水坡和空间要求，组成三角形、梯形、矩形、多边形屋架，如图 9-30 所示。屋架中各杆件受力合理，因而杆件截面较小，并能获得较大的跨度和空间。这种承重方式可以形成较大的内部空间，多用于要求有较大空间的建筑。

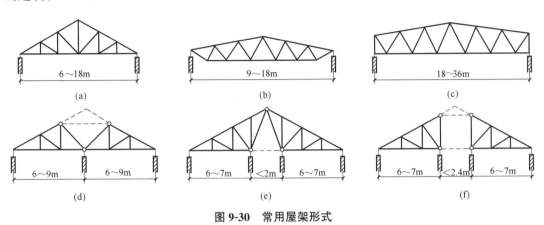

图 9-30　常用屋架形式

(a) 豪式屋架；(b) 梭形屋架；(c) 梯形屋架；(d) 三支点屋架；(e) 四支点屋架；(f) 四支点屋架

9.3.2　坡屋顶的屋面构造

9-13
烧结瓦

1. 冷摊瓦平瓦屋面

先在檩条上顺水流方向钉木椽条，断面一般为 40mm×60mm 或 50mm×50mm，中距 400mm 左右；然后在椽条上垂直于水流方向钉挂瓦条，最后盖瓦。挂瓦条的断面尺寸一般为 30mm×30mm，中距 330mm，如图 9-31 所示。

2. 木望板平瓦屋面

这种屋面由于有木望板和油毡，避风保温效果优于前一种做法，如图 9-32 所示。其构造方法是先在檩条上铺钉 15～20mm 厚木望板，然后在望板上干铺一层油毡，油毡须平行于屋脊铺设并顺水流方向钉木压毡条，压毡条又称为顺水条，其面尺寸为 30mm×15mm，中距 500mm。挂瓦条平行于屋脊钉在顺水条上面，其断面和中距与冷摊瓦屋面相同。

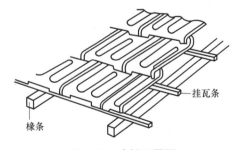

图 9-31　冷摊瓦屋面

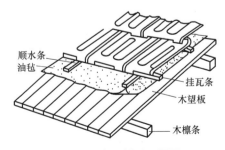

图 9-32　木望板平瓦屋面

3. 钢筋混凝土挂瓦板平瓦屋面

挂瓦板为预应力或非预应力混凝土构件，板肋根部预留有泄水孔，可以排出瓦缝渗下的雨水。挂瓦板的断面有 T 形、F 形等，板肋用来挂瓦，中距 330mm。板缝用 1∶3 水泥砂浆嵌填，如图 9-33 所示。

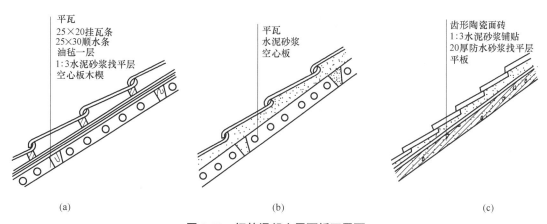

图 9-33　钢筋混凝土屋面板瓦屋面

（a）挂瓦条挂瓦；（b）草泥窝瓦；（c）砂浆贴瓦

4. 彩色压型钢板屋面

金属瓦屋面是用镀锌铁皮或铝合金瓦做防水层的一种屋面，主要用于大跨度建筑的屋面。彩色压型钢板屋面简称彩板屋面，根据彩板的功能构造分为单层彩板和保温夹芯彩板。

（1）单彩板屋面

单彩板屋面大多数将彩板直接支承于檩条上，一般为槽钢、工字钢或轻钢檩条。檩条间距视屋面板型号而定，一般为 1.5～3.0m，如图 9-34 所示。

屋面板的坡度大小与降雨量、板型、拼缝方式有关，一般不小于 3°。

图 9-34　单彩板

（2）保温夹芯板屋面

保温夹芯板是由彩色涂层钢板作表层，自熄型聚苯乙烯泡沫塑料或硬质聚氨酯泡沫作芯材，通过加压加热固化制成的夹芯板，如图 9-35 所示。

保温夹芯板屋面坡度为 1/20～1/6，在腐蚀环境中屋面坡度应大于等于 1/12。

图 9-35　保温夹芯板

9.3.3　坡屋顶的防水

需要根据建筑高度、风力、环境等因素确定坡屋顶类型、坡度和防水垫层，并应符合表 9-6 的规定。

屋面类型　　　　　　　　　　　　　　　　　　　　　　　　　表 9-6

坡度与垫层	屋面类型						
	沥青瓦屋面	块瓦屋面	波形瓦屋面	防水卷材屋面	金属板屋面		装配式轻型坡屋面
					压型金属板屋面	夹心板屋面	
使用坡度（%）	≥20	≥30	≥30	≥3	≥5	≥5	≥20
防水垫层	应选	应选	应选	—	一级应选，二级宜选	—	应选

1. 防水垫层主要采用的材料

（1）沥青类防水垫层：自粘聚合物沥青防水垫层、聚合物改性沥青防水垫层、波形沥青通风防水垫层等。

（2）高分子类防水垫层：铝箔复合隔热防水垫层、塑料防水垫层、透气防水垫、聚乙烯丙纶防水垫层。

（3）防水卷材和防水涂料。

2. 防水垫层在瓦屋面构造层次中的位置

（1）防水垫层铺设在瓦材和屋面板之间，此时屋面板应为内保温隔热，如图 9-36 所示。

（2）防水垫层铺设在持钉层和保温隔热之间，此时应在防水垫层上铺设配筋细石混凝土持钉层，如图 9-37 所示。

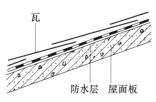

图 9-36　防水垫层铺设在
瓦材和屋面板之间

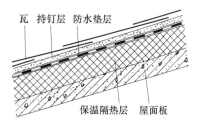

图 9-37　防水垫层铺设在
持钉层和保温隔热层之间

（3）防水垫层铺设在保温隔热层和屋面板之间，此时瓦材应固定在配筋细石混凝土持钉层，如图 9-38 所示。

（4）防水垫层或隔热防水垫层铺设在挂瓦条和顺水条之间，此时防水垫层已成下垂凹形，如图 9-39 所示。

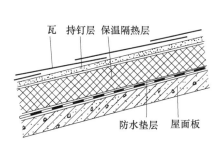

图 9-38　防水垫层铺设在
保温隔热层和屋面板之间

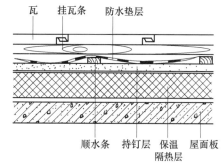

图 9-39　防水垫层在挂瓦条和
顺水条之间

防水垫层可空铺、满粘或机械固定。屋面坡度大于 50%，防水垫层宜采用机械固定或满粘法施工。防水垫层的搭接长度不得小于 100mm。屋面防水等级为一级时，固定顶穿透非自粘防水垫层，钉孔部位应采取密封措施。

9.3.4　坡屋顶的细部构造

1. 屋脊构造

屋脊部位应增设防水垫层附加层，宽度不小于 250mm，防水垫层应顺流水方向铺设和搭接，如图 9-40 所示。

9-14
坡屋顶
挑檐沟构造

2. 挑檐构造

挑檐应增设防水垫层附加层，严寒地区或大风区域，烧结瓦、混凝土瓦屋面的瓦头挑出檐口的长度宜为 50～70mm；沥青瓦屋面挑出檐口的长度宜为 10～20mm；金属板屋面挑出墙面的长度不应小于 200mm，如图 9-41 所示。

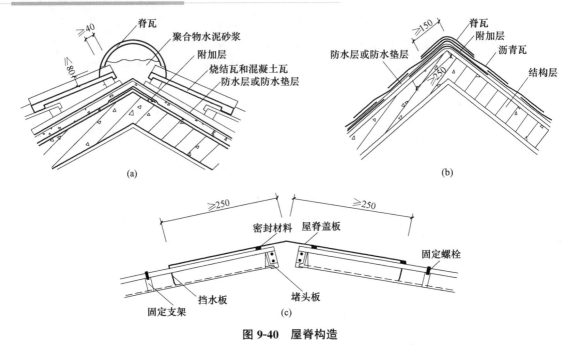

图 9-40 屋脊构造

（a）烧结瓦、混凝土瓦屋面屋脊；（b）沥青瓦屋面屋脊；（c）金属板材屋面屋脊

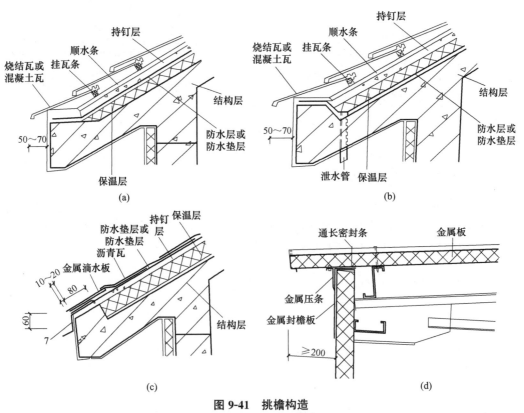

图 9-41 挑檐构造

（a）烧结瓦、混凝土瓦屋面檐口（一）；（b）烧结瓦、混凝土瓦屋面檐口（二）；

（c）沥青瓦屋面檐口；（d）金属板屋面檐口

3. 檐沟构造

檐沟应增设防水垫层附加层，檐口部位的防水垫层的附加层应由屋面延伸铺入檐沟内，如图 9-42 所示。

4. 天沟构造

天沟部位应沿天沟中心线增设防水垫层附加层，宽度不小于 1000mm，铺设防水垫层和瓦材应顺流水方向进行，如图 9-43 所示。

5. 山墙构造

山墙防水构造常见有烧结瓦、混凝土瓦屋面山墙、沥青瓦屋面山墙、压型金属板屋面山墙，具体做法如图 9-44 所示。

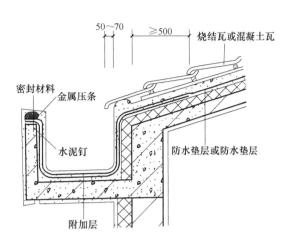

图 9-42 烧结瓦、混凝土瓦屋面檐沟构造

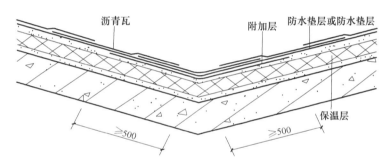

图 9-43 沥青瓦屋面天沟构造

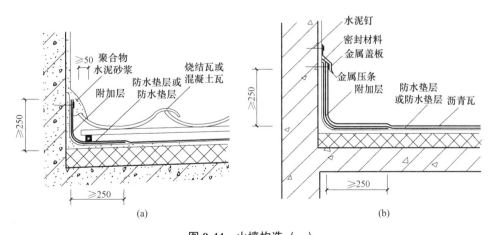

(a)   (b)

图 9-44 山墙构造（一）

（a）烧结瓦、混凝土瓦屋面山墙；（b）沥青瓦屋面山墙

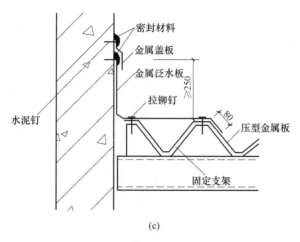

(c)

图 9-44　山墙构造（二）

（c）金属板材屋面山墙

9.4　屋顶的保温与隔热

9.4.1　屋顶的保温

9-15
板块状
保温材料

在寒冷地区或装有空调设备的建筑中，屋顶应设计成保温屋顶。为了提高屋顶的热阻，需要在屋顶中增加保温层。

1. 平屋顶保温材料

保温材料应具有吸水率低，导热系数较小并具有一定的强度的性能，具体材料见表 9-7。

保温层及保温材料　　　　　　　　　　　　　　　　　　表 9-7

保温层	保温材料
板状材料保温层	聚苯乙烯泡沫塑料，硬质聚氨酯泡沫塑料，膨胀珍珠岩制品，泡沫玻璃制品，加气混凝土砌块，泡沫混凝土砌块
纤维材料保温层	玻璃棉制品，岩棉、矿渣棉制品
整体材料保温层	喷涂硬泡聚氨酯，现浇泡沫混凝土

2. 平屋顶保温构造

根据结构层、防水层和保温层所处的位置不同，有下面几种情况：

（1）保温层设在防水层与结构层之间，成为封闭的保温层，叫正铺法，该种做法构造简单、施工方便、被广泛采用，如图 9-45（a）所示。

（2）保温层设在防水层之上，成为敞露的保温层，又叫倒铺法，该种做法的优点是防水层不受外界气温变化的影响，不易受外来作用力的破坏；缺点是保温材料受限，要求吸湿性低、耐候性强。如聚氨酯和聚苯乙烯发泡材料、膨胀沥青珍珠岩等。保温层上要用混凝土、卵石等较重的材料压住，如图 9-45（b）所示。

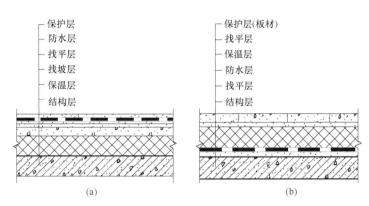

图 9-45　平屋顶屋面保温构造做法

（a）正铺法；（b）倒铺法

（3）保温层与结构层结合

1）槽形板内设置保温层，如图 9-46（a）、（b）所示。

2）用加筋的加气混凝土板将承重与保温结合在一起，如图 9-46（c）、（d）所示。

该种做法减少了屋顶的构造层次，施工简单，但构件制作工艺复杂，自重较大，板底易出现裂缝，板肋和板缝处易产生"热桥"现象。

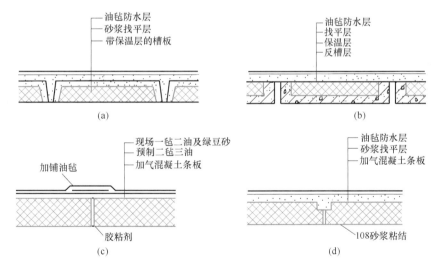

图 9-46　保温层与结构层结合的屋顶

3. 坡屋顶保温构造设置

（1）采用屋面层保温时：保温层设置在瓦材下面或檩条之间。

（2）采用顶棚层保温时：通常需在顶棚龙骨上铺板，板上设保温层，可以达到保温和隔热的双重效果。

4. 隔汽层

在北方采暖地区，冬季室内的湿度比室外大，室内水蒸气将向室外渗透。在屋顶中，当水蒸气透过结构层进入保温层后，会使保温层含水率增加，导热系数也随之增大，致使保温能力下降。又由于保温层上面的防水层是不透气的，保温层中的水分不能散失，保温层会逐渐随着水分的增加而失去保温作用。

处理方法是在保温层下设置隔蒸汽层，简称隔汽层，以防止室内水蒸气进入保温层内。一般情况下保温层设在结构层之上、防水层之下。在设置隔汽层的同时，为了排除进入保温层的水蒸气，要设置排气道，在屋顶上做排气孔。

5. 排气道

也叫透气层，为了解决排除水蒸气的问题需要在保温层中设排气道。找平层设置的分格缝可兼作排气道，排气道的宽度宜为 40mm；同时，找平层内也在相应留槽作排气道，并在其上干铺一层油毡条，用玛琋脂单边点贴覆盖。排气道应纵横贯通，并应与大气连通的排气孔相通，排气孔可设在檐口下或纵横排气道的交叉处；排气道的间距宜为 6m，排气孔的数量应根据基层的潮湿程度确定，一般每 36m² 设置一个。

9.4.2　屋顶的隔热

1. 通风隔热

9-17
通风隔热
屋面

通风隔热就是在屋顶设置架空通风间层，使其上层表面遮挡阳光辐射，同时利用风压和热压作用使间层中的热空气被不断带走。通风间层的设置通常有两种方式。

（1）一种是在屋面上做架空通风隔热间，如图 9-47 所示。

架空通风隔热间层设于屋面防水层上，其隔热原理是：一方面利用架空的面层遮挡直射阳光，另一方面架空层内被加热的空气与室外冷空气产生对流，将层内的热量源源不断地排走。架空通风层通常用砖、瓦、混凝土等材料及制品制作。

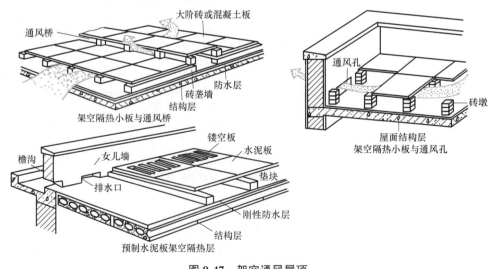

图 9-47　架空通风屋顶

（2）另一种是利用顶棚内的空间做通风间层，如图 9-48 所示。

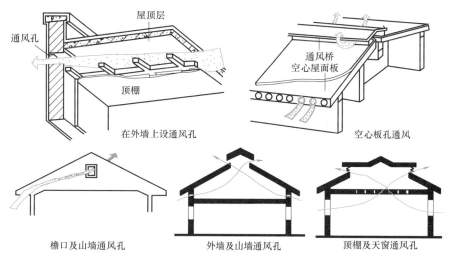

图 9-48　顶棚通风层

2. 蓄水隔热

　　蓄水隔热降温屋顶是利用平屋顶所蓄积的水层来达到屋顶隔热降温的目的。蓄水层的水面能反射阳光，减少阳光辐射对屋顶的热作用；蓄水层能吸收大量的热，部分水由液体蒸发为气体，从而将热量散发到空气中，减少了屋顶吸收的热能，起到隔热降温的作用，如图 9-49 所示。

9-18
蓄水降温、
种植隔热、
反射降温
屋面

图 9-49　蓄水隔热屋面

3. 种植隔热屋面

　　种植隔热的原理是：在平屋顶上种植植物，借助栽培介质隔热及植物吸收阳光进行光合作用和遮挡阳光的双重功效来达到降温隔热的目的。一般种植隔热屋面是在屋面防水层上直接铺填种植介质，栽培植物，如图 9-50 所示。

图 9-50　种植隔热屋面

美国芝加哥市政厅绿色屋顶

城市热岛效应倡议活动建立于 2000 年，试着解决城市绿色空间缺乏的问题。该项目也有一个科学目标，测试绿色屋顶在空气温度、空气质量和雨水吸收方面的效益。

市政厅屋顶花园也是密集型和泛屋顶花园技术的集合，从缓慢生长的景天属植物、草地到中等灌木、树木等各式各样的植物，种植在悬臂式平台上，给予它们足够的根深空间。

绿色屋顶还是各种昆虫和鸟类的栖息地以及空气污染的过滤器，结果显示绿色屋顶不仅能够减少城市热岛效应，比周围的屋顶要低 7℃，也会保留 75% 的雨水，大大减少建筑能源消耗。如图 9-51 所示。

图 9-51　美国芝加哥市政厅绿色屋顶

4. 反射降温屋面

利用材料的颜色和光滑度对热辐射的反射作用，将一部分热量反射回去，从而达到降温的目的。例如采用浅色的豆石、混凝土做面，或在屋面上涂刷淡色涂料，对隔热降温都有一定的效果。如果在顶棚通风隔热的顶棚基层中加铺一层铝箔纸板（图 9-52），利用二次反射作用，其隔热效果将会进一步提高。

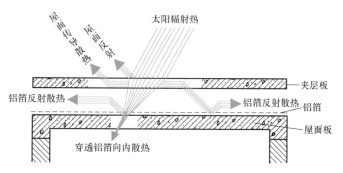

图 9-52　铝箔反射屋面

习　题

一、填空题

1. 屋顶的主要作用有_____、_____和_____等。

2. 常见的屋顶形式有_____、_____和_____等。

3. 平屋顶坡度形成方式主要有_____和_____两种形式。

4. 屋面排水方式分_____和_____两大类。

5. 无组织排水又称_____。

二、单选题

1. 下列哪种建筑的屋面应采用有组织排水方式（　　）。

A. 高度较低的简单建筑　　　　　　B. 积灰多的屋面

C. 有腐蚀介质的屋面　　　　　　　D. 降雨量较大地区的屋面

2. 可以作为檐沟纵坡的是（　　）。

A. 10％　　　　B. 0.05％　　　　C. 2％　　　　D. 0.5％

3. 屋顶的坡度形成不可以利用下面的哪一种方法？（　　）

A. 屋架　　　　B. 屋面大梁　　　　C. 找坡层　　　　D. 屋面板

4. 屋顶的坡度形成中材料找坡是指（　　）来形成。

A. 利用预制板的搁置　　　　　　　B. 利用结构层

C. 利用油毡的厚度　　　　　　　　D. 选用轻质材料找坡

5. 屋面防水等级分为（　　）级。

A. 二　　　　B. 三　　　　C. 四　　　　D. 五

6. 平屋顶卷材防水屋面卷材铺贴正确的是（　　）。

A. 卷材平行于屋脊时，从檐口到屋脊方向铺设

B. 卷材平行于屋脊时，从屋脊到檐口方向铺设

C. 卷材铺设时，应顺常年主导风向铺设

D. 卷材接头处，短边搭接应不小于 70mm

7. 屋面防水中泛水高度最小值为（　　）。

A. 150mm　　　　　B. 200mm　　　　　C. 250mm　　　　　D. 300mm

8. 下列哪种构造层次不属于不保温屋面（　　）。

A. 结构层　　　　　B. 找平层　　　　　C. 隔汽层　　　　　D. 保护层

9. 下列哪种材料不宜作为屋顶保温材料（　　）。

A. 水泥蛭石　　　　B. 膨胀珍珠岩　　　C. 混凝土　　　　　D. 聚苯乙烯泡沫塑料

10. 以下有关泛水说法错误的是（　　）。

A. 泛水高度一般不应小于 200mm　　　　B. 泛水需做附加防水层

C. 找平层在泛水处应做成圆弧形　　　　D. 泛水的收头处应固定入墙

三、简答题

1. 屋顶外形有哪些形式？

2. 影响屋顶坡度的因素有哪些？各种屋顶的坡度值是多少？屋顶坡度的形成方法有哪些？注意各种方法的优缺点比较。

3. 什么叫无组织排水和有组织排水？它们的优缺点和适用范围是什么？

4. 常见的有组织排水方案有哪几种？各适用于何种条件？

5. 如何确定屋面排水坡面的数目？如何确定雨水管和雨水口的数量及尺寸规划？

6. 什么是柔性防水屋面？其基本构造层次有哪些？各层次的作用是什么？

7. 柔性防水屋面的细部构造有哪些？各自的设计要点是什么？

8. 什么是涂料防水屋面？其基本构造层次有哪些？

9. 什么叫坡屋顶？坡屋顶的承重结构系统有哪些？

10. 屋顶隔热措施有哪几种？

Chapter 10

教学单元 10

门 窗

主要内容

1. 门窗的作用、分类及安装方法；
2. 木门、木窗的构造；
3. 铝合金门窗、塑钢门窗的构造。

学习要点

1. 掌握门窗的作用及分类；
2. 熟悉各类门窗的构造组成；
3. 了解不同类型和材质门窗的安装方式及构造处理。

思政元素

新经济时代，可持续发展已成为全球潮流，全球能源行业正处在变革的重要阶段，门窗的发展度过了粗放式发展的初级阶段，面对更多元的需求和市场环境，把"碳达峰、碳中和"目标融入经济社会发展中长期规划，作为美丽中国建设的重要组成部分。带领学生一起探索门窗业如何践行减排减效，助力"双碳"目标。

思维导图

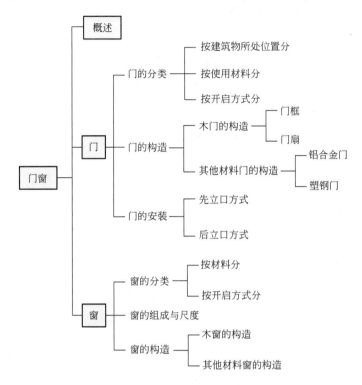

10.1 概述

　　门和窗是房屋建筑中非常重要的围护配件。门在建筑中的主要作用是交通联系、紧急疏散，并兼具采光、通风的功能；窗在建筑中的主要作用是通风采光、接受日照和供人眺望。在构造上，门窗还有保温、隔热、隔声、防火、防盗等功能。门窗的大小、比例尺寸、位置、造型、数量、材料等对建筑物的外观和室内装修效果也起到很大的影响。因此，门窗要满足坚固耐久、开启方便、关闭紧密、便于维修、保温、隔热、防火和防水等方面要求。

知识拓展

门窗的历史

　　建筑门窗在我国有着悠久的历史，可以追溯到三千多年前的商、周时期。建筑门窗作为我国古代灿烂建筑文明的组成部分，堪称中华文化宝库中一颗璀璨的明珠。

　　我国境内已知的最早人类的住所是天然岩洞。"上古穴居而野处"，无数奇异深幽的洞穴为人类提供了最原始的家，洞穴口的草盖便是最早的门。进入奴隶社会后，我国出现了最早的规模较大的木架夯土建筑和庭院，从

10-1 版门

而出现了门窗。门的主要形式为版门，它用于城门或宫殿、衙署、庙宇、住宅的大门，一般都是两扇。在汉代记载中强调皇帝王尊，九道壮丽的门才足以显其威：关门、远郊门、近郊门、城门、宫门、库门、雉门、应门、骆门。这种门的形式一直延续，在汉徐州画像石和北魏宁懋石室中都可见到，唐宋以后的资料更多。

10-2
直棂窗

版门又分两种，一种是棋盘版门，先以边梃与上、下抹头组成边框，框内置穿带若干条，后在框的一面钉板，四面平齐不起线脚，高级的再加门钉和铺首。另一种是镜面版门，门扇不用门框，完全用厚木板拼合，背面再用横木联系。宋、金一般用 4 抹头，明、清则以 5、6 抹头为常见。唐代花心常用直棂或方格，宋代又增加了柳条框、毯纹等，明、清的纹式更多。框格间可糊纸或薄纱，或嵌以磨平的贝壳。从代表地位的城门到看家护院的院门，再到现在作为空间的分割与出入的房门，门在建筑史上一直作为重点存在。

　　由门发展出的窗，最早的直棂窗在汉墓和陶屋明器中就有，唐、宋、辽、金的砖、木建筑和壁画亦有大量表现。从明代起，它在重要建筑中逐渐被槛窗取代，但在民间建筑中仍有使用。唐以前仍以直棂窗为多，固定不能开启，因此功能和造型都受到限制。宋代起开关窗渐多，在类型和外观上都有很大发展。宋代大量使用格子窗，除方格之外还有球纹、古钱纹等，改进了采光条件，增加了装饰效果。宋代槛窗已适用于殿堂门两侧各间的槛墙上，是由格子门演变而来的，所以形式相仿，但只有格眼、腰花板和无障水板。支摘窗最早见于广州出土的汉陶楼明器。清代北方的支摘窗也用于槛墙上，可分为二部，上部为支窗，下部为摘窗，两者面积相等。南方建筑因夏季需要较多通风，支窗面积较摘窗面积大一倍左右，窗格的纹样也很丰富。明、清时门窗式样基本承袭宋代做法，在清代中叶玻璃开始应用在门窗上。

10-3
槛窗

10.2　门

10.2.1　门的分类

1. 按门在建筑物所处位置分

分内门和外门。位于内墙上的门为内门，起到分隔、隔声和隔视线的作用；位于外墙上的门为外门，起到交通疏散和围护的作用，围护的作用如保温、隔热、防风沙、耐腐蚀等。

2. 按使用材料分

可分为木门、铝合金门、塑钢门、玻璃门等。木门自重轻、开启方便、加工方便，但耐火性和耐腐蚀性能力较差；铝合金门尺寸精确、密闭性能好、轻巧美观、保温性能差，应用较为广泛；塑钢门强度高、断面小、挡光少、表面质感细腻，应用较为广泛；玻璃门平整透光、美观大方，主要用于标准较高的公共建筑中的出入口处。

3. 按开启方式分

分为平开门、弹簧门、推拉门、折叠门、转门、卷帘门、升降门等，如图 10-1 所示。

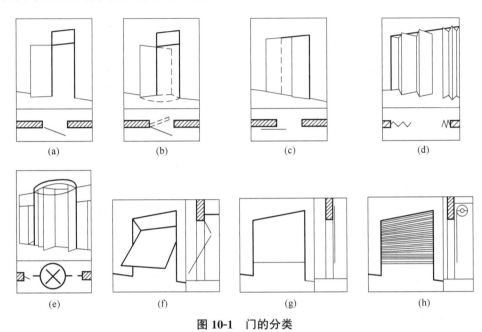

图 10-1 门的分类

（a）平开门；（b）弹簧门；（c）推拉门；（d）折叠门；（e）转门；（f）升降门；（g）升降门；（h）卷帘门

（1）平开门

门扇和门框用铰链连接。门扇水平开启，有单扇、双扇，向内开、向外开之分。平开门构造简单、开启灵活、安装维修方便，所以在建筑物中得到广泛使用。

（2）弹簧门

门扇与门框用弹簧铰链连接。门扇水平开启，有单向弹簧门和双向弹簧门之分。弹簧门最大的优点是门扇可以自动关闭。适用于人流出入频繁或有自动关闭要求的建筑，如商场、医院、影剧院等。

（3）推拉门

门扇沿轨道左右滑行，有单扇和双扇之分。开启不占室内空间，受力合理，不易变形，但构造复杂，五金零件数量较多。多用于分隔室内的轻便门和仓库、车间的大门。

（4）折叠门

为多扇折叠，由一组窄门扇组成，每扇门宽度一般为 600mm，窄门扇之间用铰链连接。开启时，窄门扇相互折叠推移到侧边，占空间少，但构造复杂，适用于洞口较大的门。

（5）转门

门扇由三扇或四扇通过中间的竖轴组合起来，在两侧的弧形门套内水平旋转来实现启闭。转门对建筑立面有较强的装饰性，但其通行能力差，不能作为公共建筑的疏散门。适用于室内环境等级较高的公共建筑的大门，如高级酒店、宾馆等。

（6）卷帘门

门扇由金属叶片相互连接而成，在门洞的上方设置转轴，通过转轴的转动来控制叶片的启闭。其特点是开启时不占使用空间，但加工制作复杂，造价较高，常用于不经常启闭的商业建筑大门。

10.2.2　门的构造

1. 门的组成与尺度

（1）门的组成

门一般由门框、门扇、亮子和五金配件等部分组成，如图 10-2 所示。门框是门与墙体的连接部分，由上框、边框、中横框和中竖框组成。门扇一般由上、中、下冒头和边梃组成骨架，中间固定门芯板。五金零件包括铰链、插销、门锁和拉手等。

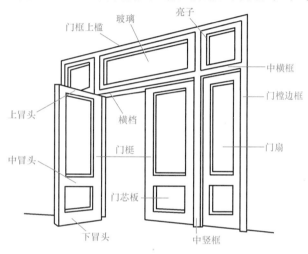

图 10-2　门的组成

（2）门的尺度

门的尺度是指门洞口的高和宽，应根据交通运输、安全疏散的要求设计，并应符合《建筑模数协调标准》GB/T 50002—2013 的规定。

门的宽度：单扇门一般为 700～1000mm，双扇门为 1200～1800mm，辅助房间如浴厕、储藏室的门可窄些，一般为 700～800mm。

门的高度：一般民用建筑门的高度不宜小于 2.1m，门上方设有亮子时，亮子高度一般为 300～600mm。公共建筑和工业建筑的门可按需要适当提高。

2. 门的构造

（1）木门的构造

木门主要由门框、门扇、亮子和五金零件组成。

1）门框

又称门樘，一般由两根边框和上槛组成，有腰窗的门还有中横框，多扇门还有中竖框。

门框的安装：门框的安装分为立口和塞口两种施工方法。工厂化生产的成品门，其安装多采用塞口法施工。

门框与墙的关系：门框在墙洞中的位置有门框内平、门框居中和门框外平三种情况。一般情况下多在开门方向一边，与抹灰面平齐，使门的开启角度较大。对较大尺寸的门，为牢固地安装，多居中设置，如图10-3所示。

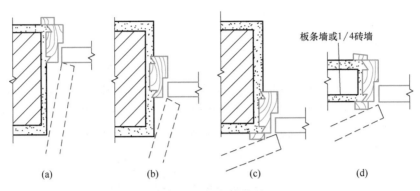

板条墙或1/4砖墙

   (a)   (b)   (c)   (d)

图 10-3　门框与墙的关系

2）门扇

根据门扇的不同构造形式，民用建筑中最常见的有镶板门和夹板门。

镶板门：由骨架和门芯板组成。骨架一般由上、中、下冒头和边梃组成，中间镶嵌门芯板，如图10-2所示。其构造简单、制作方便，适用于一般民用建筑的外门和内门。

夹板门：由骨架和面板组成，中间为轻骨架、两面贴薄面板，如图10-4所示，骨架和面板组成一个整体，共同抵抗变形。夹板门构造简单、自重小、外形简洁，广泛用于民用建筑的内门。

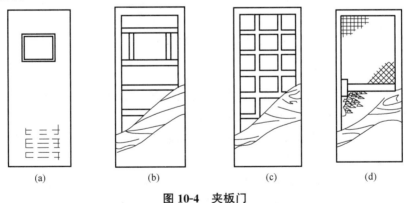

   (a)   (b)   (c)   (d)

图 10-4　夹板门

（a）门扇外观；（b）水平骨架；（c）双向骨架；（d）格状骨架

（2）其他材料门的构造

1）铝合金门

10-4
铝合金门

  铝合金耐腐蚀，并能加工成各种复杂的断面形状，不仅美观、耐久，而且密封性很好，但造价较高，应用受到一定的限制。铝合金门的开启方式可以推拉，也可以采用平开。一般采用塞口法施工。

2）塑钢门

塑钢门是以PVC为主要原料制成空腹多腔异型材，中间设置薄壁加强型钢（简称加强筋），经加热焊接而成门框料。具有导热系数低、耐酸碱、无需油漆，并有良好的气密性、水密性、隔声性等优点，是节能产品，目前在建筑中被广泛推广采用。

10-5
塑钢门

3. 门的安装

门的安装也有先立口和后立口两类，但均需在地面找平层和面层施工前进行，以便门边框伸入地面 20m 以上。先立口安装时与窗先立口安装相似，但目前使用较少。后立口安装也是在门洞口侧墙上每隔 500～800mm 高预埋木砖或混凝土块，用长钉、木螺钉等固定门框。门框外侧与墙面（柱面）的接触面、预埋木砖均需进行防腐处理，如图 10-5 所示。

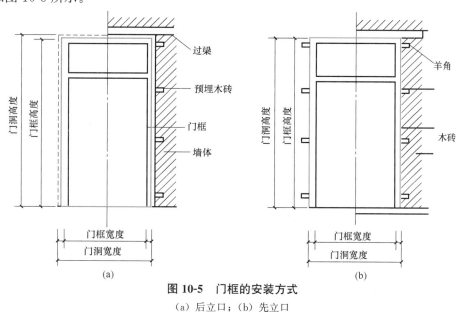

图 10-5 门框的安装方式

（a）后立口；（b）先立口

10.3 窗

10.3.1 窗的分类

1. 按窗的材料分

有木窗、钢窗、铝合金窗和塑钢窗等。其中铝合金窗和塑钢窗外观精美、造价适中、装配化程度高，铝合金窗的耐久性好，塑钢窗的密封、保温性能优，所以在建筑工程中得到广泛应用；木窗由于消耗木材量大，耐火性、耐久性和密闭性差，其应用已受限。

2. 按窗扇的开启方式分

有固定窗、平开窗、悬窗、立转窗、推拉窗和百叶窗等，如图 10-6 所示。

（1）固定窗：是将玻璃直接镶嵌在窗框上，不设可活动窗扇。一般用于只要求有采

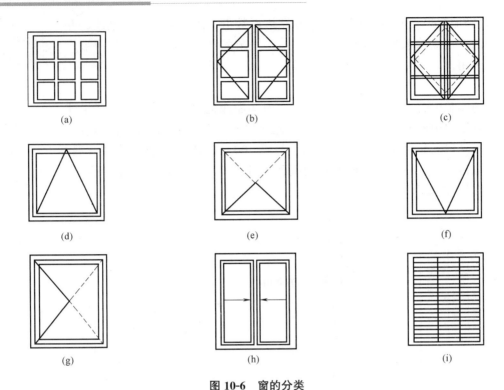

图 10-6　窗的分类

光、眺望功能的窗。

（2）平开窗：一侧用铰链与窗框相连接，窗扇可向外或向内水平开启。平开窗构造简单，开关灵活，制作与维修方便，但用久了容易变形。

（3）悬窗：窗扇绕水平轴转动的窗为悬窗。按照旋转轴的位置可分为上悬窗、中悬窗和下悬窗，上悬窗和中悬窗的防雨、通风效果好，常用作门上的亮子和不方便手动开启的高侧窗和天窗。

（4）立转窗：窗扇绕垂直中轴转动的窗为立转窗。这种窗通风效果好，但不严密，不宜用于寒冷和多风沙地区。

（5）推拉窗：窗扇沿着导轨或滑槽推拉开启的窗为推拉窗，有水平推拉窗和垂直推拉窗两种。推拉窗窗扇受力状态好，适宜安装大玻璃，但通风面积受限制。

（6）百叶窗：窗扇一般用塑料、金属或木材等制成小板材，与两侧框料相连接，有固定式和活动式两种。百叶窗的采光效率低，主要用作遮阳、防雨及通风。

10.3.2　窗的构造

1. 窗的组成与尺度

（1）窗的组成

窗一般由窗框、窗扇和五金零件组成，如图 10-7 所示。

（2）窗的尺度

窗的尺度应根据采光、通风的需要来确定，同时兼顾建筑造型和《建筑模数协调标准》GB/T 50003—2013 等的要求。为确保窗的坚固、耐久，应限制窗扇的尺寸，一般平开窗的窗扇高度为 800～1200mm，宽度不大于 500mm；上下悬窗的窗扇高度为 300～600mm；中悬窗窗扇高度不大于 1200mm，宽度不大于 1000mm；推拉窗的高度均不宜大于 1500mm。

2. 窗的构造

（1）木窗的构造

窗一般由窗框、窗扇和五金零件组成。

窗框是窗与墙体的连接部分，由上框、下框、边框、中横框和中竖框组成。安装方式同木门相似，有立口和塞口两种方法。

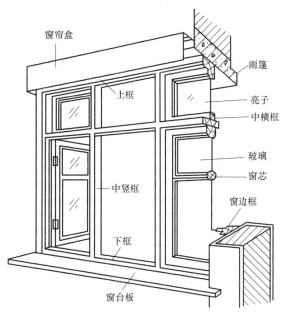

图 10-7　窗的组成

窗框与墙的关系，窗框在墙洞中的位置，要根据房间的使用要求、墙体的材料与厚度确定。一般由三种形式：窗框内平，窗框外平和窗框居中，如图 10-8 所示。

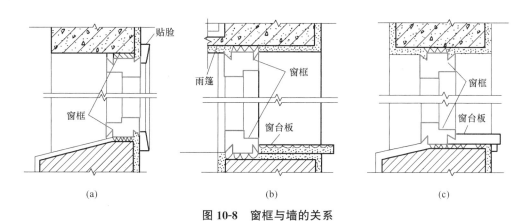

图 10-8　窗框与墙的关系

(a) 窗框内平；(b) 窗框外平；(c) 窗框居中

窗扇是窗的主体部分，分为活动扇和固定扇两种，一般由上冒头、下冒头、边梃和窗芯组成骨架，中间固定玻璃、窗纱或百叶。

五金零件包括铰链、插销、风钩等。

（2）其他材料窗的构造

1）铝合金窗的构造

铝合金窗和铝合金门的构造做法相似。但普通铝合金窗的隔声和热工性能差，采用断桥铝合金技术后，热工性能得到改善。铝合金窗多采用水平推拉式开启方式，窗扇在窗框的轨道上滑动开启。窗框与窗扇之间用尼龙密封条进行密封，并可以避免金属材料之间相

10-6
铝合金窗

互摩擦。玻璃卡在铝合金窗框料的凹槽内，并用橡胶压条固定。

铝合金窗一般采用塞口的方法安装，固定时，窗框与墙体之间采用预埋铁件、燕尾铁脚、膨胀螺栓、射钉固定等方式连接。

2）塑钢窗的构造

塑钢窗以 PVC 为主要原料制成空腹多腔异型材，中间设置薄壁加强型钢，经加热焊接而成窗框料。具有导热系数低、耐弱酸碱、无需油漆，并有良好的气密性、水密性、隔声性等优点，是节能产品，目前在建筑中被广泛推广采用。构造如图 10-9 所示。

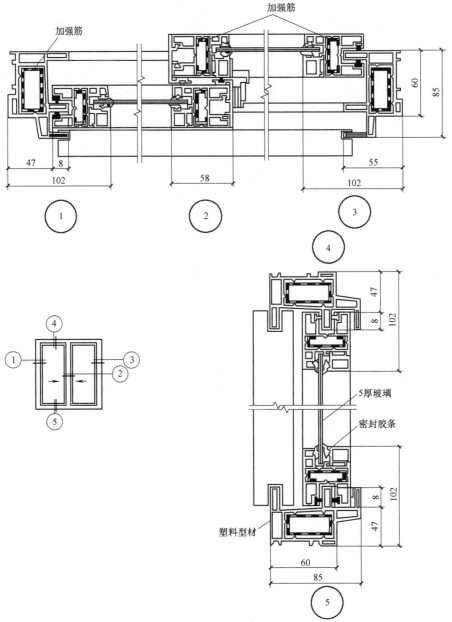

图 10-9　塑钢窗的构造

习　题

一、填空题

1. 门窗框的安装方法有_____和_____两种。

2. 门一般是由_____、_____、_____和_____等部分组成。

3. 只可采光不可通风的窗是_____。

二、单选题

1. 以下说法中正确的是（　　　）。

A. 推拉门是建筑中最常见、使用最广泛的门

B. 转门可向两个方向旋转，故可作为疏散门

C. 平开门是建筑中最常见、使用最广泛的门

D. 转门可作为寒冷地区公共建筑的外门

2. 民用建筑窗洞口的宽度和高度均应采用（　　　）mm 模数。

A. 300　　　　　　　B. 30　　　　　　　C. 60　　　　　　　D. 600

3. 只可采光不可通风的窗是（　　　）。

A. 固定窗　　　　　B. 悬窗　　　　　　C. 立转窗　　　　　D. 百叶窗

4. 民用建筑中运用最广泛的门是（　　　）。

A. 平开门　　　　　B. 玻璃门　　　　　C. 推拉门　　　　　D. 弹簧门

5. 民用建筑中运用最广泛的窗是（　　　）。

A. 平开窗　　　　　B. 上悬窗　　　　　C. 推拉窗　　　　　D. 立转窗

6. 门窗常采用的安装方法是（　　　）。

A. 后塞口　　　　　　　　　　　　　B. 先立口

C. 预埋木框　　　　　　　　　　　　D. 与砖墙砌筑同时施工

7. 平开木窗的窗扇由（　　　）组成。

A. 上冒头、下冒头、窗芯、玻璃　　　B. 边框、上下框、玻璃

C. 边框、五金零件、玻璃　　　　　　D. 亮子、上冒头、下冒头、玻璃

8. 下列门中不宜用于幼儿园的门是（　　　）。

A. 平开门　　　　　B. 折叠门　　　　　C. 推拉门　　　　　D. 弹簧门

三、简答题

1. 门窗的作用分别是什么？

2. 简述平开木门、木窗的构造组成。

3. 门窗按开启方式分为哪几种？它们各有什么特点？

4. 简述铝合金门窗和塑钢门窗的构造组成。

5. 安装木门窗框的方法有哪些？各有什么特点？

教学单元11

变形缝

Chapter 11

主要内容

1. 变形缝的作用及分类；
2. 变形缝的设置条件及构造。

学习要点

1. 熟悉建筑物变形缝的基本概念、作用及分类；
2. 掌握伸缩缝、沉降缝、防震缝设置的条件；
3. 掌握变形缝的构造。

思政元素

　　本单元在讲授建筑变形缝的同时，将建筑在国家建设与发展中所起的作用与贡献，通过"比较三种变形缝构造措施"等融入教学环节中，学生以小组的形式，收集我国建筑工程建设中在变形缝构造方面取得的各项成绩，让学生了解我们国家建筑的发展水平和取得的巨大成绩。时代发展，需要大国工匠；迈向新征程，需要大力弘扬工匠精神。

思维导图

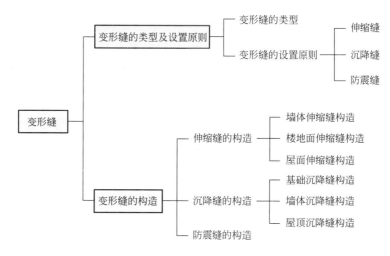

```
                                              ┌─ 变形缝的类型
                      ┌─ 变形缝的类型及设置原则 ─┤              ┌─ 伸缩缝
                      │                       └─ 变形缝的设置原则─┼─ 沉降缝
                      │                                       └─ 防震缝
                      │
           变形缝 ─────┤
                      │                               ┌─ 墙体伸缩缝构造
                      │                  ┌─ 伸缩缝的构造─┼─ 楼地面伸缩缝构造
                      │                  │             └─ 屋面伸缩缝构造
                      └─ 变形缝的构造 ────┤             ┌─ 基础沉降缝构造
                                        ├─ 沉降缝的构造─┼─ 墙体沉降缝构造
                                        │             └─ 屋顶沉降缝构造
                                        └─ 防震缝的构造
```

11.1　变形缝的类型及设置原则

11.1.1　变形缝的类型

　　变形缝是为防止建筑物在外界因素（温度变化、地基不均匀沉降及地震）作用下产生变形、导致开裂甚至被破坏而人为设置的适当宽度的缝隙，如图 11-1 所示。

11-1
三种
变形缝

(a)

(b)

图 11-1　变形缝
（a）室内变形缝；（b）室外变形缝

变形缝包括伸缩缝、沉降缝和防震缝三种类型。三种变形缝的构造处理和材料选用应根据缝的部位和需要做到盖缝、防火、防水、防虫、保温等方面的要求，并要确保缝两侧的建筑物独立部分能自由变形，互不影响，不被破坏。

建筑物由于受气温变化、地基不均匀沉降以及地震等因素的影响，使结构内部产生附加应力和变形，如处理不当，将会造成建筑物的破坏，产生裂缝甚至倒塌，影响使用与安全。

解决办法有：一是加强建筑物的整体性，使之具有足够的强度与刚度来克服这些破坏应力，避免产生破裂；二是预先将这些变形敏感部位的结构断开，留出一定的缝隙，以保证各部分建筑物有足够的变形宽度而不会造成建筑物的破损。这种预留缝隙即变形缝。

11.1.2 变形缝的设置原则

1. 伸缩缝

伸缩缝也叫温度缝，是为防止建筑构件因温度变化而产生热胀冷缩，使房屋出现裂缝，甚至被破坏，沿建筑物长度方向每隔一定距离设置的垂直缝隙。

伸缩缝设置时，要求把建筑物的墙体、楼板层、内外墙、屋面等地基以上的部分全部断开，基础部分由于受温度变化影响较小，不需断开。

伸缩缝的位置和间距与建筑物的材料、建筑物长度、结构类型、使用情况、施工条件及当地温度变化情况有关，见表11-1、表11-2。

砌体房屋温度伸缩缝的最大间距（m） 表11-1

屋盖或楼盖类别		间距
整体式或装配整体式钢筋混凝土结构	有保温层或隔热层的屋盖、楼盖	50
	无保温层或隔热层的屋盖	40
装配式无檩体系钢筋混凝土结构	有保温层或隔热层的屋盖、楼盖	60
	无保温层或隔热层的屋盖	50
装配式有檩体系钢筋混凝土结构	有保温层或隔热层的屋盖、楼盖	75
	无保温层或隔热层的屋盖	60
瓦材屋盖、木屋盖、轻钢屋盖		100

钢筋混凝土结构伸缩缝最大间距（m） 表11-2

结构类型		室内或土中	露天
排架结构	装配式	100	70
框架结构	装配式	75	50
	现浇式	55	35

续表

结构类型		室内或土中	露天
剪力墙结构	装配式	65	40
	现浇式	45	30
挡土墙、地下室墙等结构	装配式	40	30
	现浇式	30	20

2. 沉降缝

沉降缝是为防止建筑物各部分由于地基不均匀沉降引起的破坏而设置的垂直缝隙。

沉降缝宜设置在下列部位：

(1) 同一建筑物相邻部分的高差较大或荷载大小相差悬殊、结构类型不同时；

(2) 当建筑物相邻部分基础形式不同，宽度和埋深相差悬殊时；

(3) 建筑物建造在地基承载力相差很大的地基土上时；

(4) 建筑物体形比较复杂，连接部位又比较薄弱时；

(5) 建筑物长度较大时；

(6) 新建建筑物与原有建筑物紧相毗连时。

沉降缝设置时，要求缝两侧的建筑物从基础到屋顶全部断开，成为两个独立的单元，能够自由沉降，互不影响。沉降缝能兼做伸缩缝，伸缩缝不能代替沉降缝。沉降缝兼做伸缩缝时，盖缝条及调节片构造必须保证在水平方向和垂直方向能自由变形。

沉降缝的宽度与地基情况及建筑高度有关，地基越软的建筑物，沉陷的可能性越高，沉降后所产生的倾斜距离越大，见表 11-3。

沉降缝的宽度　　　　　　　　　　　　　　　　　表 11-3

地基性质	建筑物高度 H 或层数	缝宽(mm)
一般地基	$H<5m$	30
	$H=5\sim10m$	50
	$H=10\sim15m$	70
软弱地基	2～3 层	50～80
	4～5 层	80～120
	5 层以上	>120
湿陷性黄土地基	—	≥30～70

3. 防震缝

防震缝是为防止抗震设防烈度为 6～9 度地区的房屋受地震作用被破坏，按抗震要求设置的垂直缝隙。

在抗震设防烈度为 7～9 度地区，有下列情况之一需设置防震缝：

(1) 建筑物高差在 6m 以上；

(2) 建筑物有错层且楼板高差较大；

(3) 建筑物相邻各部分结构刚度、质量截然不同。

砌体结构房屋防震缝宽度一般为 70～100mm。多层或高层钢筋混凝土房屋宜选用合理的建筑结构方案，不设防震缝。当需要设置防震缝时，其防震缝最小宽度应符合下列规定：

（1）框架结构房屋，当高度不超过 15m 时，可采用 100mm；超过 15m 时，6 度、7 度、8 度和 9 度相应每增加高度 5m、4m、3m 和 2m，宜加宽 20mm。

（2）框架-抗震墙结构房屋的防震缝宽度，可采用第 1 项规定数值的 70%，抗震墙结构房屋的防震缝宽度，可采用第 1 项规定数值的 50%，且均不宜小于 100mm。

（3）防震缝两侧结构类型不同时，宜按需要较宽防震缝的结构类型和较低房屋高度确定缝宽。

防震缝应沿建筑物全高设置，缝的两侧应布置双墙或双柱，或一墙一柱，以使各部分结构有较好的刚度。

防震缝应与伸缩缝、沉降缝统一布置。一般情况，防震缝基础可不断开，但平面复杂的建筑或建筑相邻部分刚度差别很大时，需将基础断开。

知识拓展

设防烈度：

1. 地震是由于地层深处所积累的弹性波的潜能，突然转变为动能的结果。

2. 震级是用来表示地震强度大小的等级，是衡量地震震源释放出来的能量大小的量度。地震烈度是表示地面及建筑物受到破坏的程度，一次地震只有一个震级，但在不同地区，烈度的大小是不一样的。一般距离地震中心区越近，烈度越大，破坏也越大。

3. 我国和世界上大多数国家都把烈度划分为 12 个等级，在 1～6 度时，一般建筑物是不受损失或损失很小的。而地震烈度在 10 度以上的情况极少遇到，此时即使采取措施也难确保安全。因此建筑工程设防重点在 7～9 度地区。

4. 抗震设计所采用的烈度称为设防烈度。决定设防烈度时必须慎重，应根据当地的基本烈度，建筑物的重要程度共同确定。设防烈度有时可比基本烈度提高 1 度；有时也可比基本烈度降低 1 度，但若基本烈度为 6 度时，一般不宜降低。

11.2 变形缝的构造

11.2.1 伸缩缝的构造

伸缩缝的宽度一般为 20～40mm，通常采用 30mm，以保证缝两侧建筑构件能够在水平方向自由伸缩。

1. 墙体伸缩缝构造

墙体伸缩缝视墙体厚度、材料及施工条件不同，可做成平缝、错口缝、企口缝等截面形式，砖墙伸缩缝一般做成平缝或错口缝，厚度为 240mm 以上的外墙应做成错口缝或企口缝，如图 11-2 所示。为防止外界条件对墙体及室内环境的侵袭，伸缩缝外墙一侧，应填以沥青麻丝、木丝板、橡胶条、塑料条和油膏等防水、防腐的弹性材料作盖缝处理。外墙变形缝部位还应增设合成高分子防水卷材附加层，卷材两端应满粘于墙体，满粘的宽度不应小于 150mm，并应钉压固定，卷材收头应用密封材料密封。缝口可用镀锌薄钢板、彩色薄钢板、铝皮等金属调节片作盖缝处理，如图 11-3 所示。内墙常用具有一定装饰效果的金属调节盖板或木盖缝条单边固定覆盖，如图 11-4 所示。

11-2
变形缝
模型

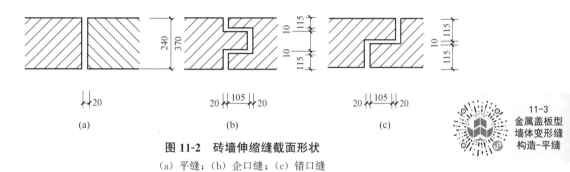

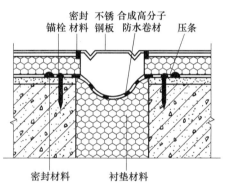

图 11-2   砖墙伸缩缝截面形状
（a）平缝；（b）企口缝；（c）错口缝

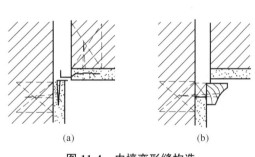

11-3
金属盖板型
墙体变形缝
构造-平缝

图 11-3   外墙变形缝构造

图 11-4   内墙变形缝构造
（a）塑铝或铝合金装饰板盖缝；（b）木条盖缝

2. 楼地面伸缩缝构造

楼地面伸缩缝的位置和缝宽应与墙体、屋顶变形缝一致，缝内也要用弹性材料做封缝处理，上面再铺活动盖板或橡胶、塑料地板等地面材料，以满足地面平整、防水和防尘等功能。顶棚的盖缝条只能单边固定，以保证构件两端能自由伸缩变形，如图 11-5 所示。

3. 屋面伸缩缝构造

屋面伸缩缝的位置与缝宽与墙体、楼地面的伸缩缝一致。一般设在同一标高屋顶或建筑物的高低错落处。屋面伸缩缝要注意做好防水和泛水处理，其基本要求同屋顶泛水构造相似，不同之处在于盖缝处应能允许自由伸缩而不造成渗漏。常见平屋顶伸缩缝构造如图 11-6 所示。

11-4
伸缩缝

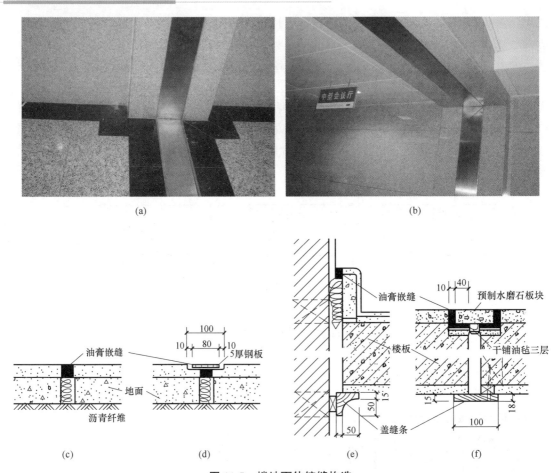

图 11-5　楼地面伸缩缝构造

（a）地面与墙体交接处的变形缝处理；（b）墙体与顶棚交接处的变形缝处理；

（c）地层油膏嵌缝；（d）地层钢板盖缝；（e）楼层靠墙处变形缝；（f）楼层变形缝

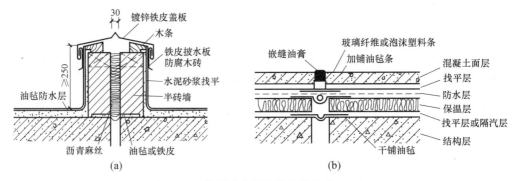

图 11-6　卷材防水屋面伸缩缝构造（一）

（a）一般平接屋面变形缝；（b）上人屋面变形缝

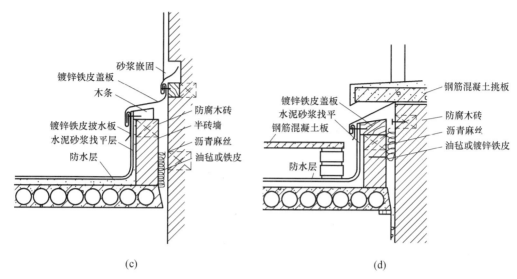

图 11-6　卷材防水屋面伸缩缝构造（二）

（c）高低缝处变形缝；（d）进出口处变形缝

知识拓展

变形缝泛水构造应符合下列规定：

1. 变形缝泛水处的防水层下应增设附加层，附加层在平面和立面的宽度不应小于 250mm。

2. 防水层应铺贴或涂刷至泛水顶部。

3. 变形缝内应预填不燃保温材料，上部应采用防水卷材封盖，并放置衬垫材料，在其上干铺一层卷材。

4. 等高变形缝顶部宜加扣混凝土或金属盖板。

5. 高低跨变形缝在立墙泛水处，应采用有足够变形能力的材料和构造作密封处理。

11.2.2　沉降缝的构造

沉降缝如图 11-7 所示。

1. 基础沉降缝构造

沉降缝的基础必须断开，并应避免因不均匀沉降造成的相互影响。其结构处理有砖混结构和框架结构两种情况，砖混结构的基础沉降缝有双墙偏心基础、交叉基础、挑梁基础。框架结构有双柱下偏心基础、挑梁基础、柱下独立基础交叉布置。

（1）偏心基础

如双墙偏心基础，将双墙下的基础大放脚断开留缝，此时基础处于偏心受压状态，地基受力不均匀，有可能向中间倾斜，只适用于低层、耐久年限短且地质条件较好的情况，如图 11-8 所示。

图 11-7　沉降缝

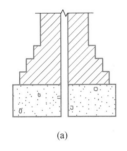

(a)

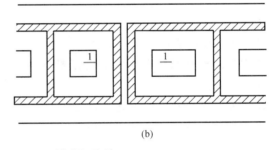

(b)

图 11-8　双墙式沉降缝

（a）剖面图；（b）平面图

（2）独立基础交叉排列

沉降缝两侧墙下均设置基础梁，基础梁搁置在独立基础上，基础大放脚分别伸入两侧基础梁下，两侧基础各自独立沉降，互不影响。这种做法使地基受力大大改善，但施工难度大、造价偏高，如图 11-9 所示。

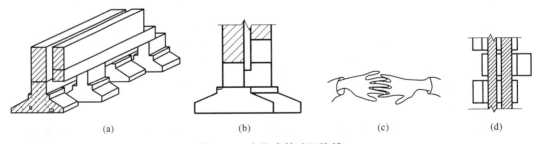

(a)　　　　　　　　(b)　　　　　　　　(c)　　　　　　　　(d)

图 11-9　交叉式基础沉降缝

（a）外观；（b）剖面；（c）示意；（d）平面

（3）挑梁基础

当沉降缝两侧基础埋深相差较大或新建建筑与原有建筑相毗连时，可采用此方案。将沉降缝一侧的基础和墙按一般基础和墙处理，而另一侧采用挑梁支承基础梁，墙砌筑在基础梁上。墙体的荷载由挑梁承受，应尽量选择轻质墙以减少挑梁承受的荷载，如图 11-10所示。

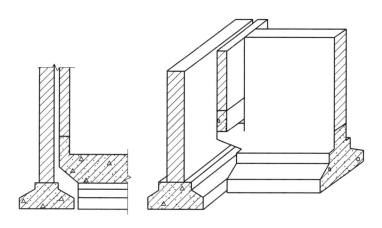

图 11-10　挑梁式沉降缝构造

2. 墙体沉降缝构造

沉降缝要同时满足伸缩缝的要求，墙体的沉降缝盖缝条应满足水平伸缩和垂直沉降变形的要求，如图 11-11 所示。

3. 屋顶沉降缝构造

屋顶沉降缝处的金属调节盖缝皮或其他构件应考虑沉降变形与维修余地，如图 11-12所示。

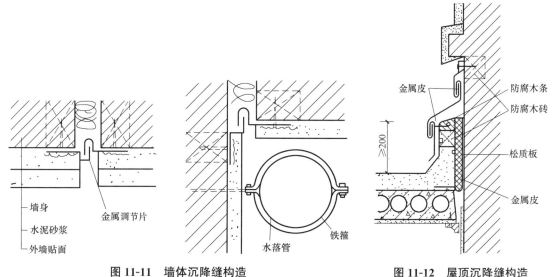

图 11-11　墙体沉降缝构造　　图 11-12　屋顶沉降缝构造

11.2.3 防震缝的构造

建筑物的抗震，一般只考虑水平地震作用的影响，所以，防震缝构造及要求与伸缩缝相似，但墙体不应做成错口和企口缝，如图11-13所示。

防震缝一般较宽，通常采取覆盖的做法，盖缝条应满足牢固、防风和防水等要求，同时，还应具有一定的适应变形的能力。盖缝条两侧钻有长形孔，加垫圈后打入钢钉，钢钉不能钉实，应给盖板和钢钉之间留有上下少量活动的余地，以适应沉降要求。盖板呈V形或W形，可以左右伸缩，以适应水平变形的要求。

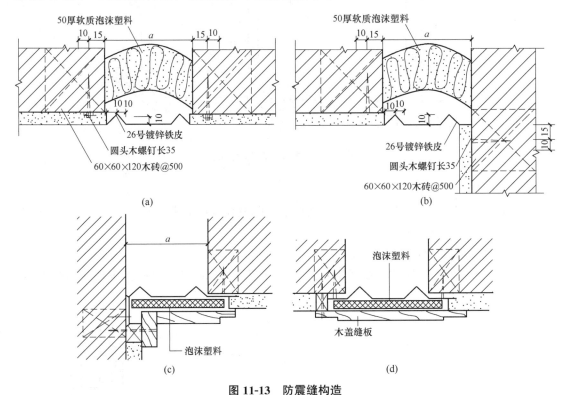

图 11-13 防震缝构造

（a）外墙平缝处；（b）外墙转角处；（c）内墙转角；（d）内墙平缝

知识拓展

1. 变形缝实例（图11-14）
2. 变形缝部位易产生的质量问题

变形缝两侧易出现渗水、裂缝等质量问题，使变形缝基本甚至完全失去应有的缓解、释放建筑物变形时所产生的应力的功能，削弱了构件约束、控制建筑物变形的能力，使建筑物失去了正常的使用功能，降低了使用寿命。

施工中要注意采取相应的技术措施，避免变形缝两侧结构相互粘结和砌体压缝、退台等问题，保证变形缝的设计功能，杜绝变形缝部位容易产生的质量问题和结构隐患。

(a)　　　　　　　　　(b)　　　　　　　　　(c)

图 11-14　变形缝实例

(a) 某建筑物屋面变形缝；(b) 某建筑物内墙变形缝；(c) 某建筑物外墙变形缝

习　题

一、填空题

1. 变形缝包括_____、_____和_____三种类型。

2. 伸缩缝缝宽为_____mm。

3. 沉降缝从_____到_____所有构件均需断开。

4. 当既设伸缩缝又设防震缝时，缝宽按_____处理。

5. 基础沉降缝常见的形式有_____、_____和_____等。

二、单选题

1. 为防止建筑物在外界因素影响下产生变形和开裂导致结构破坏而设计的缝叫（　　）。

A. 构造缝　　　　B. 分仓缝　　　　C. 变形缝　　　　D. 通缝

2. 基础必须断开的是（　　）。

A. 变形缝　　　　B. 伸缩缝　　　　C. 沉降缝　　　　D. 防震缝

3. 为防止建筑构件因温度变化而产生热胀冷缩，使房屋出现裂缝，甚至被破坏而设的缝为（　　）。

A. 变形缝　　　　B. 伸缩缝　　　　C. 沉降缝　　　　D. 防震缝

4. 为防止建筑物各部分由于地基不均匀沉降引起的破坏而设置的缝为（　　）。

A. 变形缝　　　　B. 伸缩缝　　　　C. 沉降缝　　　　D. 防震缝

5. 为防止抗震设防烈度为 6～9 度地区的房屋受地震作用被破坏而设的缝为（　　）。

A. 变形缝　　　　B. 伸缩缝　　　　C. 沉降缝　　　　D. 防震缝

6. 下列不宜设置沉降缝的是（　　）。

A. 同一建筑物相邻部分高差为 2m 处　　　B. 框架结构与砖混结构交接处

C. 独立基础与箱形基础交接处　　　D. 新建建筑物与原有建筑物紧相毗连处

7. 下列需要设防震缝的是（　　）。

A. 多层砌体房屋有错层　　　　　　　B. 抗震地区的多层砌体房屋高差在 6m 以上

C. 抗震地区的框架结构　　　　　　　D. 抗震地区的框架-抗震墙结构房屋

8. 抗震设防烈度为（　　）度以上的地区应考虑设置防震缝。

A. 4　　　　　　　　B. 5　　　　　　　　C. 6　　　　　　　　D. 7

三、简答题

1. 什么是变形缝？它有哪几种类型？

2. 比较各类变形缝断开部位及缝宽的差别。

3. 什么情况下须设防震缝？防震缝宽度确定的主要依据是什么？

4. 伸缩缝、沉降缝、防震缝是否可以相互代替？为什么？

5. 图示楼地面变形缝的构造做法。

6. 基础沉降缝的处理形式有哪几种？

四、综合题

识别下列变形缝，并连线。

伸缩缝处理　　　　　　　　沉降缝处理　　　　　　　　防震缝处理

墙身
水泥砂浆
外墙贴面
金属调节片

木条

50厚软质泡沫塑料
10 15　　a　　15 10
10 10
26号镀锌铁皮
圆头木螺钉长35
60×60×120木砖@500

Chapter 12

教学单元**12**
装配式混凝土结构

主要内容

1. 装配式建筑的类型和主要特点；
2. 装配式混凝土结构常用类型；
3. 装配式建筑主要构件；
4. 装配式混凝土结构的连接形式。

学习要点

1. 了解装配式建筑的概念、类型和主要特点；
2. 了解装配式混凝土结构常用类型；
3. 熟悉装配式建筑主要构件；
4. 熟悉常见装配式混凝土结构的连接形式。

思政元素

　　本单元在讲授装配式建筑的概念及特点时，将广义上的装配式建筑的概念，从最初的"冬则营窟，夏则居巢"的远古时代到今天，人类所创造的"装配式建筑"形式，通过小知识的方式融入教学环节中。例如，中国在河姆渡文化时代就开创了"梁柱式"建筑的"榫卯结构"，开始实施"装配式建筑"，并一直流传至今。让学生知道我们祖先的智慧和"如切如磋，如琢如磨"的工匠精神，激发高度的历史自豪感和环境保护的意识。

思维导图

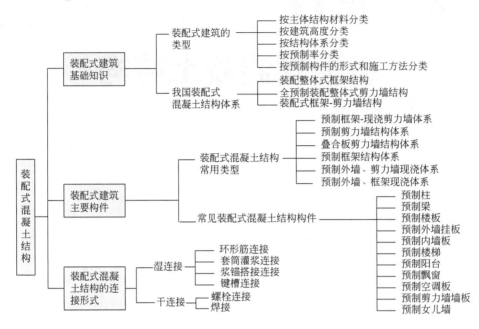

```
                                          ┌── 按主体结构材料分类
                                          ├── 按建筑高度分类
                          ┌─ 装配式建筑的 ──┼── 按结构体系分类
                          │   类型          ├── 按预制率分类
            ┌─ 装配式建筑 ─┤                └── 按预制构件的形式和施工方法分类
            │  基础知识    │
            │             │               ┌── 装配整体式框架结构
            │             └─ 我国装配式 ───┼── 全预制装配整体式剪力墙结构
            │                混凝土结构体系  └── 装配式框架-剪力墙结构
            │
            │                              ┌── 预制框架-现浇剪力墙体系
            │                              ├── 预制剪力墙结构体系
            │             ┌─ 装配式混凝土结构─┼── 叠合板剪力墙结构体系
            │             │   常用类型      ├── 预制框架结构体系
  装        │             │               ├── 预制外墙、剪力墙现浇体系
  配        │             │               └── 预制外墙、框架现浇体系
  式        ├─ 装配式建筑 ─┤
  混        │  主要构件    │               ┌── 预制柱
  凝        │             │               ├── 预制梁
  土 ───────┤             │               ├── 预制楼板
  结        │             │               ├── 预制外墙挂板
  构        │             └─ 常见装配式混凝土结构构件─┼── 预制内墙板
            │                              ├── 预制楼梯
            │                              ├── 预制阳台
            │                              ├── 预制飘窗
            │                              ├── 预制空调板
            │                              ├── 预制剪力墙墙板
            │                              └── 预制女儿墙
            │
            │             ┌─ 湿连接 ───────┬── 环形筋连接
            └─ 装配式混凝 ─┤               ├── 套筒灌浆连接
               土结构的连   │               ├── 浆锚搭接连接
               接形式       │               └── 键槽连接
                          └─ 干连接 ───────┬── 螺栓连接
                                          └── 焊接
```

知识拓展

早期的装配式建筑

　　广义上的装配式建筑包括许多当代和古代的建筑技术，世界上大多数地区所使用的砖和砌块是最简单的预制部件。

　　从最初的"冬则营窟，夏则居巢"的远古时代一直到今天，人类所创造的部分建筑物中已经出现了"装配式建筑"。例如，中国在河姆渡文化时期就开创了"梁柱式"建筑的"榫卯结构"，开始实施"装配式建筑"，并一直流传至今。如图 12-1 所示。

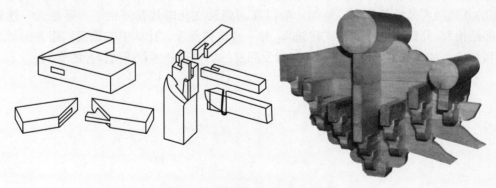

图 12-1　我国古代预制木构架体系

浙江省余姚市河姆渡新石器文化遗址中发掘出来的木构榫卯，是至今为止世界上考古发现的最早的预先制造装配式建筑构件。如图 12-2 所示。

古希腊建筑的结构属梁柱体系，早期主要建筑都用石材。限于材料性能，石材梁的跨度一般是 4～5m，最大不过 7～8m。石材柱以鼓状砌块垒叠而成，砌块之间有榫卯或金属销子连接，墙体也用石材砌块垒成。如图 12-3 所示。

图 12-2　河姆渡出土榫卯结构木建筑遗迹

图 12-3　古希腊属梁柱结构体系建筑

12.1　装配式建筑基础知识

装配式建筑是指把传统建造方式中的大量现场作业工作转移到工厂，在工厂加工制作好建筑用构件和配件（如楼板、墙板、楼梯、阳台等），再运输到建筑施工现场，通过可靠的连接方式在现场装配安装而成的建筑。

装配式建筑主要包括预制装配式混凝土（PC）结构、钢结构、现代木结构建筑等，因为采用标准化设计、工厂化生产、装配化施工、信息化管理、智能化应用，是现代工业化生产方式的代表。

12.1.1　装配式建筑的类型

根据装配式建筑的主体结构材料、建筑高度、结构体系、预制率、预制构件的形式和施工方法等可将其分成不同的类型。

1. 按主体结构材料分类

可分为：装配式混凝土结构建筑、装配式钢结构建筑、装配式木结构建筑和装配式组合结构建筑。

2. 按建筑高度分类

可分为：低层装配式建筑、多层装配式建筑、高层装配式建筑和超高层装配式建筑。

3. 按结构体系分类

可分为：框架结构、框架-剪力墙结构、筒体结构、剪力墙结构、无梁板结构、空间薄壁结构、悬索结构、预制钢筋混凝土柱单层厂房结构等。

4. 按预制率分类

12-1
装配式建筑
按预制构件
和施工方法
分类

可分为：小于5％为局部使用预制构件，5％～20％为低预制率，20％～50％为普通预制率，50％～70％为高预制率，70％以上为超高预制率。

5. 按预制构件的形式和施工方法分类

可分为：砌块建筑、板材建筑、盒式建筑、骨架板材建筑、升板升层建筑等。

12.1.2 装配式建筑的主要特点

1. 大量的建筑部品在车间生产加工完成，包括：外墙板、内墙板、叠合板、阳台、空调板、楼梯、预制梁、预制柱等。

2. 现场大量的装配作业，机械化程度高，劳动力需求减少，比原始现浇作业工作量大大减少。

3. 采用建筑、装修一体化设计、施工，理想状态是装修可随主体施工同步进行。

4. 设计的标准化和管理的信息化，构件越标准、生产效率越高，相应的构件成本就会下降，配合工厂的数字化管理，整个装配式建筑的性价比会越来越高。

5. 符合绿色建筑的要求。

6. 节能环保。装配式建筑对节能环保大有益处，可以大量减少建筑垃圾和废水排放，降低建筑噪声，降低有害气体及粉尘的排放，有利于城市健康、绿色发展。

12.1.3 我国装配式混凝土结构体系

1. 装配整体式框架结构

装配整体式框架结构一般由预制柱、预制梁、预制楼板和非承重墙板组成，然后采用等同现浇节点或装配式节点进行组合。常见的结构体系包括：现浇柱结构体系、现浇节点结构体系、预制预应力结构体系、自成一体的世构体系（Scope）等。

2. 全预制装配整体式剪力墙结构

全预制装配整体式剪力墙结构是一种新型的建筑结构体系，它将竖向构件剪力墙或柱利用预制的形式生产，在组装中将水平梁、板利用叠合的形式连接。竖向构件使用浆锚连接，水平构件和竖向构件使用预留钢筋叠合加现浇的形式连接，使其形成了完整的建筑体系。

3. 装配式框架-剪力墙结构

装配式框架-剪力墙结构是在框架结构中布置一定数量的剪力墙，构成灵活自由的使用空间，满足不同建筑功能的要求，同时又有足够的剪力墙，有相当大的侧向刚度。装配式框架-剪力墙结构是将框架-剪力墙结构中的部分受力构件采用工厂预制，关键节点和重要受力构件采用现浇的结构形式。

12.2　装配式建筑主要构件

12.2.1　装配式混凝土结构常用类型

装配式混凝土结构常见类型见表12-1。

装配式混凝土结构常见类型　　　　　　　　　　表 12-1

名称	梁、柱	剪力墙	楼板	外墙板	阳台楼梯	示例
预制框架-现浇剪力墙体系	预制	现浇	叠合	预制	预制	
预制剪力墙结构体系	—	预制	叠合	预制	预制	
叠合板剪力墙结构体系	—	预制叠合	叠合	预制	预制	
预制框架结构体系	预制	—	叠合	预制	预制	
预制外墙、剪力墙现浇体系	—	现浇	现浇	预制	预制	

名称	梁、柱	剪力墙	楼板	外墙板	阳台楼梯	示例
预制外墙、框架现浇体系	柱现浇叠合梁	—	叠合	预制	预制	

12.2.2 常见装配式混凝土结构构件

1. 预制柱

预制柱是指预先按规定尺寸做好模板，然后浇筑成型的混凝土柱，强度达到标准后再运至施工现场按设计要求位置进行安装固定的柱。在框架结构中，预制柱承受梁和板传来的荷载，并将荷载传给基础，是主要的竖向支撑结构。如图 12-4 所示。

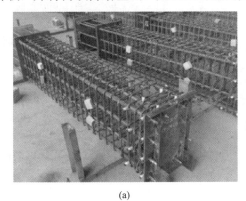
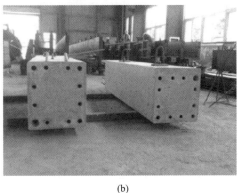

(a)　　　　　　　　　　　　　　　　　(b)

图 12-4　预制柱示意

（a）预制柱钢筋绑扎；（b）预制柱

2. 预制梁

预制梁是指采用工厂预制，再运至施工现场按设计要求位置进行安装固定的梁。装配式建筑预制梁一般多采用叠合梁。叠合梁是分两次浇筑混凝土的梁，第一次在预制场做成预制梁，第二次在施工现场进行，当预制梁吊装安放完成后，再浇筑上部的混凝土使其连成整体。如图 12-5 所示。

图 12-5　预制梁

3. 预制楼板

预制装配式楼板是将混凝土叠合板的底部在工厂预制完成，包括预应力和非预应力的底板，通过在施工现场吊装完毕后，再在叠合板底板上面现浇混凝土，待上部混凝土凝结硬化后形成整体受力的叠合板。如图 12-6 所示。

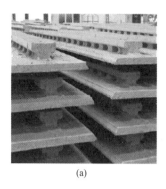
(a)

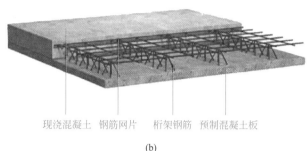
现浇混凝土　钢筋网片　桁架钢筋　预制混凝土板
(b)

图 12-6　预制楼板

（a）预制带肋预应力叠合板；（b）预制桁架钢筋底板叠合板结构

4. 预制外墙挂板

预制外墙挂板是用于混凝土预制件外立面"家族"中的特殊产品，因保温层被两层墙板夹在中间像三明治，又称为"三明治夹心墙板"。其中，内层墙板受力，按照力学要求设计和配筋；外墙板决定了建筑外立面的外观，常采用彩色混凝土，表面纹路的选择余地很大。如图 12-7 所示。

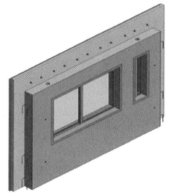

图 12-7　预制外墙挂板

5. 预制内墙板

预制内墙板有横墙板、纵墙板和隔墙板三种。横墙板与纵墙板均为承重墙板，隔墙板为非承重墙板。如图 12-8 所示。

6. 预制楼梯

预制装配式钢筋混凝土楼梯分为平台板、楼梯梁、楼梯段三个部分。其构件在加工厂或施工现场预制，施工时将预制构件进行装配、焊接。预制楼梯分板式楼梯和梁式楼梯。如图 12-9 所示。

7. 预制阳台

预制阳台可分为叠合阳台（半预制）和全预制阳台。全预制阳台表面的平整度可以和模具的表面平整度相同或者做成凹陷的效果，地面坡度和排水口也在工厂预制完成。在叠合板体系中，可以将预制阳台和叠合楼板以及叠合墙板一次性浇筑成一个整体。如图 12-10 所示。

图 12-8　预制内墙板

图 12-9　预制楼梯

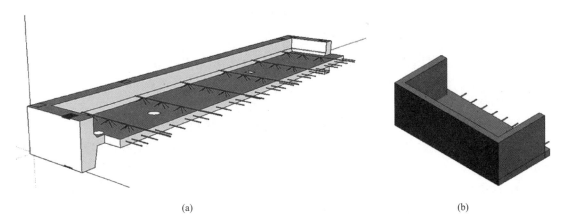

(a)　　　　　　　　　　　　　　　　　　　　　　　(b)

图 12-10　预制阳台

（a）半预制；（b）全预制

8. 预制飘窗

预制飘窗是将飘窗构件在工厂预制，施工时将预制好的飘窗构件在现场装配、焊接。如图 12-11 所示。

9. 预制空调板

住宅外墙空调板是夏季炎热地区楼房外墙上特有的、十分普遍的一种建筑构件。预制空调板将空调板构件在工厂预制，施工时将预制好的空调板构件在现场装配、焊接。如图 12-12 所示。

图 12-11　预制飘窗

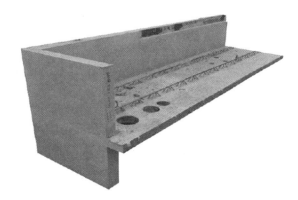

图 12-12　预制空调板

10. 预制剪力墙墙板

预制剪力墙构件是装配式结构中重要承重构件之一，常用预制剪力墙连接方式为预制实心剪力墙，包括预制钢筋套筒剪力墙、预制约束浆锚剪力墙、预制浆锚孔洞间接搭接剪力墙等。如图 12-13 所示。

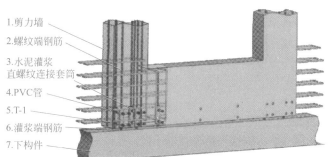

1.剪力墙
2.螺纹端钢筋
3.水泥灌浆直螺纹连接套筒
4.PVC管
5.T-1
6.灌浆端钢筋
7.下构件

图 12-13　预制剪力墙墙板

11. 预制女儿墙

女儿墙指的是建筑物屋顶外围的矮墙，主要作用除维护安全外，亦会在底处作防水压砖收头，以避免防水层渗水或是屋顶雨水漫流。预制女儿墙是将女儿墙构件在工厂预制，施工时将预制好的构件在现场装配、焊接。如图 12-14 所示。

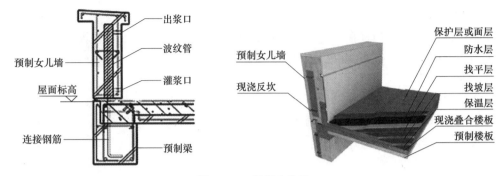

图 12-14　预制女儿墙

知识拓展

名词解释

1. 什么是预制率

工业化建筑室外地坪以上的主体结构和围护结构中，预制构件部分的混凝土用量占对应构件混凝土总用量的体积比。是衡量装配式建筑技术水平的重要指标。

预制构件包括：叠合板、叠合梁、预制柱、预制剪力墙、预制内隔墙、预制楼梯、预制阳台、预制外墙板等。

重要性：预制率是衡量主体结构和外围护结构采用预制构件的比率，只有最大限度地采用预制构件才能充分体现工业化建筑的特点和优势，而过低的预制率则难以体现。

2. 什么是装配率

工业化建筑中预制构件、建筑部品的数量（或面积）占同类构件或部品总数量（或面积）的比率。

建筑部品包括：非承重内隔墙、集成式厨房、集成式卫生间、预制管道井、预制排烟道、护栏等。

重要性：装配率是衡量工业化建筑所采用工厂生产的建筑部品的装配化程度，最大限度地采用工厂生产的建筑部品进行装配施工，能够充分体现工业化建筑的特点和优势，而过低的装配率则难以体现。

12.3　常见装配式混凝土结构的连接形式

装配式混凝土结构是由预制混凝土构件通过各种可靠的连接方式装配而成的混凝土结构。装配式混凝土的连接根据构件类型可分为非承重构件的连接和承重构件的连接。非承重构件的连接指结构附属构件的连接或承重构件与非承重构件的连接，如挂板连接、承重墙与填充墙的连接等，连接自身对结构的承载影响不大；承重构件的连接主要指柱（墙）-基础连接、柱-柱连接、柱-梁连接、墙-墙水平连接、墙-墙纵向连接等，连接对结构荷载的传导与分配起重要作用。

12-3
常见质量
问题

从预制结构施工方法分，承重构件的连接可以分为湿连接和干连接。湿连接需要在连接的两构件之间（节点处）浇筑混凝土或灌注水泥浆；干连接则是通过在连接的构件内植入钢板或其他钢部件，通过螺栓连接或焊接，从而达到连接的目的。

12-4
装配式混凝土结构连接节点基本构造要求

12.3.1　装配式混凝土结构连接方式与适用范围

连接技术是装配式混凝土建筑的核心技术，连接节点构造是装配式混凝土结构设计与施工的关键，如何保证连接节点构造可靠是值得各方重视的技术环节，见表12-2。

装配式结构连接方式与适用范围表　　　　　　　　　　表 12-2

类别		序号	连接方式	可连接的构件	适用范围
湿连接	灌浆	1	套筒灌浆连接	柱、墙、梁	适用于各种结构体系高层建筑
		2	浆锚搭接连接	柱、墙	房屋高度小于三层或12m的框架结构，二、三级抗震的剪力墙
		3	金属波纹管	柱、墙	
	后浇筑混凝土钢筋连接	4	螺纹套筒	梁、楼板	适用于各种结构体系高层建筑
		5	挤压套筒	梁、楼板	
		6	注胶套筒	梁、楼板	
		7	环形钢筋	墙板水平连接	
		8	绑扎	梁、楼板、阳台板、挑檐板、楼梯板固定端	
		9	直钢筋无绑扎	双面叠合板剪力墙、圆孔剪力墙	适用于剪力墙结构体系高层建筑
		10	焊接	梁、楼板、阳台板、挑檐板、楼梯板固定端	适用于各种结构体系高层建筑
	后浇筑混凝土其他连接	11	锚环钢筋连接	墙板水平连接	适用于多层装配式墙板结构
		12	钢索连接	墙板水平连接	适用于多层框架结构和低层板式结构
		13	型钢螺栓	柱	适用于框架结构体系高层建筑
	叠合构件后浇筑混凝土连接	14	钢筋折弯锚固	叠合梁、叠合板、叠阳台等	适用于各种结构体系高层建筑
		15	锚板	叠合梁	
	预制混凝土与后浇筑混凝土连接	16	粗糙面	各种接触后浇筑混凝土的预制构件	
		17	键槽	柱、梁等	
干连接		18	螺栓连接	楼梯、墙板、梁、柱	楼梯适用于各种结构体系高层建筑，主体结构构件适用于框架结构或组装墙板结构低层建筑
		19	构件焊接	楼梯、墙板、梁、柱	

12.3.2　几种常见的湿连接方式

1. 套筒灌浆连接

12-5
套筒灌浆
连接

是指在预制混凝土构件中预埋的金属套筒中插入钢筋并灌注水泥基灌浆料而实现的钢筋连接方式。这项技术不仅广泛应用于预制构件受力钢筋的连接，而且还用于现浇混凝土受力钢筋的连接。

连接套筒包括全灌浆套筒和半灌浆套筒两种形式，如图 12-15 所示。

全灌浆套筒：两端均采用灌浆方式与钢筋连接；半灌浆套筒：一端采用灌浆方式与钢筋连接，而另一端采用非灌浆方式与钢筋连接（通常采用螺纹连接）。

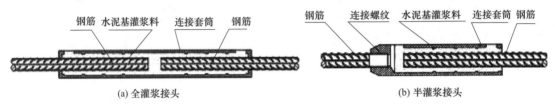

(a) 全灌浆接头　　　　　　　　　　　　　(b) 半灌浆接头

图 12-15　套筒灌浆连接

灌浆套筒在装配式结构中的应用：钢筋套筒灌浆连接主要用于装配式混凝土结构的剪力墙、预制柱的纵向受力钢筋的连接，也可用于叠合梁等后浇部位的纵向钢筋连接。

2. 浆锚搭接连接

12-6
浆锚搭接
连接

是指在预制混凝土构件中采用特殊工艺制成的孔道中插入需搭接的钢筋，并灌注水泥基灌浆料而实现的钢筋搭接连接方式。

（1）钢筋约束浆锚搭接连接：在预制构件中有螺旋箍筋约束的孔道中进行搭接的技术。如图 12-16 所示。

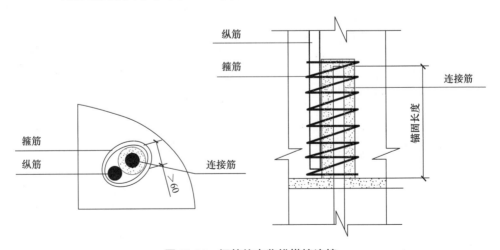

图 12-16　钢筋约束浆锚搭接连接

（2）金属波纹管浆锚搭接连接：墙板主要受力钢筋采用插入一定长度的钢套筒或预留金属波纹管孔洞，灌入高性能灌浆料形成的钢筋搭接连接接头。如图 12-17 所示。

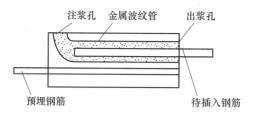

图 12-17　金属波纹管浆锚搭接连接

3. 环形钢筋连接

通过预制墙板的上下环形钢筋现浇进行连接，保证了连接的质量和安全，且装配施工便捷，可进行结构体系的全预制装配设计（±0.00 以上），适用于高层建筑。根据结构分析和工程经验，上下预制墙板的间距一般控制在 20～30cm，来保证节点连接安全和节点现浇的便捷。如图 12-18 所示。

12-7
金属波纹管
浆锚搭接
连接

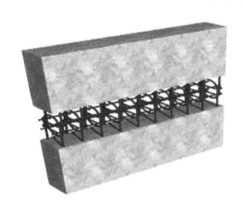
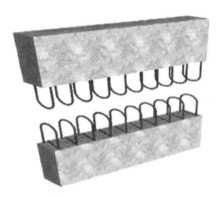

图 12-18　环形钢筋连接

4. 键槽连接

装配式建筑中键槽是指预制构件混凝土表面规则且连续的凹凸构造，可实现预制构件和后浇混凝土的共同受力作用。如图 12-19 和图 12-20 所示。

图 12-19　键槽实例

通常用于预制预应力梁和叠合板现浇，梁端留有 U 形键槽和 U 形钢筋，以及梁柱节点现浇。

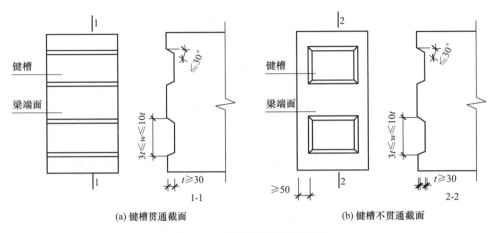

(a) 键槽贯通截面   (b) 键槽不贯通截面

图 12-20　梁端键槽构造示意

12.3.3　干连接

1. 螺栓连接

是指用螺栓和预埋件，将预制构件与预制构件或预制构件与主体结构进行连接的一种连接方式，如图 12-21 所示。在装配式混凝土结构中，螺栓连接仅用于外挂墙板和楼梯等非主体结构构件的连接。

图 12-21　螺栓连接

2. 焊接连接

是指预制混凝土构件中的预埋钢板，通过焊接将构件之间相连接并传递作用力的连接方式。焊接连接在混凝土结构中仅用于非结构构件的连接。

　　装配式建筑通过"标准化设计、工厂化生产、装配式施工、一体化装修、信息化管理"，全面提升建筑品质和建造效率。

建筑构件的模块化设计，要做到构件的种类越少越好，要使用 BIM 技术进行构件分拆。工厂生产是通过将 BIM 设计信息直接导入工厂中央控制系统，并转化成机械设备可读取的生产数据信息，可直接生产构件。使用 BIM 模拟安装构件顺序，构件到现场后，结合 BIM 预安装方案进行安装。例如：2008 年北京奥运会主会场"鸟巢"是空间复杂的装配式钢结构建筑，其设计就是采用 BIM 技术清晰地表达出其构件的空间关系复杂性，并进行批量的钢结构构件生产，后到现场有序安装，进而保证了工期。

　　装配式建筑采用 BIM 技术如虎添翼，借助 BIM 技术三维模型的参数化设计，有效地提高了装配式建筑的设计、生产效率和工程质量，将生产过程的上下游企业联系起来，真正地实现以信息化促进产业化，并实践着智慧建造的理念。

习　题

一、填空题

1. 装配式建筑是指在工厂加工制作好建筑用构件和配件，运输到建筑施工现场，通过可靠的_____在现场装配安装而成的建筑。

2. 现代装配式建筑按_____分类，有装配式混凝土结构建筑、装配式钢结构建筑、装配式木结构建筑和装配式组合结构建筑。

3. 装配式框架-剪力墙结构是将_____中的部分受力构件采用工厂预制，关键节点和重要受力构件采用现浇的结构形式。

4. 装配式建筑预制梁一般多采用_____。

5. 三明治外墙板是用于混凝土预制件外立面家族中的特殊产品，因_____被两层墙板夹在中间像三明治而得名。

6. 湿连接需要在连接的两构件之间（节点处）_____。

7. 在装配式混凝土结构中，螺栓连接仅用于_____和_____等非主体结构构件的连接。

8. _____在混凝土结构中仅用于非结构构件的连接。

二、单选题

1. 预制剪力墙结构体系需叠合的构件是（　　）。

A. 梁、柱　　　　　　B. 剪力墙　　　　　　C. 楼板　　　　　　D 外墙板

2. 下列不属于常见的装配式混凝土结构构件的是（　　）。

A. 叠合墙板　　　　　B. 全预制墙　　　　　C. 现浇楼板　　　　D 预制女儿墙

3. 下列不属于预制装配式混凝土楼梯构件的是（　　）。

A. 楼梯柱　　　　　　B. 平台板　　　　　　C. 楼梯梁　　　　　D. 楼梯段

4. 预制女儿墙构件在工厂进行预制，施工时将预制好的构件在现场进行装配、（　　）。

A. 环形钢筋连接　　B. 焊接　　　　　　C. 套筒灌浆连接　　D. 键槽连接

5. 湿连接需要在连接的两构件之间（节点处）浇筑混凝土或（　　）。

A. 环形筋连接　　　B. 键槽连接　　　　C. 套筒灌浆连接　　D. 灌注水泥浆

6. （　　）是指在预制混凝土构件中采用特殊工艺制成的孔道中插入需搭接的钢筋，并灌注水泥基灌浆料而实现的钢筋搭接连接方式。

A. 全套筒灌浆连接　B. 半灌浆套筒连接　C. 浆锚搭接连接　　D. 环形筋搭接连接

7. 在装配式混凝土结构中，（　　）仅用于外挂墙板和楼梯等非主体结构构件的连接。

A. 螺栓连接　　　　B. 半灌浆套筒连接　C. 浆锚搭接连接　　D. 环形筋连接

8. 预制梁端的键槽形式、数量、尺寸及布置应由（　　）确定。

A. 建设单位　　　　B. 设计单位　　　　C. 监理单位　　　　D. 施工单位

三、简答题

1. 从结构体系角度分析，目前的预制装配式结构主要有哪几种？

2. 目前所采用的装配式混凝土结构构件是否全部采用预制构件？如果不是，哪些部位要进行现浇？

3. 常见装配式混凝土结构构件有哪些？

4. 分别解释一下湿连接和干连接。

教学单元13

建筑施工图的识读

Chapter 13

主要内容

1. 建筑工程图的基本知识；
2. 建筑首页图和总平面图主要内容及识读；
3. 平、立、剖面图的主要内容及识读；
4. 建筑详图的主要内容及识读。

学习要点

1. 了解建筑工程施工图的组成内容；
2. 熟悉建筑首页图和总平面图的识图；
3. 掌握建筑平、立、剖面图及建筑详图的识读。

思政元素

本单元在讲述建筑施工图时，由故宫、赵州桥等中国著名建筑引出任何精美的建筑都离不开精准的设计和图纸的绘制过程。教学过程中要培养学生细心观察、精致绘图、独立思考和分析能力；绘图步骤的讲解可培养学生在工作中需要认真细致，精益求精的工匠精神；加强实践锻炼，可让学生在动手劳动中建立职业自信。

思维导图

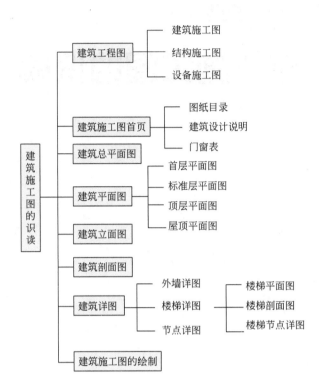

13.1 建筑工程图基本知识

建筑工程施工图多数采用正投影法，是按照国家建筑制图标准及一定比例绘制的。

13.1.1 建筑工程图的分类和编排顺序

1. 建筑工程图的概念及作用

建造房屋要经过两个基本过程：一是设计，二是施工。设计时需要把想象中的建筑物用图形表示出来，这种图形统称为"建筑工程图"。建筑工程图是用来反映房屋的功能组合、房屋内外貌和设计意图的图样；为施工服务的图样称为"建筑施工图"，简称"施工图"。一套施工图，是由建筑、结构、水、暖、电及预算等工种共同配合，经过正常的设计程序编制而成，是进行施工的依据；正确地识读施工图是正确反映和实施设计意图的第一步，也是进行施工及工程管理的前提和必要条件。建筑施工图主要任务在于表示房屋的内外形状、平面布置、楼层层高及建筑构造、装饰做法等，简称"建施"。它是其他各类施工图的基础和先导，它是指导土建工程施工的主要依据之一。总之，建筑施工图主要用来作为施工放线、砌筑基础及墙身、铺设楼板、楼梯、屋顶、安装门窗、室内装饰及编制预算和施工组织计划等的依据。

2. 建筑工程图的分类和编排顺序

建筑工程图由于专业分工不同，根据其内容和作用分为建筑施工图、结构施工图和设备施工图。

（1）建筑施工图，简称"建施"，是表达建筑物平面形状、内部造型、构造做法的图样，一般包括施工图首页、总平面图、建筑平面图、建筑立面图、建筑剖面图和建筑详图。

（2）结构施工图，简称"结施"，结构施工图是表达建筑的结构类型，结构构件的布置、连接、形状、大小及详细做法的图样，它一般包括基础图、结构平面布置图和各构件的结构详图及结构构造详图。

（3）设备施工图，简称"设施"，是表达建筑的给水、排水、采暖、通风和电器等设备施工的图样，它一般包括给水排水、采暖通风、电器照明设备的布置、安装要求，其中有平面布置图、系统图和详图。

一套建筑工程施工图按图纸目录、设计说明、总图、建筑图、结构图、给水排水图、暖通空调图、电气图等编排。一般是全局性图纸在前，表明局部的图纸在后；先施工的在前，后施工的在后；重要图纸在前，次要图纸在后。为了图纸的保存和查阅，必须对每张图纸进行编号。房屋施工图按照建筑施工图、结构施工图、设备施工图分别分类进行编号。如在建筑施工图中分别编出"建施-01""建施-02"……具体编号方法请参见附图。

13.1.2　整套图纸的识读方法

1. 读图应具备的基本知识

施工图是根据投影原理绘制的，用图纸表明房屋建筑的设计及构造做法。因此，要看懂施工图的内容，必须具备一定的基本知识。

（1）掌握做投影图的原理和建筑形体的各种表示方法。

（2）熟悉房屋建筑的基本构造。

（3）熟悉施工图中常用的图例、符号、线型、尺寸和比例的意义。

2. 读图的方法和步骤

看图的方法一般是：从外向里看，从大到小看，从粗到细看，图样与说明对照看，建筑与结构对照看。先粗看一遍，了解工程的概貌，而后再细读。读图的一般步骤：先看目录，了解总体情况，图纸总共有多少张；然后按图纸目录对照各类图纸是否齐全，再细读图纸内容。

13.2　建筑施工图首页和总平面图

一套简单的建筑工程施工图就有一二十张，一套大型复杂的建筑物的工程图有几十张、上百张甚至几百张之多，包括了各专业的施工图纸，而其中的建筑施工图是各专业的基础图。

1. 施工首页图

首页图也称为施工总说明，主要对图样上未能详细注写的用料和做法等要求作出具体的文字说明。中小型房屋的施工总说明，一般放在建筑施工图的第一页，有时施工总说明与结构总说明合并，成为整套施工图的首页，放在施工图的最前面，故称为首页图。首页图一般包括图纸目录、建筑设计说明、工程做法、门窗表等。现结合某教学楼建筑施工图加以说明。

（1）图纸目录

图纸目录安排在一套图纸的最前面，通过目录我们可以知道，一套建筑施工图都有什么内容、有多少张图；整套图纸的目录，有建筑施工图目录、结构施工图目录及设备施工图目录，表 13-1 为某教学楼建筑施工图目录摘录。

某教学楼图纸目录 表 13-1

图别与图号	图名	图幅	备注
建施-01	设计说明　图纸目录	A2	
建施-02	构造做法　门窗表	A2	
建施-03	总平面图　分区平面图	A2	
建施-04	一层平面图	A2	
建施-05	二层平面图	A2	
建施-06	三层平面图	A2	
建施-07	四、五层平面图	A2	
建施-08	六层平面图	A2	
建施-09	屋顶平面图	A2	
建施-10	⑭-①立面图	A2	
建施-11	①-⑭立面图	A2	
建施-12	©-①立面图	A2	
建施-13	①-©立面图　节点详图	A2	
建施-14	门窗详图　1-1 剖面图	A2	
建施-15	楼梯详图	A2	

（2）建筑设计说明

设计说明因工程性质、规模大小的不同，内容有很大的不同，主要包含以下项目（具体见附图建筑设计说明部分）：

1）设计依据。一般包括依据性文件和文号，如批文、本专业设计所执行的主要法规和所采用的主要标准及设计合同等。

2）工程概况。一般包括工程项目规模、项目的组成内容；承担设计的范围与分工。

264

如建筑名称、建设地点、建设单位、建筑面积、建筑占地面积，建筑工程等级、设计使用年限、建筑层数和高度、防火设计建筑分类和耐火等级、地下室防水等级、抗震设防烈度等。

3）标高。标高是在房屋建筑中，规范规定用标高表示建筑物的高度。标高分为相对标高和绝对标高两种。以建筑物底层室内地面为零点的标高称为相对标高，以青岛黄海平均海平面的高度为零点的标高称为绝对标高。建筑设计说明中原则上要说明相对标高和绝对标高的关系，例如"相对标高±0.000 相对于绝对标高 180.175m"，这就说明该建筑物底层室内地面设计在比海平面高 180.175m 的水平面上。

4）装修做法。装修做法用于表达各部位构造、做法、层次、选材、尺寸、施工要求等的详细说明。是现场施工和备料、施工监理、工程决算的重要技术文件。某教学楼工程做法见表 13-2。

构造做法表　　　　　　　　　　　　　　　　　　　　　　　　　　　　表 13-2

项目	使用部位	构造层次及做法	备注
屋面	除出屋面楼梯间外其他屋面	• 35 厚 490×490,C20 预制钢筋混凝土板(ϕ4 钢筋双向@150),1：2 水泥砂浆填缝 • M2.5 砂浆砌 120×120 砖三皮,双向中距 500 • 3 厚 SBS 改性沥青防水卷材 • 3 厚氯丁沥青防水涂料 • 刷基层处理剂一遍 • 20 厚 1：2.5 水泥砂浆找平层 • 20 厚(最薄处)1：8 水泥加气混凝土碎渣找 2%坡 • 干铺 150 厚加气混凝土砌块 • 钢筋混凝土屋面板,表面清扫干净	
屋面	出屋面楼梯间外屋面	• 4 厚 SBS 改性沥青防水卷材,表面带页岩保护层 • 刷基层处理剂一遍 • 20 厚 1：2.5 水泥砂浆找平层 • 20 厚(最薄处)1：8 水泥加气混凝土碎渣找 2%坡 • 干铺 150 厚加气混凝土砌块 • 钢筋混凝土屋面板,表面清扫干净	
地面	一层楼梯间、走道、展厅、入口大厅	• 8～10 厚地砖铺实拍平,水泥浆擦缝 • 25 厚 1：4 干硬性水泥砂浆,面上撒素水泥 • 素水泥浆结合层一道 • 80 厚 C10 混凝土 • 素土夯实	米黄色地板砖规格 500×500 黑色地板砖围边宽×长＝150×300
地面	一层卫生间	• 8～10 厚地砖铺实拍平,水泥浆擦缝 • 25 厚 1：4 干硬性水泥砂浆,面上撒素水泥 • 1.5 厚防水涂料,面撒黄沙,四周沿墙上翻 150 高 • 刷基层处理剂一遍 • 15 厚 1：2 水泥砂浆找平 • 50 厚 C20 细实混凝土找 1%坡,最薄处不小于 20 • 80 厚 C10 混凝土 • 素土夯实	米黄色防滑地板砖规格 500×500,防水涂料选用通用 K11 型防水浆料

项目	使用部位	构造层次及做法	备注
楼面	二层至六层除卫生间外所有房间	• 8～10 厚地砖铺实拍平，水泥浆擦缝 • 25 厚 1∶4 干硬性水泥砂浆，面上撒素水泥 • 素水泥浆结合层一道 • 钢筋混凝土楼板	米黄色地板砖规格 500×500 黑色地板砖围边宽×长＝150×300
	二层至六层卫生间	• 8～10 厚地砖铺实拍平，水泥浆擦缝 • 25 厚 1∶4 干硬性水泥砂浆，面上撒素水泥 • 1.5 厚防水涂料，面撒黄沙，四周沿墙上翻 150 高 • 刷基层处理剂一遍 • 15 厚 1∶2 水泥砂浆找平 • 50 厚 C20 细实混凝土找 1％坡，最薄处不小于 20 • 钢筋混凝土楼板	米黄色防滑地砖规格 500×500，防水涂料选用通用 K11 型防水浆料
内墙面	走廊、楼梯及无水池设施的所有房间	• 刷 801 胶素水泥砂浆一遍，配合比为 801 胶∶水＝1∶4 • 15 厚 1∶1∶6 水泥石灰砂浆，分两次抹成 • 5 厚 1∶0.5∶3 水泥石灰砂浆 • 满刮腻子一遍，刷底漆一道 • 乳胶漆二遍	亚白色
	所有卫生间	• 刷 801 胶素水泥砂浆一遍，配合比为 801 胶∶水＝1∶4 • 15 厚 2∶1∶8 水泥石灰砂浆，分两次抹成 • 3～4 厚 1∶1 水泥砂浆加水重 20％ 801 胶镶贴 • 4～5 厚釉面砖，白水泥浆擦缝	高度至顶棚底
顶棚	除卫生间所有房间	• 钢筋混凝土板底面清理干净 • 7 厚 1∶1∶4 水泥石灰砂浆 • 5 厚 1∶0.5∶3 水泥石灰砂浆 • 满刮腻子一遍，刷底漆一道 • 乳胶漆二遍	亚白色
	所有卫生间	• 钢筋混凝土板底面清理干净 • 7 厚 1∶3 水泥砂浆 • 5 厚 1∶2 水泥砂浆 • 满刮腻子一遍，刷底漆一道 • 乳胶漆二遍	亚白色
踢脚	除卫生间及走道外所有房间	• 刷 801 胶素水泥砂浆一遍，配合比为 801 胶∶水＝1∶4 • 17 厚 2∶1∶8 水泥石灰砂浆，分两次抹成 • 3～4 厚 1∶1 水泥砂浆加水重 20％801 胶镶贴 • 8～10 厚釉面砖，水泥浆擦缝	高 150
墙裙	走道	• 刷 801 胶素水泥砂浆一遍，配合比为 801 胶∶水＝1∶4 • 17 厚 2∶1∶8 水泥石灰砂浆，分两次抹成 • 3～4 厚 1∶1 水泥砂浆加水重 20％801 胶镶贴 • 4～5 厚釉面砖，白水泥浆擦缝	高 2100

续表

项目	使用部位	构造层次及做法	备注
外墙	主体外墙	• 刷 801 胶素水泥砂浆一遍,配合比为 801 胶∶水＝1∶4 • 15 厚 2∶1∶8 水泥石灰砂浆,分两次抹成 • 刷素水泥浆一遍 • 4～5 厚 1∶1 水泥砂浆加水重 20％801 胶镶贴 • 8～10 厚面砖,水泥浆擦缝	灰色
	柱面	• 30 厚 1∶2.5 水泥砂浆,分层灌浆 • 20～30 厚黑色花岗岩板(背面用双股 16 号铜丝绑扎与墙面固定)水泥浆擦缝	黑色
	局部外墙及雨篷	• 刷 801 胶素水泥砂浆一遍,配合比为 801 胶∶水＝1∶4 • 15 厚 2∶1∶8 水泥石灰砂浆,分两次抹成 • 5 厚 1∶2.5 水泥砂浆 • 外墙乳胶漆涂料喷刷二遍	砖红色外墙乳胶漆涂料,分格缝宽 10mm,深 5mm,弧形,黑色
油漆	木门	• 木基层清理、除垢、打磨等 • 刮腻子、磨光 • 底油一遍 • 磁漆二遍	外门红色,内门米黄色
台阶	所有出入口	• 20 厚花岗岩板表面机刨,水泥浆擦缝 • 30 厚 1∶4 干硬性水泥砂浆,面上撒素水泥 • 素水泥浆结合层一道 • 60 厚 C15 混凝土台阶(不包括三角部分) • 300 厚三七灰土 • 素土夯实	
散水	所有散水	• 60 厚 C15 混凝土,面上加 5 厚 1∶1 水泥砂浆随打随抹光 • 150 厚三七灰土 • 素土夯实,向外坡 4％	30m 间距设缝与外墙设缝缝宽 25mm 内填沥青砂

注:本表未列出项目请详见图样及有关图集。

5)施工要求。施工要求包含两方面的内容,一是要严格执行施工验收规范中的规定,二是对图纸中不详之处的补充说明。对图中不详之处不能擅自处理,要与设计单位联系,共同研究解决。

(3)门窗表

门窗表是对建筑物所有不同类型的门窗统计后列成的表格,反映门窗的类型、编号、数量、尺寸规格等相应内容,以备施工、预算需要。表 13-3 是某教学楼门窗统计表。

门窗表　　　　　　　　　　　　　　　　　　　　　　　　表 13-3

类别	序号	门窗编号	窗口尺寸(B×H)	采用图集编号	1F	2F	3F	4F	5F	6F	7F	合计	备注
窗	1	C-1	2700×1900	80 系列塑钢窗	0	15	21	21	21	23	0	101	见建施 JS15-14
	2	C-1'	2700×2300	80 系列塑钢窗	11	0	0	0	0	0	0	11	见建施 JS15-14

类别	序号	门窗编号	窗口尺寸(B×H)	采用图集编号	1F	2F	3F	4F	5F	6F	7F	合计	备注
窗	3	C-2	1800×1900	80系列塑钢窗	0	10	12	12	12	4	0	50	见建施 JS15-14
	4	C-2′	1800×2300	80系列塑钢窗	3	0	0	0	0	0	0	3	见建施 JS15-14
	5	C-3	2050×1700	80系列塑钢窗	10	10	10	10	10	10	0	60	见建施 JS15-14
	6	C-3′	1300×1700	80系列塑钢窗	10	10	10	10	10	10	0	60	
	7	C-4	1700×1900	80系列塑钢窗	0	1	1	1	1	1	0	5	见建施 JS15-14
	8	C-5	1500×1900	80系列塑钢窗	0	1	1	1	1	0	0	4	见建施 JS15-14
	9	C-5′	1500×2300	80系列塑钢窗	1	0	0	0	0	0	0	1	见建施 JS15-14
	10	C-WK	现场确定	无框玻璃窗									10厚白玻璃甲方自定
门	11	WM-1	3400×3300	88ZJ601-M24-1027	1	0	0	0	0	0	0	1	10厚白玻璃甲方自定
	12	WM-2	2600×3300	88ZJ601-M21-0921	1	0	0	0	0	0	0	1	10厚白玻璃甲方自定
	13	M-1	1000×2700	88ZJ601-M24-1827 外装电动卷帘门	8	14	20	20	20	20	0	102	
	14	M-2	900×2100	乙级防火门	2	2	2	2	2	2	0	12	
	15	M-3	1800×2600	乙级防火门	2	0	0	0	0	0	0	2	卷帘门参 88ZJ611JM305-2424
	16	FM-1	2400×2100	乙级防火门	1	1	1	1	1	1	0	6	甲方自定
	17	FM-2	3600×2100	乙级防火门	2	1	1	1	1	1	0	7	甲方自定
	18	FM-3	1800×2100	甲级防火门	0	1	1	1	1	0	0	4	甲方自定
	19	FM-4	1000×2100	乙级防火门	0	0	0	0	0	0	1	1	甲方自定
	20	FM-5	900×1800	乙级防火门	1	1	1	1	1	1	0	6	距地 300 甲方自定
	21	FM-6	600×1800	乙级防火门	1	1	1	1	1	1	0	6	距地 300 甲方自定
	22	FM-7	1200×2100	甲级防火门	2	0	0	0	0	0	0	2	甲方自定
	23	MC-1	2400×2700	80系列塑钢门	1	0	0	0	0	0	0	1	见建施 JS15-14

2. 总平面图

（1）总平面图的形成和用途

总平面图是将拟建工程四周一定范围内的新建、拟建、原有和拆除的建筑物、构筑物连同其周围的地形、地物状况用正投影的方法表达出来的图样。它主要反映新建建筑物的平面形状、所在位置、朝向和周围环境的关系，是新建房屋定位、施工放线、土方施工及施工总平面设计的重要依据。

（2）总平面图的图示方法和内容

1）总平面图的图示方法

总平面图主要以图例形式表示，图例采用《总图制图标准》GB/T 50103—2010 规定的图例，常用的图例见表 13-4。

总平面图常用图例　　　　　　　　　　　　　　　　　　　表 13-4

序号	名称	图例	备注
1	新建建筑物	$X=$ $Y=$ ① 12*F*/2*D* H=59.00m	新建建筑物以粗实线表示与室外地坪相接处±0.000 外墙定位轮廓线。 建筑物一般以±0.000 高度处的外墙定位轴线交叉点坐标定位。轴线用细实线表示，并注明轴线号。 根据不同设计阶段标注建筑编号，地上、地下层数，建筑高度，建筑出入口位置（两种表示方法均可，但同一图纸采用一种表示方法）。 地下建筑物以粗虚线表示其轮廓。 建筑上部（±0.000 以上）外挑建筑用细实线表示。 建筑物上部连廊用细虚线表示并标注位置
2	原有建筑物		用细实线表示
3	计划扩建的预留地或建筑物		用中粗虚线表示
4	拆除的建筑物		用细实线表示
5	建筑物下面的通道		用粗虚线表示
6	围墙及大门		
7	坐标	1. X=105.00 Y=425.00 2. A=105.00 B=425.00	1. 表示地形测量坐标系。 2. 表示自设坐标系。 坐标数字平行于建筑标注

序号	名称	图例	备注
8	方格网交叉点标高	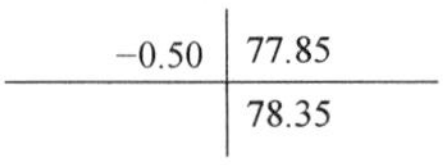 -0.50 77.85 78.35	"78.35"为原地面标高。 "77.85"为设计标高。 "－0.50"为施工高度。 "－"表示挖方（"＋"表示填方）
9	填挖边坡	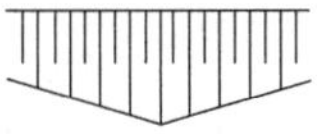	
10	室内标高	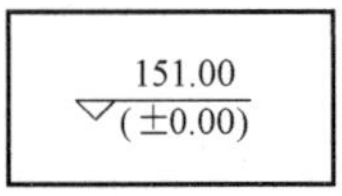 151.00 ▽（±0.00）	数字平行于建筑物书写
11	室外标高	 ▼ 143.00	室外标高也可采用等高线
12	新建道路	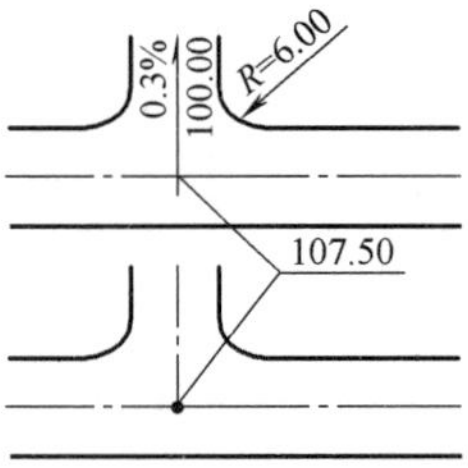 0.3% 100.00 R=6.00 107.50	"R＝6.00"表示道路转弯半径；"107.50"为路面中心线设计标高，两种表示方式均可，同一张图纸上采用一种方式表示；100.00 表示变坡点间距离，"0.30％"表示道路的坡度，→表示坡向
13	原有道路	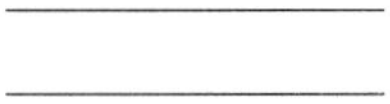	
14	计划扩建道路		
15	桥梁	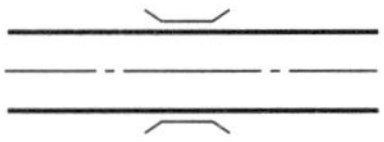 	上图为公路桥，下图为铁路桥。 用于旱桥时应注明
16	常绿针叶乔木	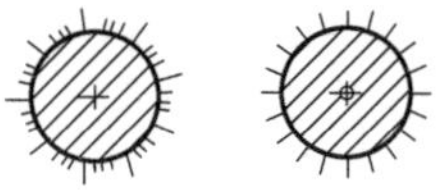	

序号	名称	图例	备注
17	常绿阔叶乔木	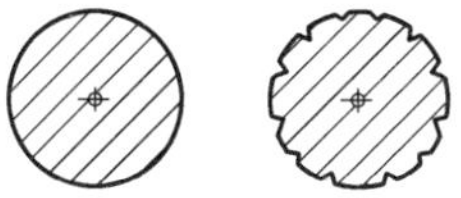	
18	常绿阔叶灌木	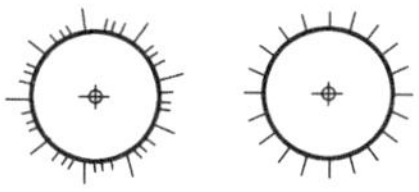	
19	落叶阔叶灌木		
20	草坪	1. 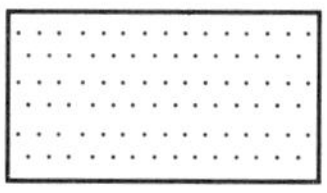　2. 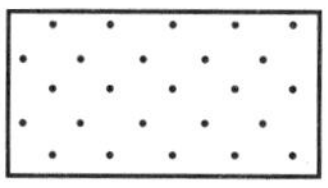　3. 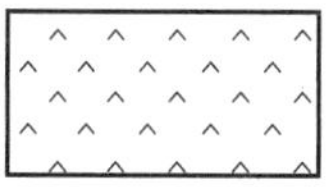	1. 草坪。 2. 自然草坪。 3. 人工草坪
21	花	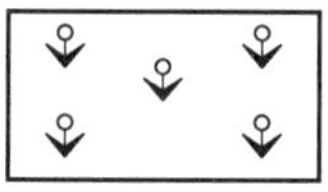	

2）总平面图的图示内容

总平面图是用正投影原理绘制的，其基本内容如下：

① 标明道路红线、建筑控制线、用地红线等位置，新建的各种建筑物及构筑物的名称、层数、具体位置、标高、道路以及各种管线布置系统等总体布局。

② 确定建筑物的平面位置，一般是根据原有房屋或道路作为新建工程的定位依据。坐标定位有两种形式，一是利用施工坐标确定新建建筑的位置；二是利用测量坐标确定新建建筑的位置。

③ 标明建筑物首层地面的绝对标高，室外地坪、道路的绝对标高。

④ 用指北针或风向频率玫瑰图指出建筑区域的朝向。

总平面图中应绘制指北针或风向玫瑰图。指北针表示房屋朝向，风玫瑰图表示常年风向频率和风速，两者可结合绘制。

风向频率玫瑰图根据某一地区多年统计，各个方向平均吹风次数的百分数值，按一定比例绘制的，是新建房屋所在地区风向情况的示意图，如图 13-1 所示。一般多用 8 个或 16 个罗盘方位表示，玫瑰图上表示风的吹向是从外面吹向地区中心，图中实线为全年风向玫瑰图，虚线为夏季风向玫瑰图。

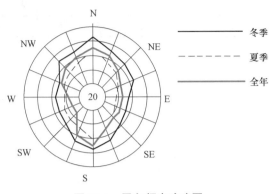

图 13-1　风向频率玫瑰图

⑤ 根据工程的需要，有时总平面图中除平面设计外，还应标明竖向布置图，以计算出施工中土方填挖数量。在绿化及建筑小区布置图中，标明绿地及植物配置，人行道及铺地的定位等。

⑥ 附近的地形、地物情况。

（3）建筑总平面图识读

图 13-2 是以某校教学楼的总平面图为例进行识读。

1）新建筑物。在图 13-2 中，拟建房屋是按 1∶500 的比例，用粗实线框表示，原有建筑用细实线框表示，并在线框内，用小黑点表示建筑层数，有几点就是几层，本工程主体部分共 6 层。

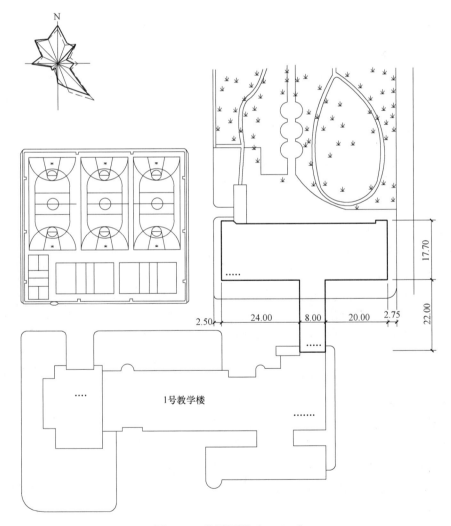

图 13-2　总平面图（1∶500）

2）新建建筑物的定位。总平面图的主要任务是确定新建建筑物的位置，通常是利用原有建筑物、道路等来定位的。在图 13-2 中，拟建住宅楼的西墙面距原道路之间的距离为 2.5m，楼房与道路平行，其东墙面距路边为 2.75m。

3）朝向和风向。从左上角的风向频率玫瑰图可知该平面图是上北下南、左西右东。大门朝北。常年风向以北风和东南风居多。

4）了解工程性质、用地范围、地形地貌和周围环境情况。

5）了解新建房屋四周的道路、绿化。

13.3　建筑平面图

13.3.1　建筑平面图的形成及作用

建筑平面图包括楼层平面图和屋顶平面图。楼层平面图是假想用一个水平剖切面沿房屋的门、窗洞口的位置（距地面 1m 左右）把整个房屋切开，移去上面部分，对其下面部分作水平面投影，所得的水平剖面图，即为建筑平面图，简称平面图，如图 13-3 所示。屋顶平面图是站在屋顶之上对屋顶作的水平投影图，如图 13-7 所示。

13-1
建筑平面图

建筑平面图主要表示房屋的平面形状、大小、内部分割和使用功能（如出入口、各房间的关系、楼梯和走廊的位置等）；墙体、柱材料和厚度，门窗类型与位置。它是房屋施工图中最基本的图样之一，同时也是施工放线、砌筑墙体、安装门窗和编制预算的主要依据。

13.3.2　建筑平面图的图示方法

一般来说，房屋有几层，就应该有几个平面图，沿房屋底层门窗洞口剖切所得到的平面图称为底层平面图，沿二层门窗洞口剖切所得到的平面图称为二层平面图，以此类推，可得三层、四层……顶层平面图。但是，有些楼层除标高不同外，其余的平面布置相同，这时可以用一个平面图表示，这样的平面图称为标准层平面图。所以一般房屋有底层平面图、标准层平面图、顶层平面图和屋顶平面图。当建筑物有地下室还应包括地下室平面图。

建筑平面图常用的比例是 1∶50、1∶100、1∶150、1∶200、1∶300，根据工程性质及复杂程度选定，通常采用 1∶100。必要时可选择绘制局部放大图。在建筑施工图中，比例小于等于 1∶50 的图样，可不画材料图例和墙柱面抹灰线。

13.3.3　建筑平面图的图示内容

（1）所有墙、柱的定位轴线及其编号、尺寸。

（2）所有房间的名称及门窗编号、位置、大小及开启方向。

（3）三道尺寸线：最外面为横向、纵向的总长尺寸；中间为轴线间距尺寸（墙、柱距，跨度）；里面为细部尺寸（门窗洞口尺寸，洞口边到轴线间的距离尺寸，墙、柱宽等）；图中，教学楼的总长为 52.26m，总宽为 19.96m；中间一道是轴间尺寸，一般表示房间的开间和进深。例如图 13-3 中的 4000、5000 等尺寸便是开间尺寸；7000、4500 则是进深尺寸；最里一道是表示门窗洞口宽等细部尺寸。

（4）注出室内外的高差及室内楼地面的标高。

（5）表示电梯、楼梯、自动扶梯上下行方向及主要尺寸，规格和编号。

（6）详图的索引和标准图集的索引，剖切线位置及编号等。

（7）主要建筑设备、固定家具的位置，如卫生洁具、雨水管、水池、案台、隔断等。

（8）表示阳台、雨篷、台阶、斜坡、烟道、通风道、管井、消防梯、散水、排水沟、花池等的尺寸及位置。

（9）综合反映其他工种如水、暖、电、燃气等对土建工程的要求，如地沟、配电箱、消火栓、预埋件等的预留洞在墙或楼板上位置及尺寸。

（10）底层平面图上应标明指北针。

（11）屋顶平面图的基本内容。具体识读有以下几方面内容。

1）屋面平面图有轴线及轴线编号，分水线，坡向符号及坡度，雨水口，出屋面的人孔，爬梯、挑檐，并有索引等内容。有时还有女儿墙，出屋面的楼梯间等。

2）如果是坡屋面的平面图，屋面的坡度可以用直角三角形来表示。

3）在屋面标高不同时，屋面平面可以按不同的标高分别绘制，在下一层平面上表示过的屋面，不应再绘制在上一层平面上；也可以将不同标高的屋面画在一起，但应注明不同的标高（均注结构板面）。根据图纸复杂程度来选择绘制方法。

13.3.4　平面图的图例符号

阅读平面图时，应熟悉常用的图例符号，见表 13-5。

常用建筑构造及配件图例　　　　　　　　　　　表 13-5

序号	名称	图　例	备注
1	墙体		1. 上图为外墙，下图为内墙。 2. 外墙细线表示有保温层或有幕墙。 3. 应加注文字或涂色或图案填充表示各种材料的墙体。 4. 在各层平面图中防火墙宜着重以特殊图案填充表示
2	隔断		1. 加注文字或涂色或图案填充表示各种材料的轻质隔断。 2. 适用于到顶与不到顶隔断
3	玻璃幕墙		幕墙龙骨是否表示由项目设计决定

序号	名称	图　例	备注
4	栏杆		
5	楼梯	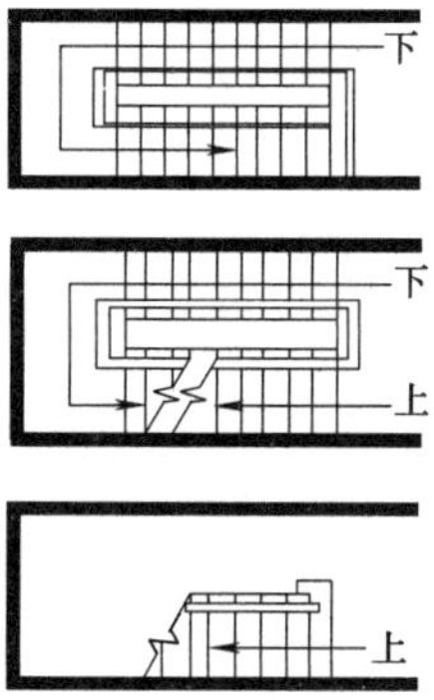	1. 上图为顶层楼梯平面,中图为中间层楼梯平面,下图为底层楼梯平面。 2. 需设置靠墙扶手或中间扶手时,应在图中表示
6	坡道	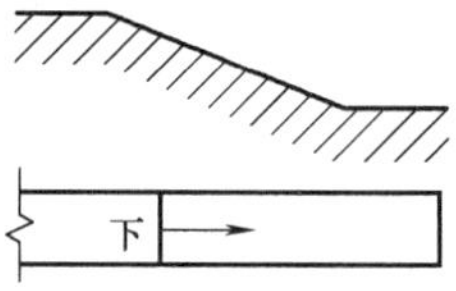	长坡道
		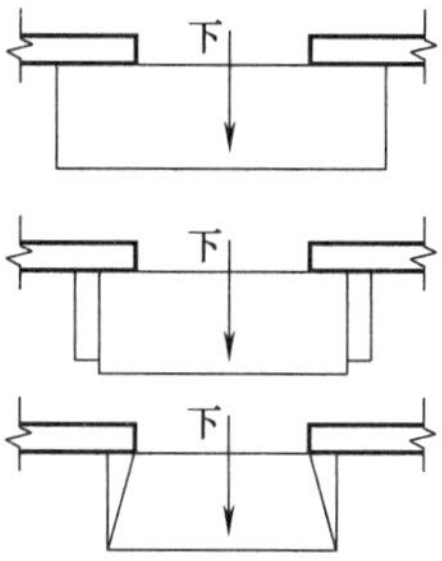	上图为两侧垂直的门口坡道,中图为有挡墙的门口坡道,下图为两侧找坡的门口坡道
7	台阶	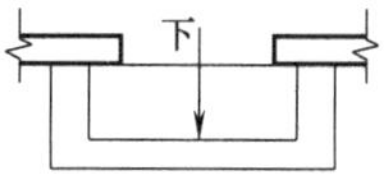	
8	检查井	 	左图为可见检查口,右图为不可见检查口
9	孔洞	 	阴影部分也可填充灰度或涂色代替
10	坑槽	 	

序号	名称	图 例	备注
11	墙预留洞、槽	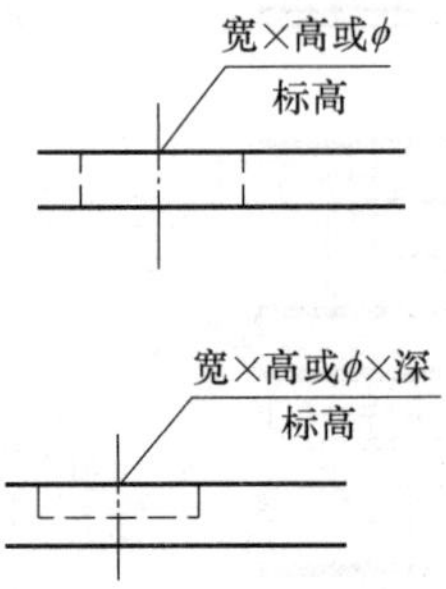	1. 上图为预留洞，下图为预留槽。 2. 平面以洞（槽）中心定位。 3. 标高以洞（槽）底或中心定位。 4. 宜以涂色区别墙体和预留洞（槽）
12	烟道	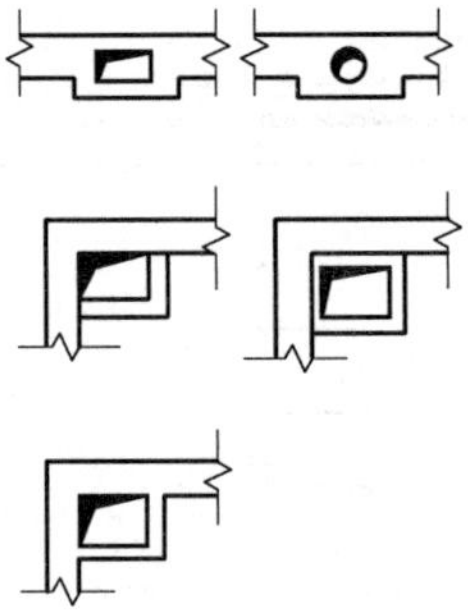	1. 阴影部分也可涂色代替。 2. 烟道、风道与墙体为相同材料，其相接处墙身线应连通。 3. 烟道、风道根据需要增加不同材料的内衬
13	风道	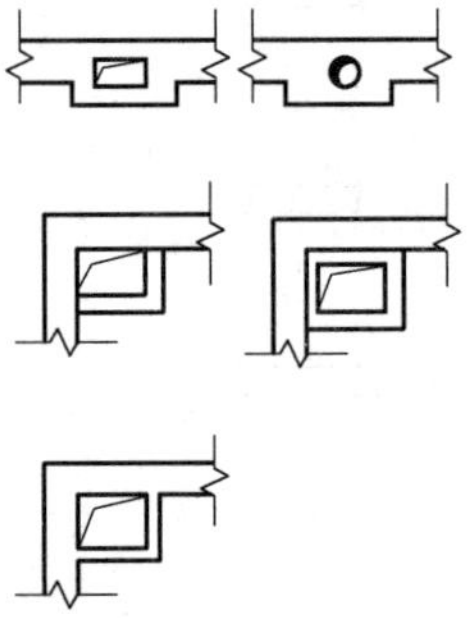	
14	新建的墙和窗	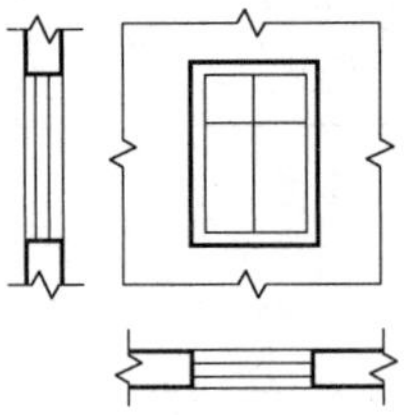	
15	空洞门	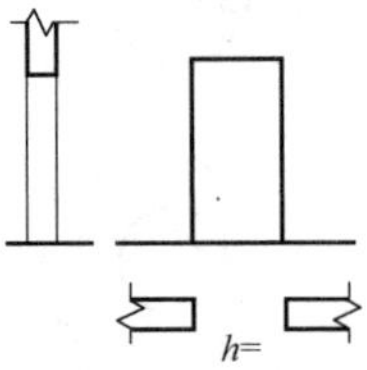	h 为门洞高度

续表

序号	名称	图例	备注
16	单扇平开或 单向弹簧门	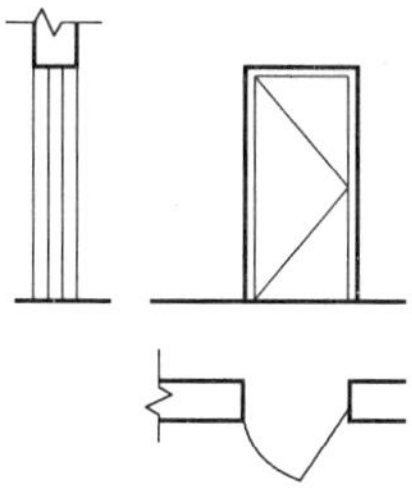	1. 门的名称代号用 M 表示。 2. 平面图中，下为外，上为内，门开启线为 90°、60°或 45°。 3. 立面图中，开启线实线为外开，虚线为内开。开启线交角的一侧为安装合页一侧。开启线在建筑立面图中可不表示，在立面大样图中可根据需要绘出。 4. 剖面图中，左为外，右为内。 5. 附加纱扇应以文字说明，在平、立、剖面图中均不表示。 6. 立面形式应按实际情况绘制
	单扇 平开或双向弹簧门	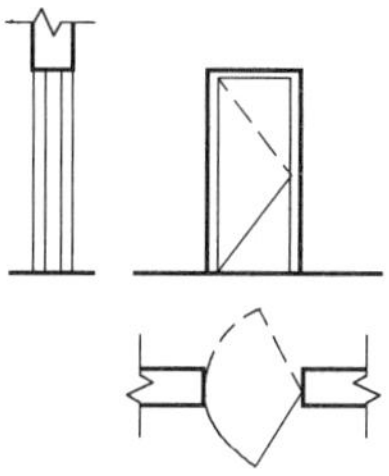	
	双层单扇平开门	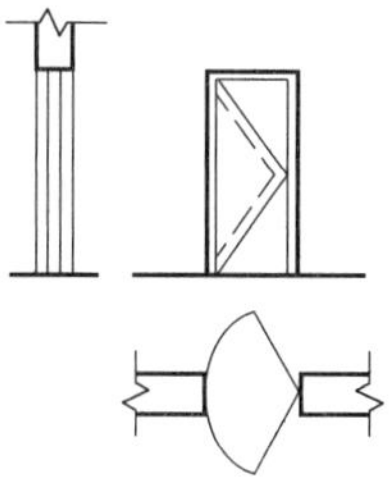	
17	单面开启双扇门 （包括平开或单面弹簧）	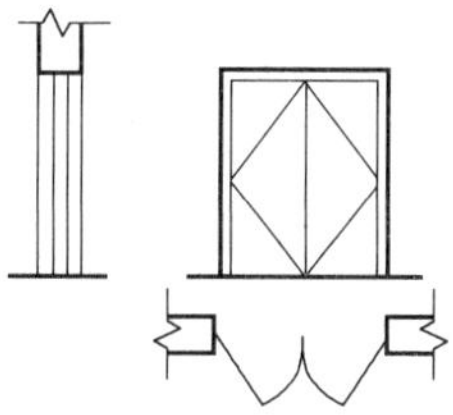	1. 门的名称代号用 M 表示。 2. 平面图中，下为外，上为内，门开启线为 90°、60°或 45°。 3. 立面图中，开启线实线为外开，虚线为内开。开启线交角的一侧为安装合页一侧。开启线在建筑立面图中可不表示，在立面大样图中可根据需要绘出。 4. 剖面图中，左为外，右为内。 5. 附加纱扇应以文字说明，在平、立、剖面图中均不表示。 6. 立面形式应按实际情况绘制
	双面开启双扇门 （包括双面平开或双面弹簧）	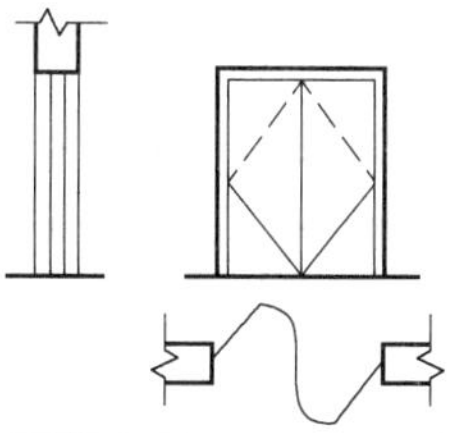	
	双层双扇平开门	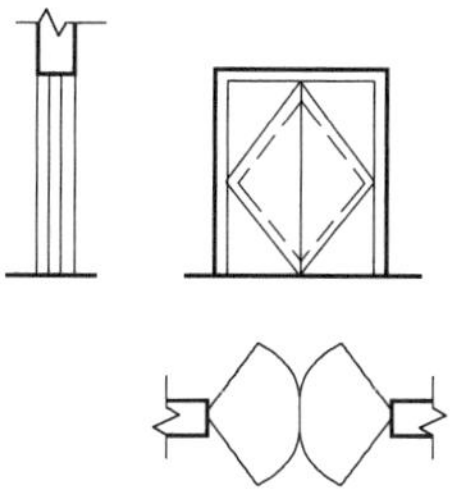	

序号	名称	图 例	备注
18	墙洞外单扇推拉门	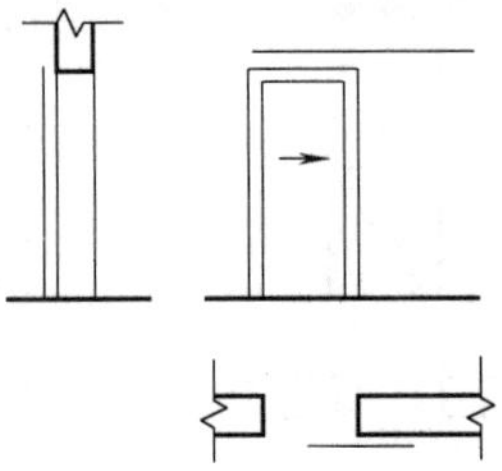	1. 门的名称代号用 M 表示。 2. 平面图中，下为外，上为内。 3. 剖面图中，左为外，右为内。 4. 立面形式应按实际情况绘制
	墙洞外双扇推拉门	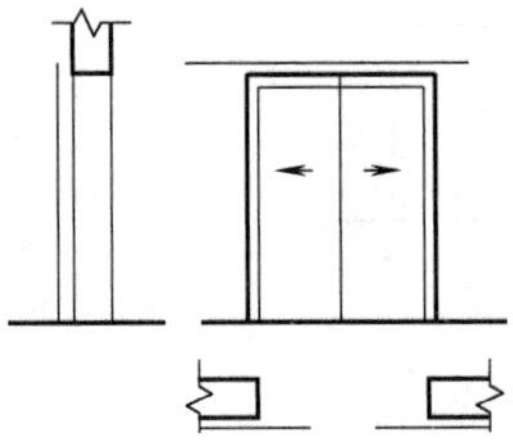	
	墙中单扇推拉门	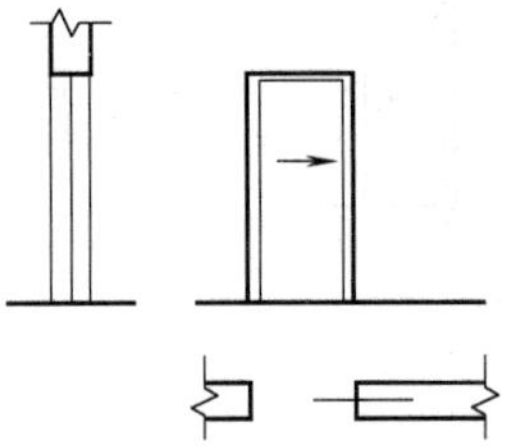	1. 门的名称代号用 M 表示。 2. 立面形式应按实际情况绘制
	墙中双扇推拉门	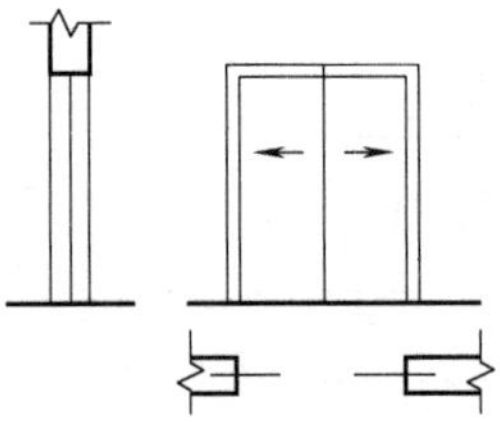	
19	折叠门	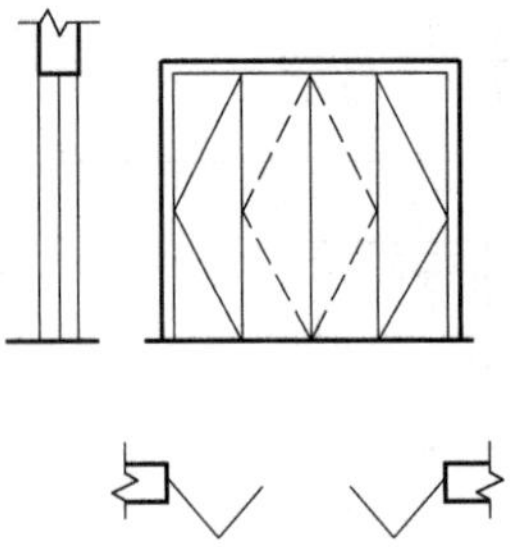	1. 门的名称代号用 M 表示。 2. 平面图中，下为外，上为内。 3. 立面图中，开启线实线为外开，虚线为内开。开启线交角的一侧为安装合页一侧。 4. 剖面图中，左为外，右为内。 5. 立面形式应按实际情况绘制

续表

序号	名称	图　例	备注
19	推拉折叠门	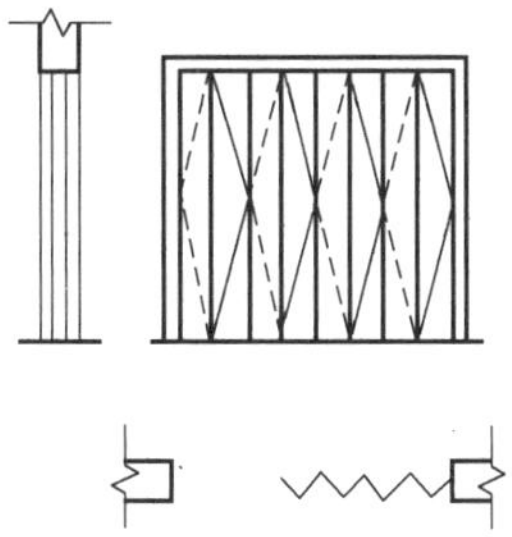	1. 门的名称代号用 M 表示。 2. 平面图中，下为外，上为内。 3. 立面图中，开启线实线为外开，虚线为内开。开启线交角的一侧为安装合页一侧。 4. 剖面图中，左为外，右为内。 5. 立面形式应按实际情况绘制
20	门连窗	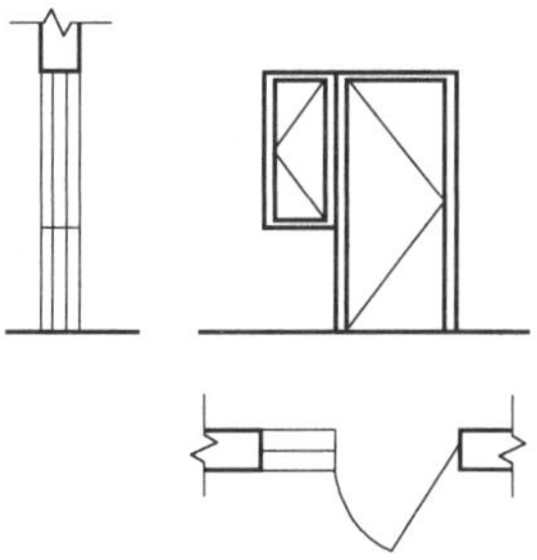	1. 门的名称代号用 M 表示。 2. 平面图中，下为外，上为内，门开启线为 90°、60°或 45°。 3. 立面图中，开启线实线为外开，虚线为内开。开启线交角的一侧为安装合页一侧。开启线在建筑立面图中可不表示，在室内设计立面大样图中可根据需要绘出。 4. 剖面图中，左为外，右为内。 5. 立面形式应按实际情况绘制
21	旋转门	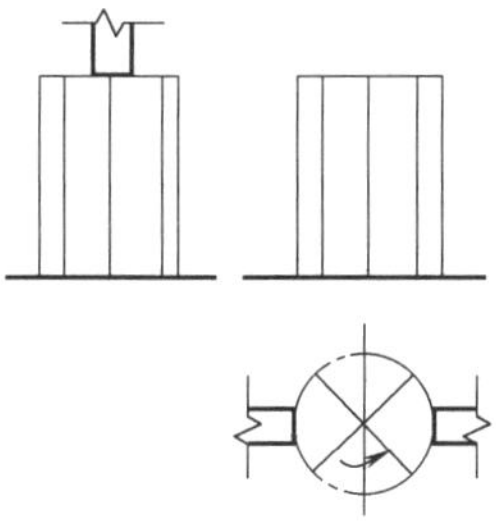	1. 门的名称代号用 M 表示。 2. 立面形式应按实际情况绘制
22	固定窗	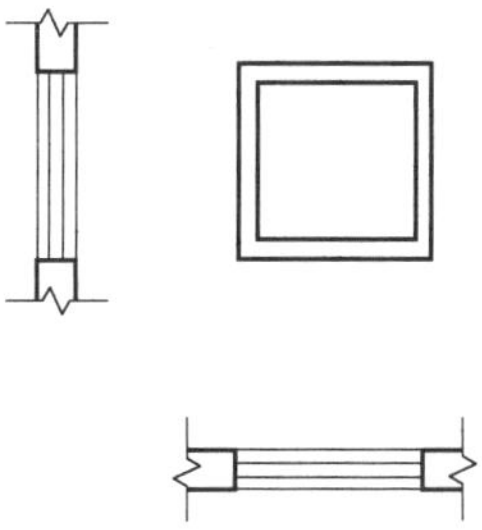	

序号	名称	图　例	备注
23	上悬窗		
	中悬窗	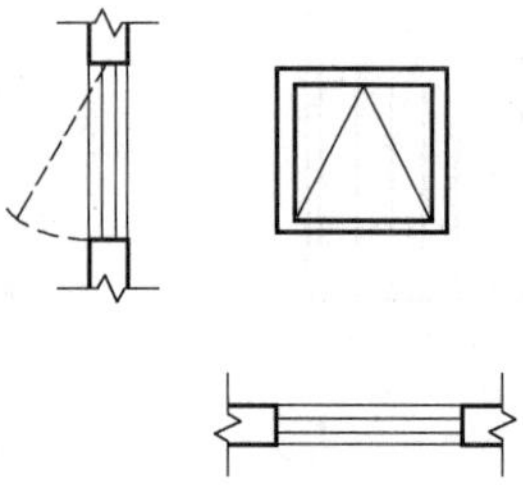	1. 窗的名称代号用 C 表示。 2. 平面图中，下为外，上为内。 3. 立面图中，开启线实线为外开，虚线为内开。开启线交角的一侧为安装合页一侧。开启线在建筑立面图中可不表示，在门窗立面大样图中需绘出。 4. 剖面图中，左为外，右为内，虚线仅表示开启方向，项目设计不表示。 5. 附加纱窗应以文字说明，在平、立、剖面图中均不表示。 6. 立面形式应按实际情况绘制
	下悬窗		
	立转窗		

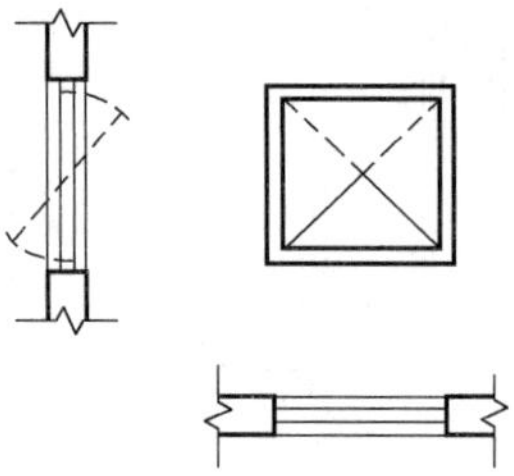

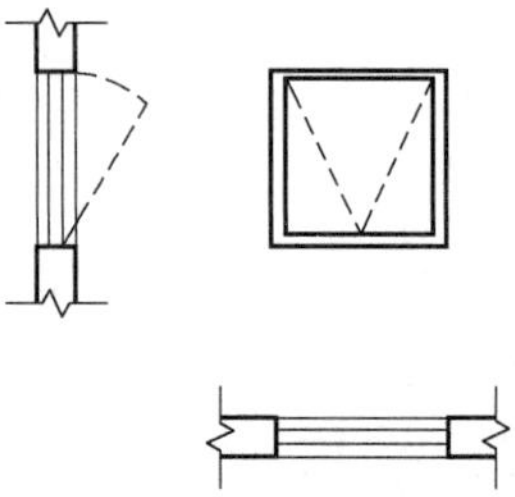

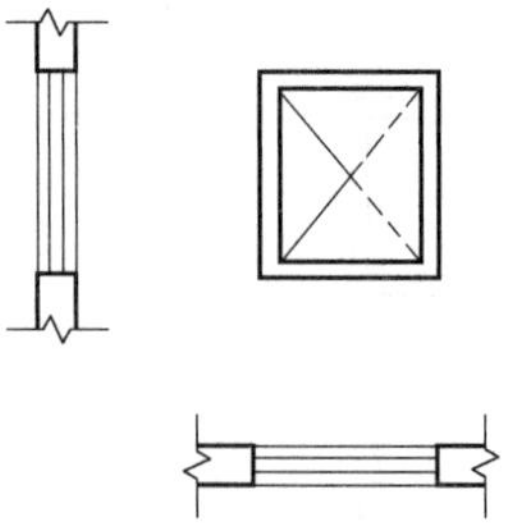

序号	名称	图　例	备注
24	单层外开平开窗	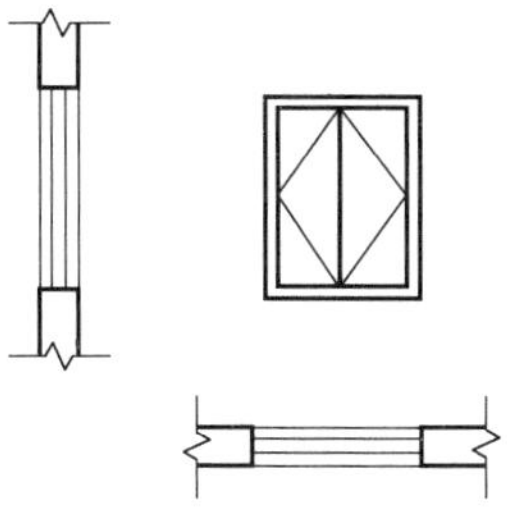	1. 窗的名称代号用 C 表示。 2. 平面图中,下为外,上为内。 3. 立面图中,开启线实线为外开,虚线为内开。开启线交角的一侧为安装合页一侧。开启线在建筑立面图中可不表示,在门窗立面大样图中需绘出。 4. 剖面图中,左为外,右为内,虚线仅表示开启方向,项目设计不表示。 5. 附加纱窗应以文字说明,在平、立、剖面图中均不表示。 6. 立面形式应按实际情况绘制
	单层内开平开窗	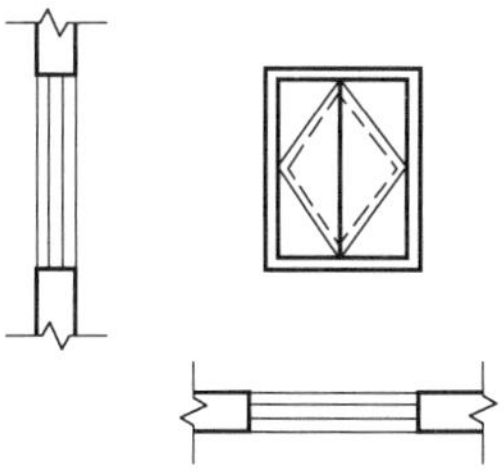	
	双层内外开平开窗	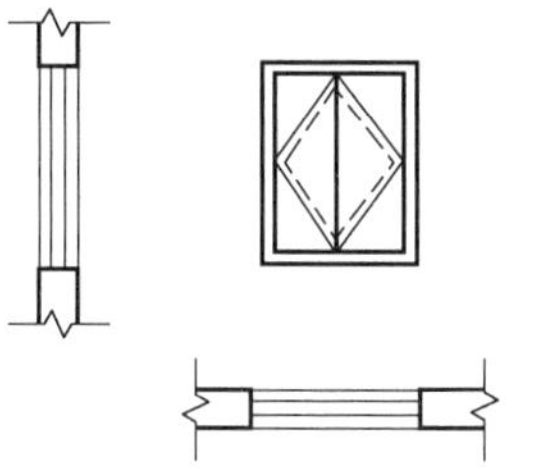	
25	单层推拉窗	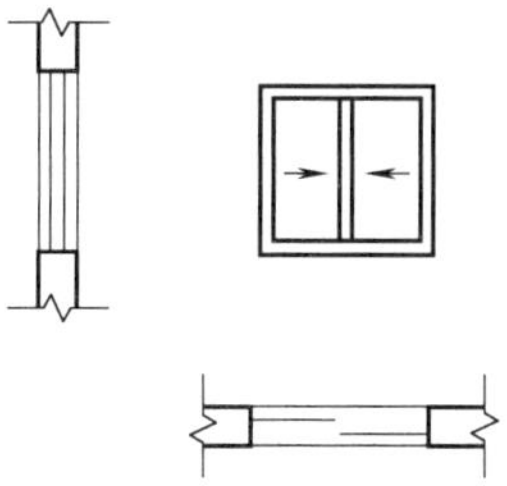	1. 窗的名称代号用 C 表示。 2. 立面形式应按实际情况绘制
	双层推拉窗	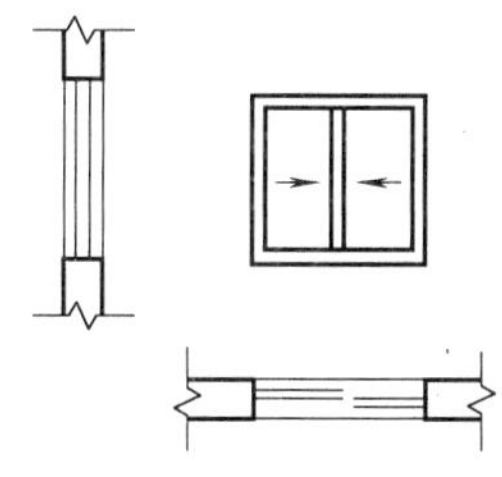	

序号	名称	图　例	备注
25	上推窗	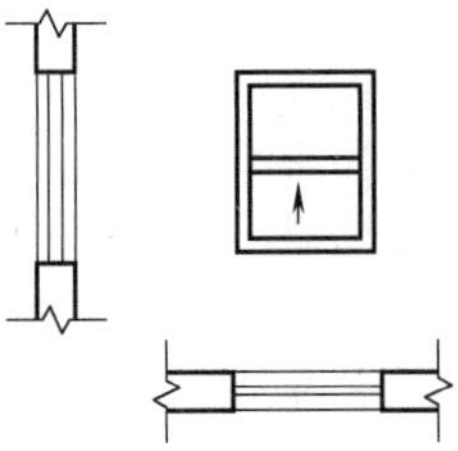	1. 窗的名称代号用 C 表示。 2. 立面形式应按实际情况绘制
26	高窗	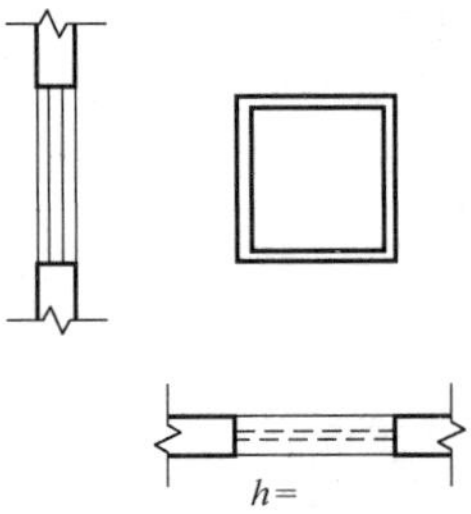 $h=$	1. 窗的名称代号用 C 表示。 2. 立面图中，开启线实线为外开，虚线为内开。开启线交角的一侧为安装合页一侧。开启线在建筑立面图中可不表示，在门窗立面大样图中需绘出。 3. 剖面图中，左为外，右为内。 4. 立面形式应按实际情况绘制。 5. h 表示高窗底距本层地面标高。 6. 高窗开启方式参考其他窗型
27	电梯	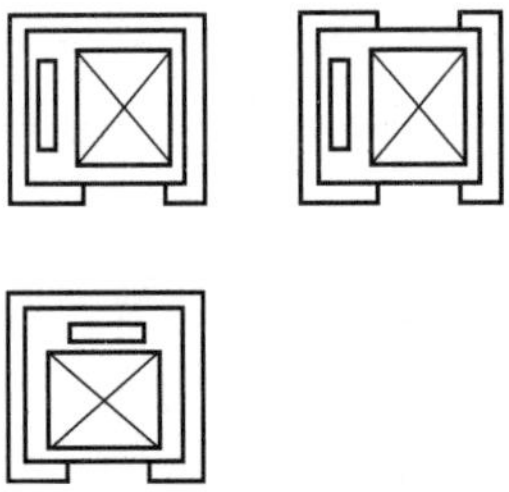	1. 电梯应注明类型，并按实际绘出门和平衡锤或导轨的位置。 2. 其他类型电梯应参照本图例按实际情况绘制
28	自动扶梯	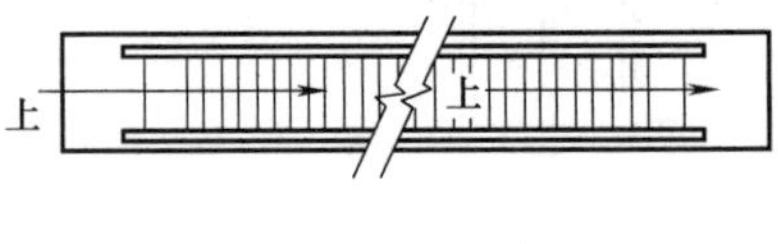	箭头方向为设计运行方向

13.3.5 建筑平面图识读

(1) 图名及比例。先从标题栏中了解工程名称、平面图的图名、比例等内容，如底层平面图比例为 1：100。

(2) 建筑物的朝向和总平面布置、形状、尺寸。根据图中指北针的方向可知建筑物朝向。

通过标注尺寸，可计算出房屋的用地面积，建筑面积等；建筑占地面积为首层外墙外边线所包围的面积；建筑面积是指各层建筑外墙结构的外围水平面积之和。从图中墙的分隔情况和房间的名称，可以了解到房屋内部各房间的配置、用途、数量及其相互间的关系。

(3) 定位轴线编号及其间距、各部分的尺寸。根据轴线编号及间距读清楚各部分的尺寸，注意三道尺寸线，各细部的位置及大小尺寸，如门窗洞宽和位置、柱的大小和位置等，都应与轴线联系起来。

(4) 建筑物中各部位的标高。在平面图中，对建筑物各组成部分，如地面、楼面、楼梯平台面、室外台阶面、阳台地面等，应分别注明标高。这些标高均采用相对标高，即相对于标高零点（±0.000）的标高，如图 13-3 所示标高。

(5) 门窗位置和编号、数量。见表 13-3，M-1、M-2、M-3……，C-1、C-2、C-3……等；不同的编号说明门窗的类型不同，阅读时要与门窗明细表对照。至于门窗的细部做法，要看门窗构造详图。

(6) 建筑剖面图的剖切位置、索引。在底层平面图中的适当位置画建筑剖面图的剖切位置和剖视方向，以便与剖面图对照阅读，读图时注意剖切线是否转折等；索引标志表示的细部做法或采用标准图集做法，通过索引符号找出所在的图纸位置或标准图集号，以便施工人员查阅。

(7) 其他细部。如楼梯、搁板、墙洞等位置及尺寸，各专业设备布置情况，如卫生间的便池、洗手池等，读图时注意位置、尺寸及形式。

13.3.6 楼层平面图识读

楼层平面图与底层平面图的形成相同，在楼层平面图上，为了简化作图，已在底层或下一层平面图上表示过的室外内容，不再表示。如二层平面图上不再画一层的散水、明沟及室外台阶等；三层平面图上不画二层已表示过的雨篷等。中间各楼层平面相同，可只画一个标准层平面图。识读楼层平面图的重点是查找与下层平面图的异同，如房间布局、门窗开设、墙体厚度、阳台位置有无变化等，同时注意楼面标高的变化。

13.3.7 屋顶平面图识读

从屋顶平面图可了解到屋顶的投影内容，如雨水口、天沟、排水分区和坡度等设置和尺寸，以及它们所采用的标准图集和索引符号，图 13-4 为某教学楼的屋顶平面图，屋顶排水坡度 2%，雨水口做法选用《平屋面建筑构造（一）》99J201-1。

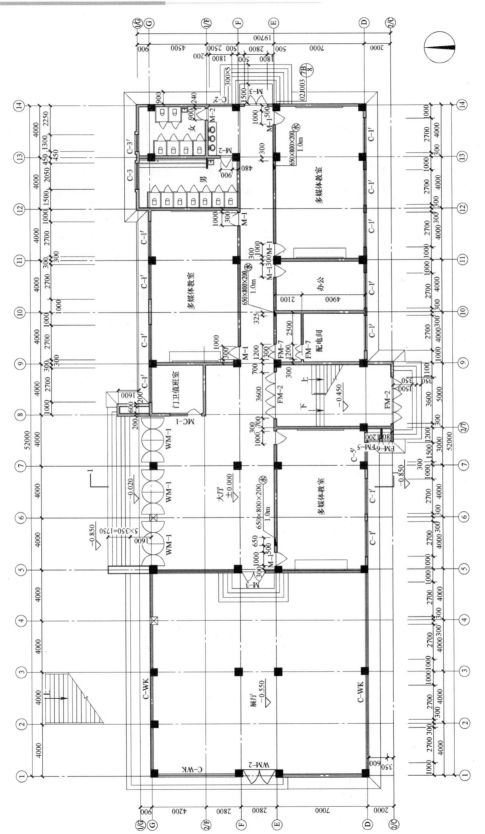

一层平面图 1:100

图 13-3 底层平面图 1：100

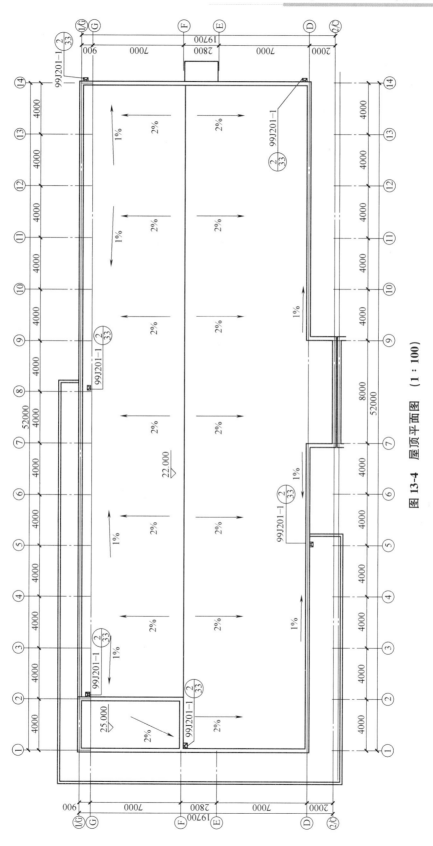

图 13-4　屋顶平面图　（1：100）

13.4 建筑立面图

13.4.1 建筑立面图的形成与作用

13-2
建筑立面图

在与建筑立面平行的铅直投影面上所做的正投影图称为建筑立面图，简称立面图。建筑立面图主要用来表示建筑物的立面和外形轮廓，房屋各部位的高度、外貌和装修要求，是建筑物室外装修主要依据。

13.4.2 建筑立面图的命名

如图 13-5 所示，建筑立面图的命名方式有三种：一种可用朝向来命名，建筑物的某个立面面向哪个方向，就称为哪个方向的立面图，如北立面图、南立面图、东立面图等；一种可用房屋主要的外貌特征来命名，其中主要出入口或比较显著地反映房屋外貌特征的那一面称为正立面图，其余的相应称为北立面图和侧立面图等；再者，可以用立面图的首尾轴线来命名，如①～⑦立面图等。图 13-6 是⑭～①立面图。施工图中这三种命名方式都可使用，但每套施工图只能采用其中的一种方式命名。

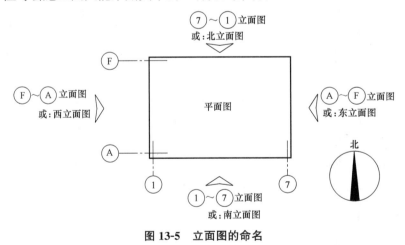

图 13-5　立面图的命名

13.4.3 建筑立面图主要图示内容

（1）画出建筑物外轮廓及主要结构和建筑构造部件的位置，如可以看见的室外地面线、房屋的勒脚、台阶、花池、门、窗、雨篷、阳台、室外楼梯、墙体外边线、檐口、屋顶、雨水管、墙面分格线等内容。

（2）标出建筑物立面上的主要标高。一般有以下内容：

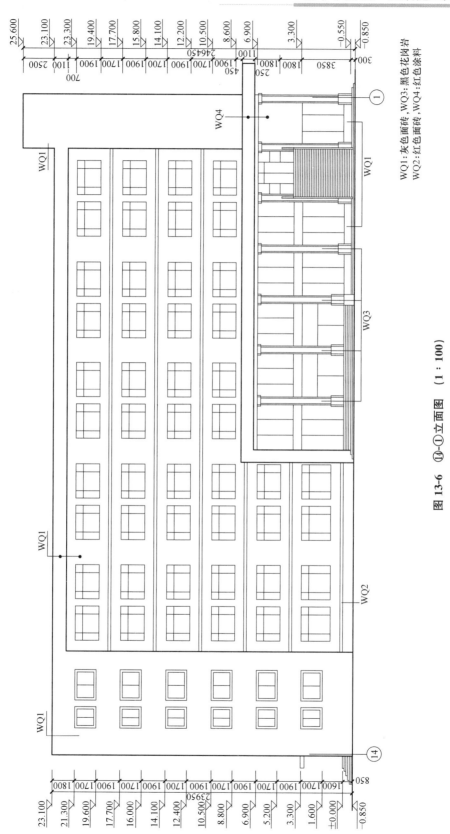

图 13-6 ⑭-① 立面图 (1 : 100)

WQ1:灰色面砖,WQ3:黑色花岗岩
WQ2:红色面砖,WQ4:红色涂料

1）室外地坪的标高。

2）台阶顶面的标高。

3）各层门窗洞口标高。

4）阳台扶手、雨篷上下皮的标高。

5）外墙面上突出的装饰物的标高。

6）檐口部位的标高。

7）屋顶上水箱、电梯机房、楼梯间的标高。

（3）注出建筑物两端的定位轴线及其编号。

（4）注出各部位装饰材料名称及其做法、需详图表示的索引符号。

（5）在平面上表达不清楚的编号。

（6）图纸比例一般采用1:50、1:100、1:150、1:200、1:300来绘制。立面图的比例和平面图的比例应保持一致。

（7）墙的立面三道尺寸线：总高、层高、细部尺寸。

13.4.4 建筑立面图识读

（1）了解图名、比例，弄清该立面图在整个建筑形体中所处的位置。如图13-6中⑭-①立面图的比例为1:100。

（2）了解建筑物的外貌及墙体的各细部组成部分。如台阶、门窗形状、阳台、雨篷、屋顶形状及位置。

（3）了解建筑物的外装修做法与所用材料。如图⑭-①中立面图外墙用灰色面砖，雨篷用红色涂料。

（4）了解建筑物各部位的高度尺寸、关键部位的标高；如图13-6中立面图所示，室外地面标高0.850，室内地面标高±0.000，每层窗顶标高及楼房总高等。

建筑立面图识读注意事项：

看立面图，除了看立面的尺寸、标高和立面外观外，还应注意与平面图对应着看，是否有外装修的说明及索引内容等。

13.5 建筑剖面图

13.5.1 建筑剖面图形成及作用

13-3
建筑剖面图

建筑剖面图系假想用一平面把建筑物沿垂直方向切开，切开后得到的切面部分的正投影图叫做剖面图。因剖切位置不同，剖面图又分为横剖面图和纵剖面图。剖面图一般选择建筑物内部做法有代表性、空间变化比较复杂的部位，如楼梯间，并应尽量使剖切面通过门窗洞口。剖切位置应在底层建筑平面图上用剖切线标出，建筑剖面图的图名应与平面图的剖切符号一致；建筑剖面图主要是用来表示建筑物的内部在高度方向结构或构造形式、分层情况及高度等。如屋顶的坡度、楼房的分层、房间和门窗各部分的高度等。建筑物的竖向尺寸主要标注在剖面图上。

13.5.2　建筑剖面图的图示内容

（1）表示被剖视切到的墙、柱、梁及其定位轴线编号。

（2）表示被剖视切到的主要结构和建筑构造部件，如室内外地面、各层楼板、屋顶、檐口、女儿墙、门窗、楼梯、阳台、雨篷、台阶、防潮层、踢脚板、散水、明沟等剖切到及可见的内容。

（3）标注高度尺寸与标高。

1）高度尺寸：应标注门窗洞口高度、层间高度和建筑总高度三道尺寸线。

2）标高：室内外地面、各层楼板、平台、屋面板、檐口、女儿墙顶、雨篷板，高出屋面的建筑物、构造物及其他特殊构件的标高。

（4）表示楼地面及屋顶构造做法，构造详图的索引符号。

（5）剖面图的比例应与平面图和立面图的比例一致，因此在剖面图上一般不画材料图符号。

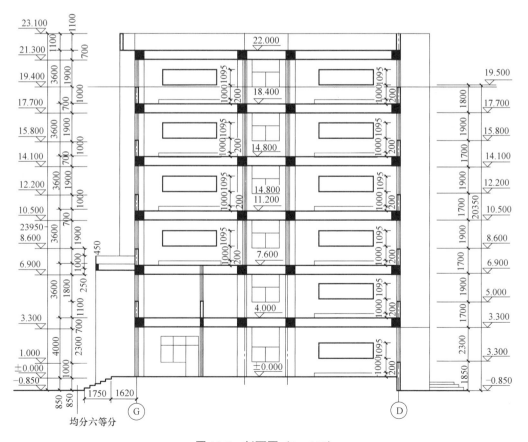

图 13-7　剖面图（1∶100）

13.5.3　建筑剖面图识读

（1）了解图名、比例，根据剖切符号查阅该剖面图在底层建筑平面图中的剖切位置、剖视方向。大致了解建筑被剖切的部分和未被剖切但可见部分；如图 13-7 所示，它的剖切位置由底层平面图中可看出，是通过大厅、走廊及一个多媒体教室进行剖切，剖视方向是自左向右。

（2）详细了解建筑物被剖切的部分，如墙体、楼板、楼梯和屋顶。

（3）详细了解建筑物未被剖切但可见部分。

（4）了解剖面图上各部位的高度尺寸、主要部位的标高；图 13-7 中，房屋总高 23.95m，一层高 4m，其余层高 3.6m，二层以上窗高 1.7m。

（5）了解构造详图的索引符号位置及编号。剖面图中不能详细表达的地方，有时用详图索引符号另画详图表示。

13.6　建筑详图

建筑的平、立、剖面图表达建筑的平面布置、外部形状和墙柱楼板及门窗设置和主要尺寸，但因反映的内容多，使用的比例小，对建筑的细部构造难以表达清楚。为了满足施工与预算的要求，对建筑物的细部构造用较大的比例详细地表达出来，这种图称为建筑详图，也叫做大样图，是建筑平、立、剖面图的补充说明。详图的特点是比例大，反映的内容详尽，将工程的细部构造、形状、大小、材料、做法等表达清楚，并严格编制索引符号，以便查阅；常用的比例有 1∶50、1∶20、1∶10、1∶5、1∶2、1∶1 等。

13.6.1　建筑详图主要内容

（1）表示建筑构配件的详细构造及连接关系（如门、窗、楼梯、阳台等）。

（2）表示建筑物细部及剖面节点的形式、做法、用料、规格及详细尺寸（如檐口、窗台、明沟、楼梯扶手、踏步、楼地面等）。

（3）表明施工要求及制作方法。

建筑详图主要有：外墙详图、楼梯详图、阳台详图、门窗详图等。下面介绍建筑图中楼梯详图识读方法。

13.6.2　楼梯详图

楼梯是多层与高层建筑中上、下层之间的主要垂直交通与疏散的基本设施，楼梯是建筑中构造比较复杂的部位，所以需要有详图专门说明。楼梯详图一般包括楼梯平面图、楼梯剖面图和楼梯踏步、栏杆节点详图。一般尽可能画在一张施工图上，且平、剖面图的比例一致，以便对照阅读。

1. 楼梯平面图

楼梯平面图就是将建筑平面图中的楼梯间比例放大后画出的图样，一般用 1∶50 的比例绘制，通常只画底层、中间层和顶层三个平面图。

底层平面图是从底层上行第一梯段及单元入口门洞的某一位置水平剖切，便可以得到底层平面图。当水平剖切平面沿二层上行第一梯段及梯间窗洞口的某一位置切开时，便可得到标准层平面图。当水平剖切沿顶层门窗洞口的某一位置切开时，便可得到顶层平面图。

楼梯平面图要表达出楼梯间墙身轴线、楼梯间的长宽尺寸，楼梯的跑数，每跑楼梯的宽度及踏步数，踏步的宽度，休息平台的位置、尺寸及标高。

楼梯平面图识读：根据轴线编号，了解楼梯间在房屋中的位置；了解楼梯间、梯段、梯井、平台的尺寸、构造形式，楼梯踏步的宽度和踏步数；了解楼梯段、楼梯井和休息平台的平面形式、位置、踏步的宽度和数量；了解楼梯的走向，栏杆设置及楼梯上下起步位置；了解楼层标高和休息平台标高；了解楼梯间的开间、进深、墙体的厚度、门窗的位置；在底层平面图中了解楼梯剖面图的剖切位置，及剖视方向。如图 13-8 所示。

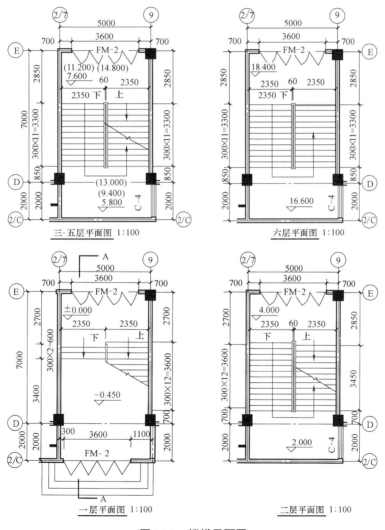

图 13-8　楼梯平面图

2. 楼梯剖面图

楼梯剖面图是用假想的铅垂剖切平面，通过各层的一个梯段和门窗洞口，将楼梯垂直剖切，向另一侧未剖到的梯段方向作投影，所得到的剖面图。楼梯剖面图主要表明各层梯段及休息平台的标高，楼梯的踏步步数，踏面的宽度及踢面的高度，各种构件的搭接方法，楼梯栏杆的高度，楼梯间各层门窗洞口的标高及尺寸。常用比例为 1∶50，如果各层楼梯构造相同，且踏步尺寸和数量相同，楼梯剖面图可只画底层、中间层和顶层剖面图，其余部分用折断线将其省略。楼梯剖面图应注明各楼层面、平台面、楼梯间窗洞的标高、踏步的数量及栏杆的高度等。还要表示出楼梯栏杆、扶手和踏步详图，表明栏杆的式样、高度、尺寸、材料及构造做法等。

了解楼梯的构造形式，如图 13-9 所示楼梯的结构形式为板式楼梯；了解楼梯梯段数踏步级数，第一梯段踏步级数 13 级，其余每段踏步级数 12 级；了解楼梯竖向和进深方向尺寸，如楼层标高、平台标高等；了解梯段、平台、栏杆、扶手等的构造及材料说明；了解图中的索引符号，从而知道楼梯细部做法。

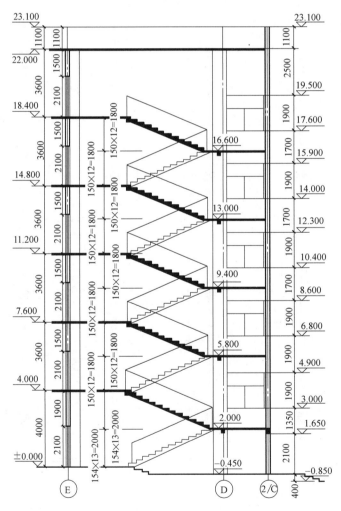

图 13-9　楼梯剖面图（1∶100）

3. 楼梯节点详图

楼梯节点详图主要表达楼梯栏杆、踏步、扶手的做法，如采用标准图集，则直接引用标准图集代号，如采用特殊形式，则用较大的比例如 1∶10、1∶5、1∶2、1∶1 详细表示其形状、尺寸、所用材料及具体做法，如图 13-10 所示。

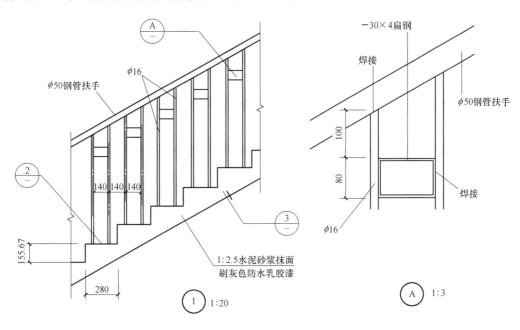

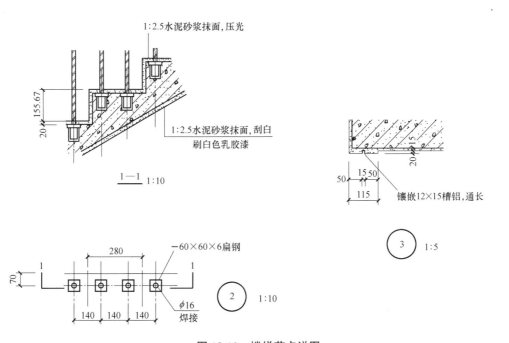

图 13-10　楼梯节点详图

13.7 绘制建筑施工图的步骤

通过绘制建筑施工图，一方面能培养学生认真负责、一丝不苟的精神；另一方面通过绘图能进一步加强学生的识图能力，加深学生对图纸的理解，能让学生深入地了解施工图中每条线、每个图例符号的意义和构造做法，学会应用施工图进行图示表达。

现以某住宅楼为例，说明绘制施工图的步骤。

13.7.1 建筑平面图的画图步骤

13-4
建筑平面图
的绘制

如图 13-11 所示：

第一步：根据开间和进深尺寸，画出定位轴线；

第二步：根据墙厚尺寸，画出内外墙身的基本轮廓线；

第三步：根据门窗洞口及窗间墙等细部构造尺寸，画出门窗洞口、楼梯、台阶等；

第四步：检查无误后，擦去多余的作图线，描深；标注轴线、尺寸、门窗编号，注写图名、比例及文字说明等。

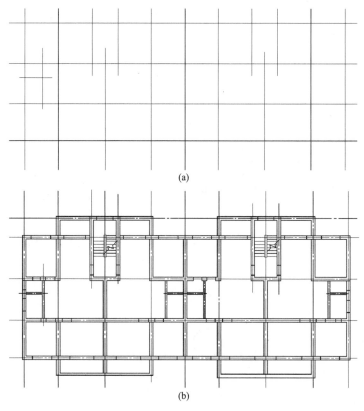

(a)

(b)

图 13-11 建筑平面图的绘图步骤（一）

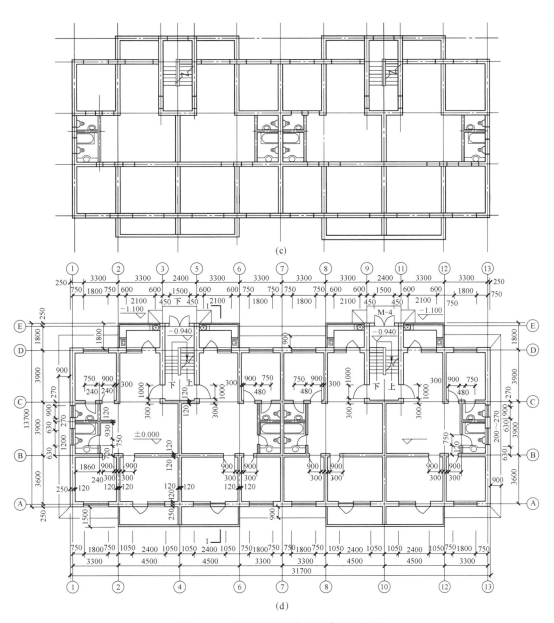

(c)

(d)

图 13-11　建筑平面图的绘图步骤（二）

13.7.2　建筑立面图的画图步骤

如图 13-12 所示：

第一步：画室外地平线、横向定位轴线、室内地坪线、楼面线、屋顶线和建筑物外轮廓线；

第二步：画各层门窗洞口线；

第三步：画墙面细部，如阳台、窗台、楣线、门窗细部分格、壁柱、室外台阶、花

13-5
建筑立面图
的绘制

池等；

第四步：检查无误后，按立面图的线型要求进行图线加深；

第五步：标注标高、首尾轴线、书写墙面装修文字，图名、比例等，说明文字一般用 5 号字，图名用 7～10 号文字。

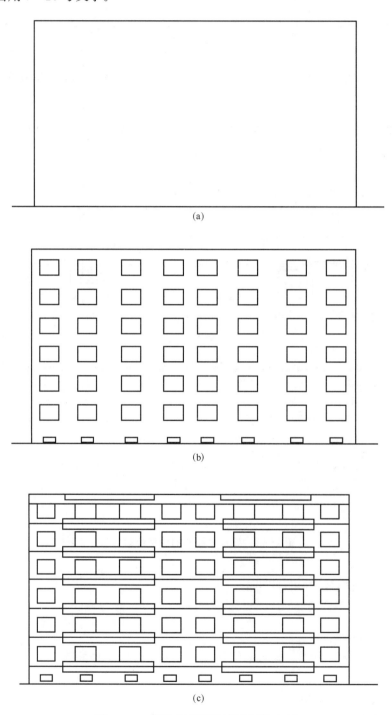

(a)

(b)

(c)

图 13-12　建筑立面图的绘制步骤（一）

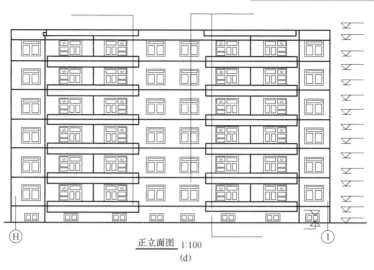

正立面图 1:100

(d)

图 13-12　建筑立面图的绘制步骤（二）

13.7.3　建筑剖面图的画法步骤

第一步：根据进深尺寸，画出墙身的定位轴线；根据标高尺寸定出室内外地坪线、各楼面、屋面及女儿墙的高度位置；

第二步：画出墙身、楼面、屋面轮廓；

第三步：定门窗和楼梯位置，画出梯段、台阶、阳台、雨篷等；

第四步：检查无误后，擦去多余作图线，按图线层次描深。画材料图例，注写标高、尺寸、图名、比例及文字说明，如图 13-13 所示。

13-6
建筑剖面图
的绘制

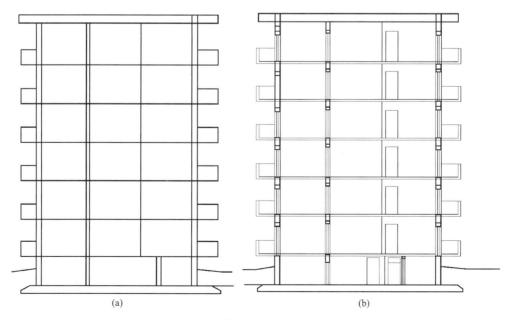

(a)　　　　　　　　　　　　　　　(b)

图 13-13　建筑剖面图的绘图步骤（一）

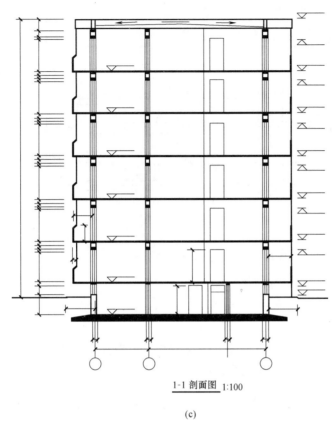

1-1 剖面图 1:100

(c)

图 13-13 建筑剖面图的绘图步骤（二）

13.7.4 建筑详图的画法步骤

1. 楼梯平面图的画法（图 13-14）

第一步：根据楼梯间的开间、进深尺寸，画楼梯间定位轴线、墙身以及楼梯段、楼梯平台的投影位置；

第二步：用平行线等分楼梯段，画出各踏面的投影；

第三步：画出栏杆、楼梯折断线、门窗等细部内容，并画出定位轴线，标出尺寸、标高和楼梯剖切符号等；

第四步：写出图名、比例、说明文字等。

2. 楼梯剖面图的画法（图 13-15）

第一步：画定位轴线及各楼面、休息平台、墙身等高线；

第二步：用平行线等分的方法，画出梯段剖面图上各踏步的投影；

第三步：画楼地面、楼梯休息平台的厚度以及其他细部内容；

第四步：检查无误后，加深、加粗并画详图索引符号，最后标注尺寸、图名等。

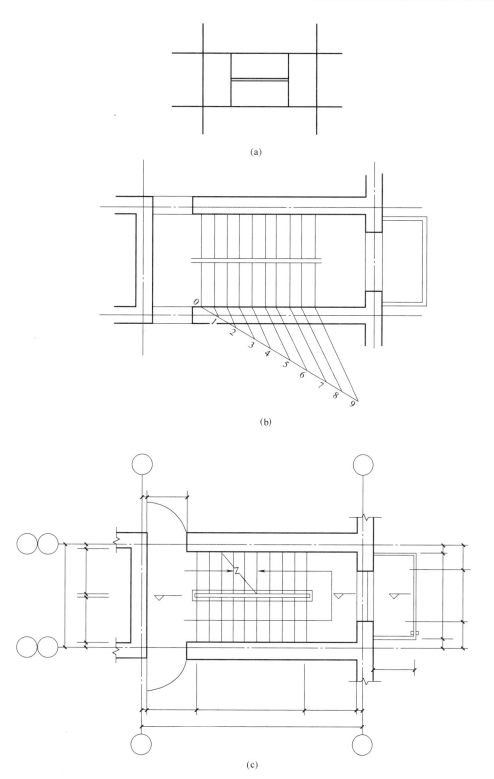

(a)

(b)

(c)

图 13-14　楼梯平面图的画法

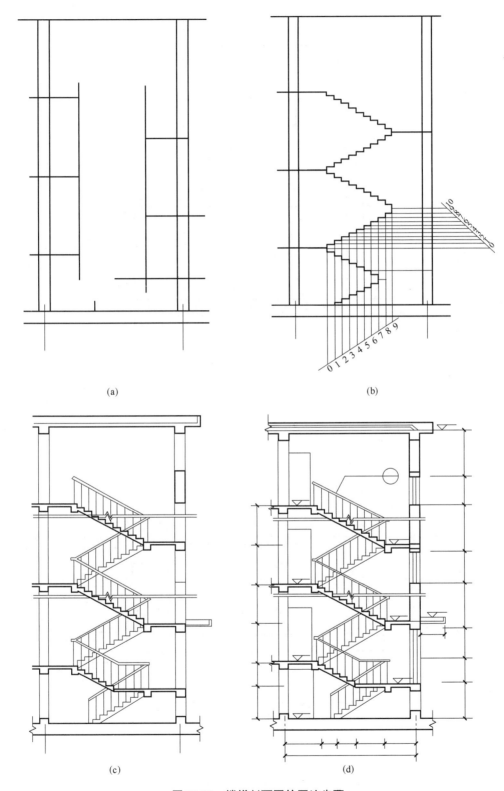

(a)　　　　　　　　　　　　　(b)

(c)　　　　　　　　　　　　　(d)

图 13-15　楼梯剖面图的画法步骤

习　题

一、单选题

1. 整套图纸（施工）的编排顺序是（　　　）。

①设备施工图　②建筑施工图　③结构施工图　④图纸目录　⑤总说明

A. ①⑤②③④　　　　B. ⑤②③④①　　　　C. ①④⑤②③　　　　D. ④⑤②③①

2. 建筑剖面图的图名应与（　　　）的剖切符号编号一致。

A. 楼梯底层平面图　B. 底层平面图　　C. 基础平面图　　　D. 建筑详图

3. 在建筑平面图中，被水平剖面剖切到的墙、柱断面的轮廓线用（　　　）表示。

A. 细实线　　　　　B. 中实线　　　　C. 粗实线　　　　　D. 粗虚线

4. 建筑剖面图剖切符号一般应标注在（　　　）。

A. 标准平面图　　　B. 底层平面图　　C. 顶层平面图　　　D. 其他

5. 屋面构造层次的做法一般不会出现在（　　　）。

A. 剖面图　　　　　B. 建筑说明　　　C. 墙体剖面　　　　D. 立面图

6. 建筑工程图中尺寸单位，总平面图和标高单位用（　　　）为单位。

A. mm　　　　　　B. cm　　　　　　C. m　　　　　　　D. km

7. 不属于建筑平面图的是（　　　）。

A. 标准平面图　　　B. 底层平面图　　C. 顶层平面图　　　D. 基础平面图

8. 建筑施工图上一般标注的标高是（　　　）。

A. 绝对标高　　　　　　　　　　　　B. 相对标高

C. 绝对标高和相对标高　　　　　　　D. 要看图纸上的相关说明

二、简答题

1. 一套完整的施工图按专业分有哪三大类？每一类的具体内容是什么？

2. 平面图的主要内容有哪些？

3. 立面图的命名方式有哪些？

4. 建筑平面图中的三道尺寸线指什么？

5. 剖面图的主要内容有哪些？

三、综合题

1. 识图并回答下列问题。

(1) 该房屋共_____层。

(2) 室内外高差为_____mm。

(3) 各层的层高为_____m，房屋的总高度为_____m。

(4) 楼梯间窗台的高度为_____mm。

(5) 女儿墙的高度为_____mm。

2. 分别在图中标出楼梯中间休息平台的标高。

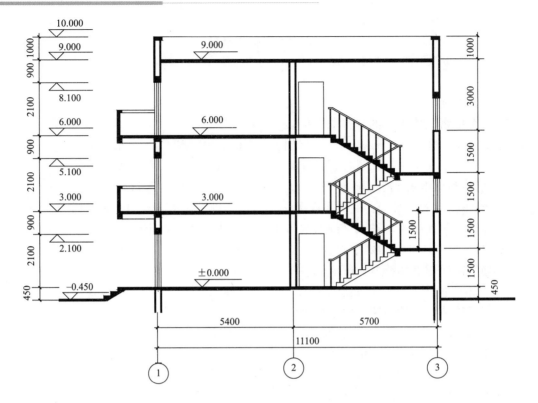

附 录

某教学楼建筑施工图

附-1
某教学楼
实景图

附-2
某教学楼
三维视图

建筑设计说明

一、施工图设计依据

1. 甲方认可的方案图及相应的平面图、立面图、剖面图。
2. 国家及××省现行的有关建筑设计、防火、节能等法规和规范。

二、工程概况

本工程建设地点为×市×路×号××学校2号教学楼，位置详见总平面图。总建筑面积为6218.68m²，地上主体6层，局部5层或7层，室内外高差0.850m，室内相对标高±0.000，相对于1号教学楼的相对标高为±0.000，总高度为23.950m，建筑防震设防裂度为七度，建筑分类及耐火等级为二类。本教学楼共5层，分别为A区和B区两个区域，A区主体6层，B区主体5层，位置详见分区平面图。本施工图表达为A区部分。

三、图纸表达

本工程施工图中所注尺寸单位，除标高为米外，其余尺寸均以毫米计。
壁宽×高×深　○工种代号
宽×高○高　墙洞底距楼
洞底距墙

四、墙体

1. 地上外围护墙体为250厚加气混凝土砌体，内隔墙除卫生间及特殊注明外均为200厚加气混凝土砌体。卫生间隔墙为240厚KP1型烧结多孔砖。
2. 墙体上预留洞及女儿墙预留洞尺寸和位置见相关专业图样配合进行预留。
3. 柱子与门窗等配件的固定连接除注明外，可根据位置需要采用射钉、膨胀螺栓、预埋铁件等方式，施工时视情况而定，但一定要保证连接在其上物体的牢固性和安全性。

五、防水做法

1. 屋面防水根据《屋面工程质量验收规范》GB 50207—2012；屋面做法及所留部位详见《构造做法表》。
2. 卫生间防水采用通用型K11柔性防水涂料，防水涂料沿墙上翻500。卫生间做法参见02J915 ⓐ，卫生间小便槽见02J915，卫生间蹲位见02J915 ⓐ，卫生间楼地面见构造做法表。
3. 屋面防水层施工前认真核对屋面预留孔洞的位置，待穿墙的管道安装后方可施工。

六、室外装修

外墙做法详见立面图。施工中先做出样板，待商定后再大面积施工。

七、室内装修

1. 内墙面、楼地面等具体做法详见《构造做法表》。
2. 内墙所有阳角均做2000高护角，做法参见03J502-1 ⓐ。
3. 所有窗内窗台压顶做法参照96SJ102(二) ⓐ。

八、门窗

1. 平开门立樘均居墙。
2. 除图样注明外门窗立樘均居墙中，开启窗加纱扇，卫生间窗采用5厚磨砂玻璃，其余采用5厚白玻璃；气密性不低于二级。
3. 木门窗五金按其所选标准配套选用，塑钢门窗五金按92SJ704(一)适用。金属窗均按相关专业图样选定。
4. 底层窗均加护网，做法由甲方选定。
5. 所有室内到室内地面低于800时，应做不锈钢护窗栏杆，参见04J101 ⓐ。

九、油漆防腐

1. 木门油漆见《构造做法表》，颜色均应在施工前由设计单位和甲方同意后方可施工。
2. 所有金属管件均应先做除锈后刷防锈漆一遍，刮腻子、打磨，再刷黑色瓷漆一遍。
3. 所有预埋木砖均须做防腐处理，接触墙或混凝土需满涂防腐油。
4. 栏杆扶手采用不锈钢管材者，其焊接处、转折处均需打磨光滑、抛光，做法参见99SJ403 ⓐ。

十、其他

1. 所有内外装修材料的颜色、产品质量以及材料替换等，均需甲方、设计单位、施工单位三方认定方可施工。
2. 土建施工必须与水、电配合施工，凡预留洞穿墙梁、板等，需对准设备图施工。
3. 所有管道穿楼板处均在安装后在结构下部使用细石混凝土浇实，并用密封膏灌缝，上部高出地面20mm。
4. 防火门应选用有资质厂家产品，开启方向应严格按图施工。
5. 玻璃黑板做法参见03J502-1 ⓐ，讲台做法参见98ZJ501 ⓐ，a×b=4000×800。
6. 有关泛水详见99J201-1 ⓐ，雨水落水管采用φ100PVC管及配件。
7. 有地漏处应在1m范围内做1%的坡，坡向地漏。
8. 设计图中除注明外，均局部按标准图不采用全面施工。施工图中除注明外，均需按照国家有关施工及验收规范及规定执行。

图样目录

×××设计院		资质等级	乙　级	证书编号	
		工程名称	××学校2号教学楼		
项目			A区	合同编号	2021-12
负责人		专业负责人		设计编号	2021-12
审定		校对		图别	JS
审核		设计		图号	JS15-01
		制图		日期	2022.01

图名　设计说明　图样目录

门 窗 表

类型	序号	门窗编号	洞口尺寸(B×H)	采用图集编号	1F	2F	3F	4F	5F	6F	7F	合计	备注
窗	1	C-1	2700×1900	80系列塑钢窗	=	15	21	21	21	23	0	101	见建施JS15-14
	2	C-1'	2700×2300	80系列塑钢窗	11	0	0	0	0	0	0	11	见建施JS15-14
	3	C-2	1800×1900	80系列塑钢窗	0	10	12	12	12	4	0	50	见建施JS15-14
	4	C-2'	1800×2300	80系列塑钢窗	3	0	0	0	0	0	0	3	见建施JS15-14
	5	C-3	2050×1700	80系列塑钢窗	10	10	10	10	10	10	0	60	见建施JS15-14
	6	C-3'	1300×1700	80系列塑钢窗	10	10	10	10	10	10	0	60	见建施JS15-14
	7	C-4	1700×1900	80系列塑钢窗	0	1	1	1	1	1	0	5	见建施JS15-14
	8	C-5	1500×1900	80系列塑钢窗	0	1	1	1	1	0	0	4	见建施JS15-14
	9	C-5'	1500×2300	80系列塑钢窗	0	0	0	0	0	1	0	1	见建施JS15-14
	10	C-WK	现场确定	无框玻璃窗	0	0	0	0	0	0	0	0	10厚白玻璃 甲方自定
	11	WM-1	3400×3300	无框玻璃门	1	0	0	0	0	0	0	0	10厚白玻璃 甲方自定
	12	WM-2	2600×3300	无框玻璃门	1	0	0	0	0	0	0	0	10厚白玻璃 甲方自定
门	13	M-1	1000×2700	88ZJ601-M24-1027	8	14	20	20	20	20	0	102	
	14	M-2	900×2100	88ZJ601-M21-0921	12	0	0	0	0	0	0	12	
	15	M-3	1800×2600	88ZJ601-M24-1827	2	0	0	0	0	0	0	2	卷帘门 88ZK611 外墙电动卷帘门
	16	FM-1	2400×2100	甲方自定	1	1	1	1	1	1	0	6	甲方自定
	17	FM-2	3600×2100	甲方自定	1	1	1	1	1	1	1	7	甲方自定
	18	FM-3	1800×2100	甲级防火门	1	1	1	1	0	0	0	4	甲方自定
	19	FM-4	1000×2100	乙级防火门	1	0	0	0	0	0	0	1	甲方自定
	20	FM-5	900×1800	乙级防火门	1	1	1	1	1	1	0	6	甲方自定
	21	FM-6	600×1800	乙级防火门	1	1	1	1	1	1	0	6	甲方自定
	22	FM-7	1200×2100	甲级防火门	2	0	0	0	0	0	0	2	甲方自定
	23	MC-1	2400×2700	80系列塑钢门	1	0	0	0	0	0	0	1	见建施JS15-14

图签栏

建筑等级	乙级	证书编号		
工程名称	××学校2号教学楼			
项目	A区			
××××设计院	专业负责人			2021-12
	校对			2021-12
	设计			
	制图			
项目负责人	审定		构造做法表 门窗表	设计编号 合同编号
	审核			图别 建施 2021-12
				图号 JS15-02
				日期 2022.01

构造做法表

项目	使用部位	构造层次及做法	备注
屋面	除公共屋面楼梯间其他屋面	• 35厚490×490, C20预制钢筋混凝土板(Φ4钢筋双向@150) • MZ.5砂浆翻边120×120中距500 • 3厚SBS改性沥青防水卷材 • 3厚聚丁沥青防水涂料 • 刷基层处理剂一道 • 20厚1:2.5水泥砂浆找平层 • 20厚(最薄处)1:8水泥加气混凝土碎渣找2%坡 • 干铺150厚加气混凝土屋面砌块 • 钢筋混凝土屋面板,表面清扫干净	亚白色
	出屋面楼梯间楼梯间外墙面	• 4厚SBS改性沥青防水卷材 刷基层处理剂一道 • 20厚1:2.5水泥砂浆找平层 • 20厚(最薄处)1:8水泥加气混凝土碎渣找2%坡 • 干铺150厚加气混凝土屋面砌块 • 钢筋混凝土屋面板,表面清扫干净	
地面	一层楼梯间,走道,展厅,入口大厅	• 8~10厚地砖铺实拍平,水泥浆擦缝 • 25厚1:4干硬性水泥砂浆,面上撒素水泥 • 素水泥浆结合层一道 • 80厚C10混凝土 • 素土夯实	米黄色地板砖规格500mm×500mm 黑色地板砖围边宽度150mm×300mm
	一层卫生间	• 8~10厚地砖铺实拍平,水泥浆擦缝 • 25厚1:4干硬性水泥砂浆,面上撒素水泥 • 1.5厚防水涂料,四周沿墙上图150高 • 15厚1:2水泥砂浆找平 • 50厚C20豆石混凝土找坡,最薄处不小于20 • 80厚C10混凝土 • 素土夯实	米黄色地板砖规格500mm×500mm 黑色地板砖围边宽度150mm×300mm 防水涂料选用K11型防水浆料
楼面	二层至六层楼梯间走道及所有房间	• 8~10厚地砖铺实拍平,水泥浆擦缝 • 25厚1:4干硬性水泥砂浆,面上撒素水泥 • 素水泥浆结合层一道 • 钢筋混凝土楼板	米黄色地板砖规格500 黑色地板砖围边500mm×500mm
	二层卫生间	• 8~10厚地砖铺实拍平,水泥浆擦缝 • 25厚1:4干硬性水泥砂浆,面上撒素水泥 • 1.5厚防水涂料,四周沿墙上图150高 • 15厚1:2水泥砂浆找平 • 50厚C20豆石混凝土找坡,最薄处不小于20 • 钢筋混凝土楼板	米黄色地板砖规格500 黑色地板砖围边500mm×500mm 防水涂料选用K11型防水浆料
内墙面	走道,楼梯间,池设走道间所有房间	• 刷801胶素水泥浆一道, 配合比为801胶:水=1:4 • 15厚1:1:6水泥石灰砂浆, 分两次抹成 • 满刮腻子一道, 刷底漆一道 • 乳胶漆二遍	亚白色 高度至顶棚底
	所有卫生间	• 刷801胶素水泥浆一道, 配合比为801胶:水=1:4 • 15厚1:1:8水泥石灰砂浆, 分两次抹成 • 3~4厚1:1水泥砂浆加水20%801胶镶贴 • 4~5厚釉面砖,白水泥浆擦缝	

项目	使用部位	构造层次及做法	备注
顶棚	除卫生间所有房间	• 钢筋混凝土板底面清理干净 • 7厚1:4水泥石灰砂浆 • 1:2水泥石灰砂浆 • 满刮腻子一道,刷底漆一道 • 乳胶漆一道	亚白色
	所有卫生间	• 钢筋混凝土板底面清理干净 • 7厚1:3水泥砂浆 • 5厚1:2水泥砂浆 • 满刮腻子一道, 刷底漆一道 • 乳胶漆一道	亚白色
踢脚板	除卫生间及走道所有房间	• 刷801胶素水泥浆一道, 配合比为801胶:水=1:4 • 17厚1:2:8水泥石灰砂浆 分两次抹成 • 3~4厚1:1水泥砂浆加水20%801胶镶贴 • 8~10厚釉面砖, 水泥浆擦缝	高150
墙裙	走道	• 刷801胶素水泥浆一道, 配合比为801胶:水=1:4 • 17厚1:2:8水泥石灰砂浆 分两次抹成 • 3~4厚1:1水泥砂浆加水20%801胶镶贴 • 4~5厚釉面砖, 水泥浆擦缝	高2100
外墙	柱面	• 刷801胶素水泥浆一道, 配合比为801胶:水=1:4 • 15厚1:2:8水泥石灰砂浆 分两次抹成 • 4~5厚1:1水泥砂浆加水20%801胶镶贴 • 8~10厚面砖, 水泥浆擦缝	灰色
	主体外墙		
	局部外墙及雨蓬	• 30厚1:2.5水泥砂浆(分层抹灰) • 20~30厚岩棉岩板(背面用双胶16号钢 • 丝绑扎与墙面固定)水泥浆擦缝	黑色
油漆	木门	• 木基层清理,除锈 • 刮腻子,磨光 • 磁漆三遍	外墙红色 内门米黄色
台阶	所有出入口	• 20厚花岗岩表面剁机刨, 水泥砂浆 • 30厚1:4干硬性水泥砂浆, 面上撒素水泥 • 60厚C15混凝土台阶(不包括三角部分) • 素水泥浆一道 • 素土夯实	砖红色 外墙乳胶漆 涂料分格 缝宽10mm 深5mm 凹形缝
散水	所有散水	• 60厚C15混凝土, 面上加5厚1:1水泥砂浆随 • 打随抹光 • 150厚三七灰土 • 素土夯实, 向外坡4%	30m间距 同设变形缝 沥青填缝 宽25mm内 填沥青青砂

注: 本表未列出项目清详见图样及有关图集

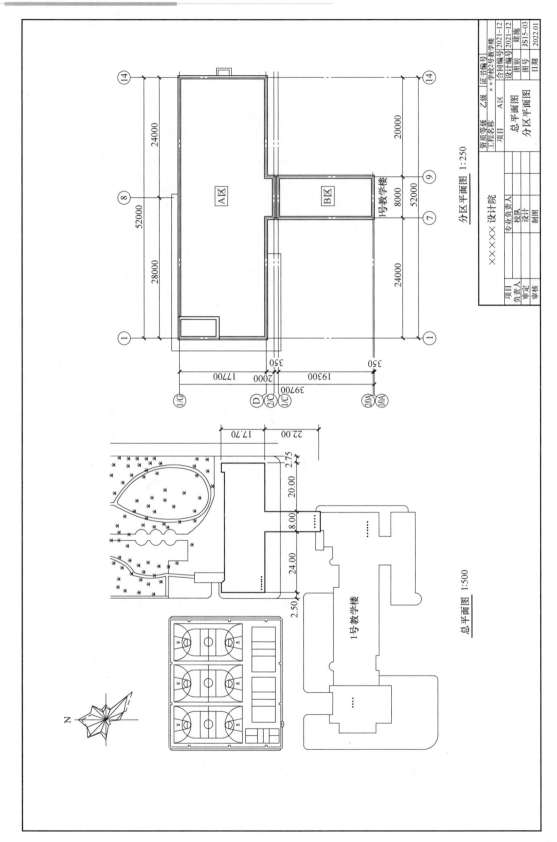

分区平面图 1:250

总平面图 1:500

1号教学楼

资质等级 乙级	证书编号		
工程名称	××学校2号教学楼		
项目	合同编号 2021-12		
	设计编号 2021-12		
	图别	建施	
A区	图号	JS15-03	
总平面图	日期	2022.01	
分区平面图			

××××× 设计院

项目		专业负责人	
负责人		校队	
审定		设计	
审核		制图	

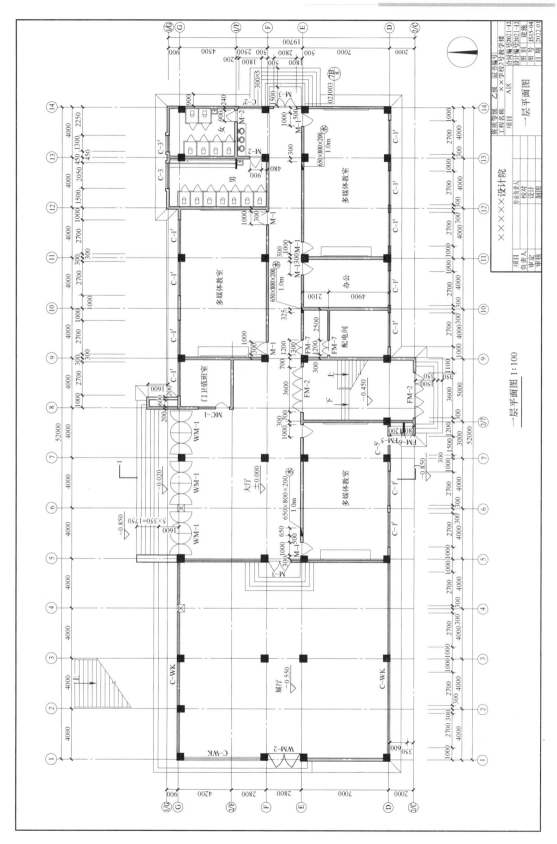

一层平面图 1:100

建筑识图与构造（第二版）

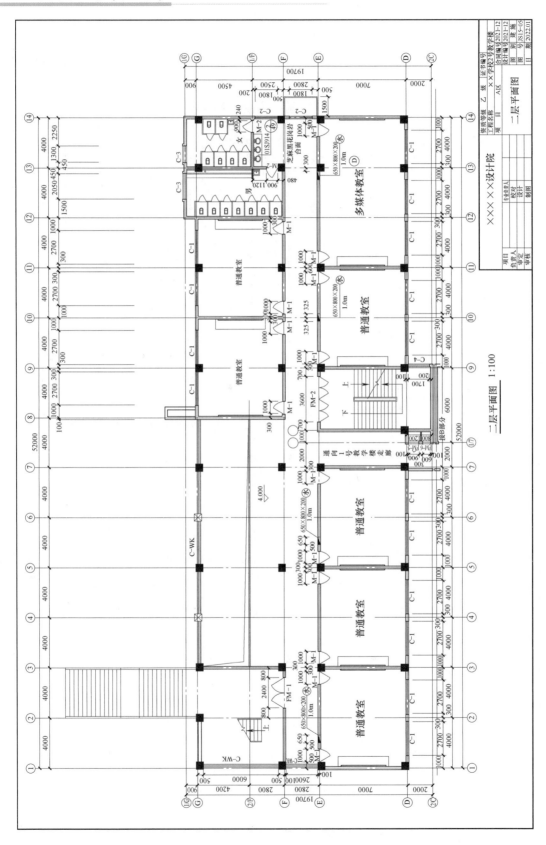

二层平面图 1:100

308

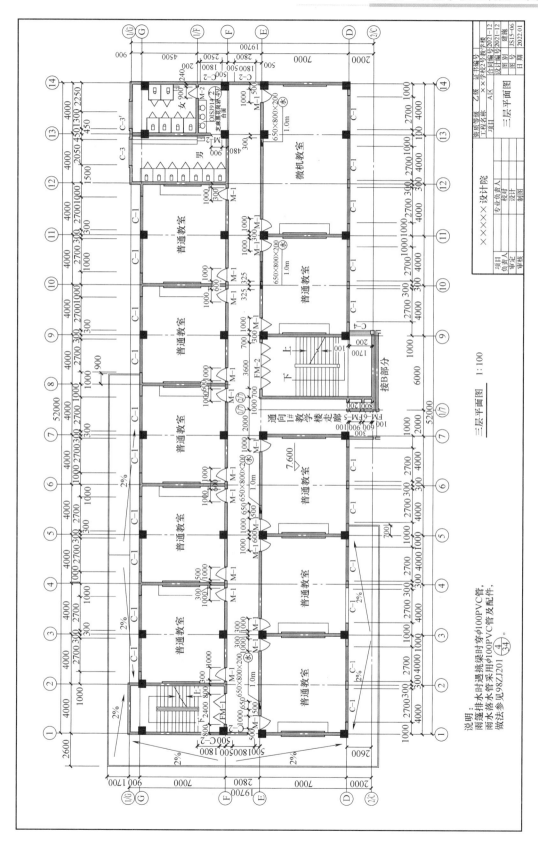

三层平面图　1:100

说明：
雨篷排水时遇挑梁时穿φ100PVC管，
雨水落水管采用φ100PVC管及配件，
做法参见98ZJ201 $\frac{4}{34}$。

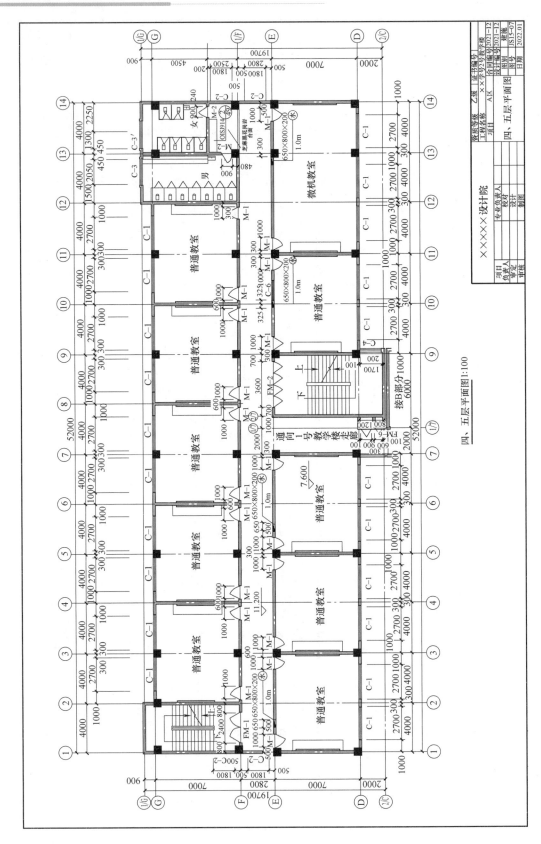

四、五层平面图 1:100

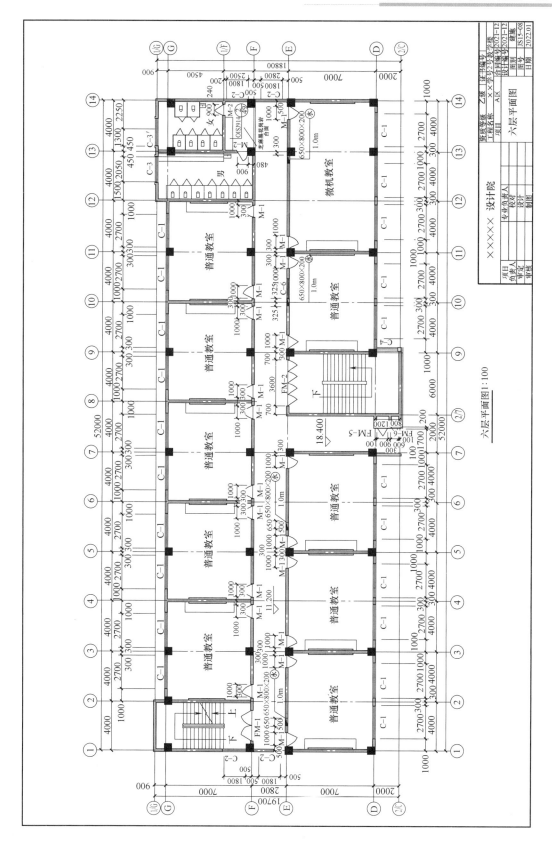

六层平面图 1:100

311

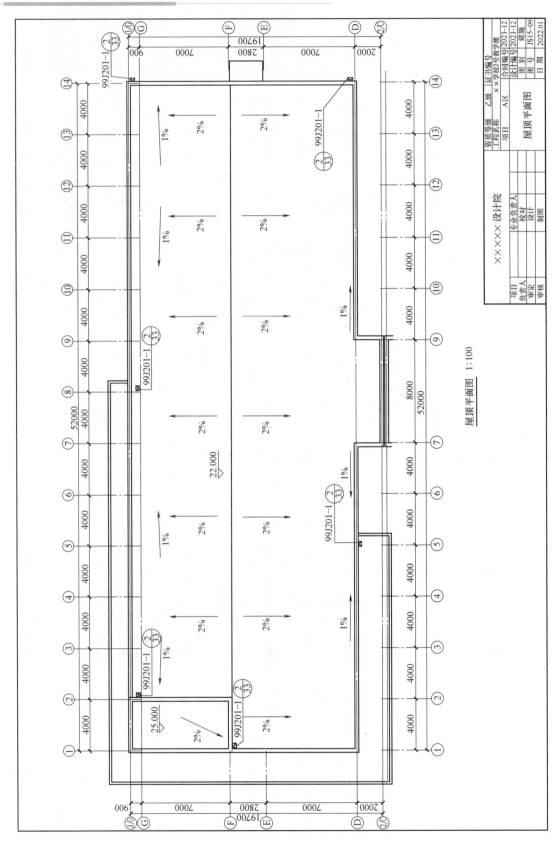

屋顶平面图 1:100

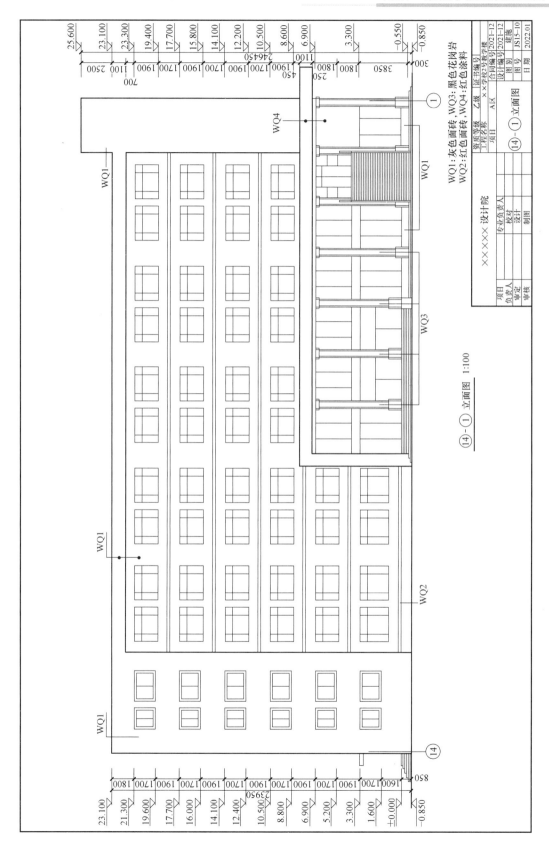

WQ1:灰色面砖,WQ3:黑色花岗岩
WQ2:红色面砖,WQ4:红色涂料

⑭－① 立面图　1:100

项目	×××××设计院	资质等级	乙级	证书编号	A1X	合同编号	2021-12
工程名称	×学校2号教学楼					设计编号	2021-12
专业负责人						图别	建施
负责人		校对				图号	JS15-10
审定		设计				日期	2022.01
审核		制图				⑭－① 立面图	

建筑识图与构造（第二版）

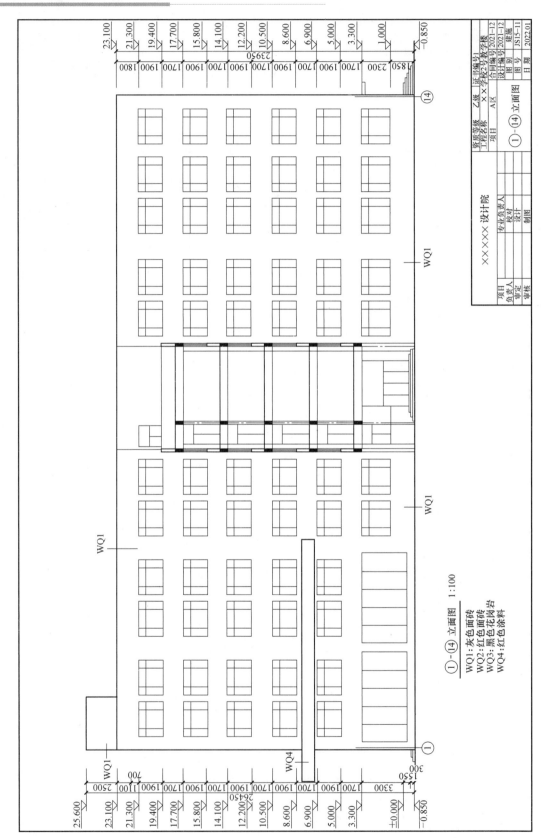

①-⑭ 立面图 1:100

WQ1:灰色面砖
WQ2:红色面砖
WQ3:黑色花岗岩
WQ4:红色涂料

314

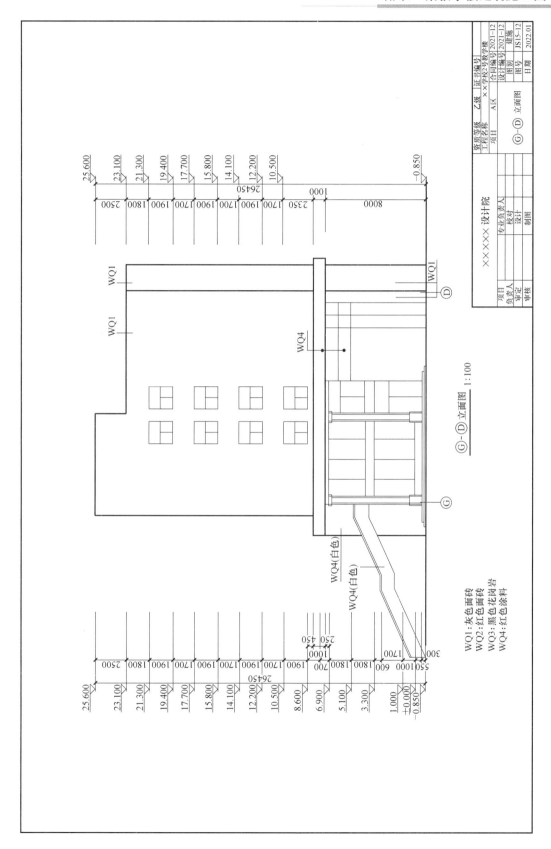

⑥-Ⓓ立面图　1:100

WQ1:灰色面砖
WQ2:红色面砖
WQ3:黑色花岗岩
WQ4:红色涂料

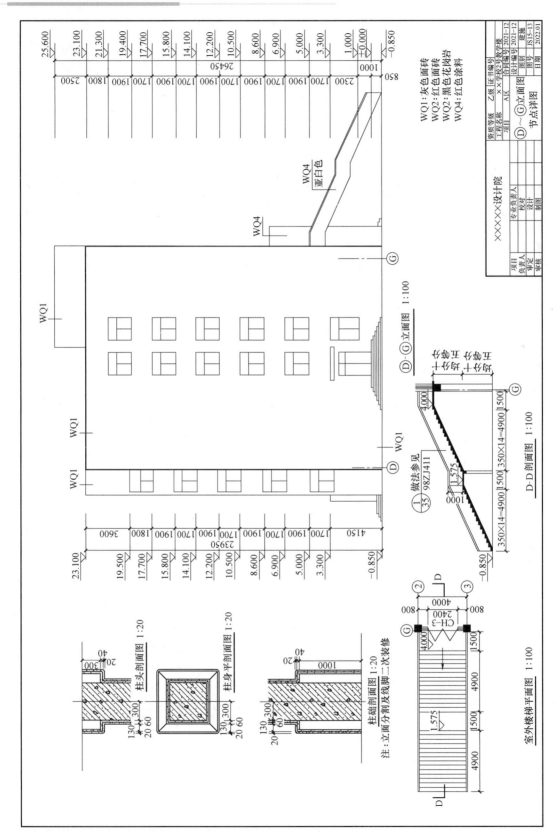

WQ1：灰色面砖
WQ2：红色面砖
WQ2：黑色花岗岩
WQ4：红色色涂料

WQ4
亚白色

WQ4

Ⓓ～Ⓖ立面图 1:100

Ⓓ-Ⓖ立面图 1:100

D-D剖面图 1:100

① 做法参见
35 98ZJ411

室外楼梯平面图 1:100

柱头剖面图 1:20
柱身平剖面图 1:20
柱身剖面图 1:20
柱础剖面图 1:20

注：立面分割反线脚二次装修

资质等级	乙级	证书编号	
工程名称	××学校2号教学楼		
项目		合同编号 2021-12	
		设计编号 2021-12	
		AIX	图别 建施
			图号 JS15-13
			日期 2022.01

××××××设计院

专业负责人	
校对	
设计	
制图	

项目负责人	
审定	
审核	

Ⓓ～Ⓖ立面图
节点详图

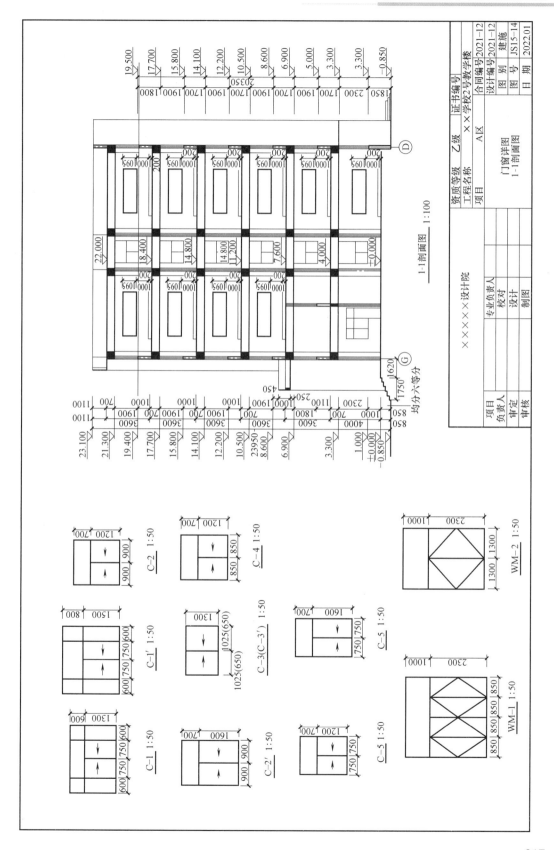

1-1剖面图　1:100

门窗详图
1-1剖面图

资质等级	乙级	证书编号	
工程名称	××学校2号教学楼		
项目	A区		

合同编号	2021-12		
设计编号	2021-12	图别	建施
		图号	JS15-14
		日期	2022.01

×××××设计院	专业负责人	
	校对	
	设计	
	制图	

项目负责人	
审定	
审核	

C-2　1:50

C-4　1:50

WM-2　1:50

C-1'　1:50

C-3(C-3')　1:50

C-5　1:50

C-1　1:50

C-2'　1:50

C-5'　1:50

WM-1　1:50

建筑识图与构造（第二版）

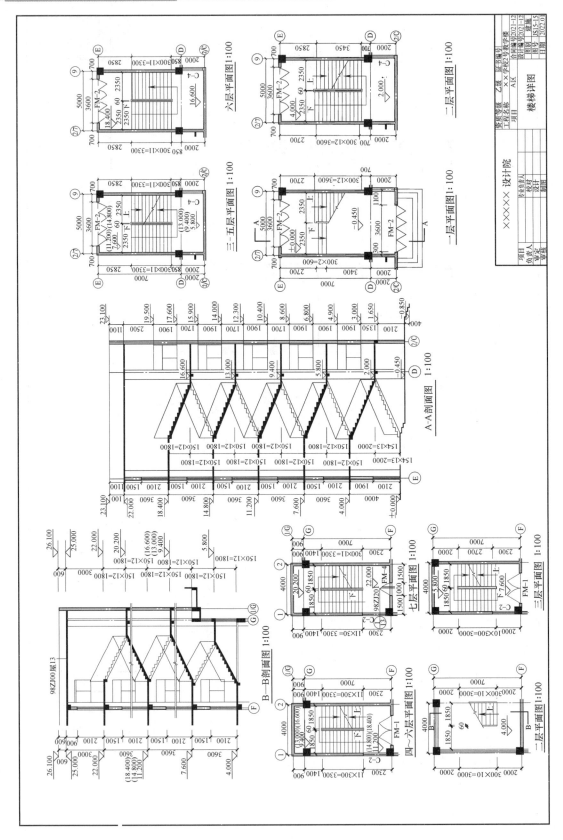

318

参考文献

[1] 马光红，伍培. 建筑制图与识图 [M]. 北京：中国电力出版社，2009.

[2] 白丽红. 建筑工程制图与识图 [M]. 北京：北京大学出版社，2014.

[3] 吴运华，高远. 建筑工程制图与识图 [M]. 武汉：武汉理工大学出版社，2012.

[4] 吴承霞. 现浇框架结构教学案例 [M]. 北京：高等教育出版社，2006.

[5] 张艳芳. 房屋建筑构造与识图 [M]. 北京：中国建筑工业出版社，2017.

[6] 肖芳. 建筑构造 [M]. 3版. 北京：北京大学出版社，2021.

[7] 白丽红. 建筑识图与构造 [M]. 北京：机械工业出版社，2009.

[8] 曹纬浚. 建筑材料与构造 [M]. 北京：机械工业出版社，2018.

[9] 李小霞. 建筑构造与识图 [M]. 郑州：黄河水利出版社，2013.